The Noma Guide to
Fermentation

后浪

NOMA餐厅
发酵指南

The Noma Guide to Fermentation

Foundations of Flavor

[丹]勒内·雷泽皮 著
[加]大卫·齐尔伯

[丹]埃文·宋 摄影

[丹]保拉·特克斯勒 绘

唐乃馨 译

廣東旅游出版社
GUANGDONG TRAVEL & TOURISM PRESS

中国·广州

这是一场对发酵的永不停歇的探索，多亏了无数位厨师和发酵爱好者的参与，这本书才得以出版。许多人尽了自己的一份努力，成为这部巨型“拼图”的一小部分，让NOMA的发酵事业拥有了今天这般面貌。在这里要特别提及阿丽尔·约翰逊博士、托尔斯滕·维尔德高、拉尔斯·威廉姆斯、托马斯·弗雷贝尔、罗西奥·桑切斯、乔希·埃文斯、本·里德、罗伯托·弗洛雷以及北欧美食实验室所有的工作人员。我们能够看得更远，是因为我们站在了巨人的肩膀上。

目录

位于哥本哈根里克斯钦社区郊外的第二代 NOMA 餐厅，
2018 年 2 月开幕周。

引言
Introduction

发酵，是一个有关“意外”的故事。

NOMA餐厅成立的最初几年，我们忙于寻找食材，想在储藏室里多储备一些，让我们的烹饪在一年中的寒冷时节也能保持趣味。

我记得夏初的一天，长期为我们寻找食材的罗兰·里特曼走了进来，手里捧着一把奇怪的小花蕾，呈三角锥形，汁水丰富，味道浓烈——不是大蒜那种味道，但有大蒜味儿的力道。我们从没尝过这样的东西。罗兰提到，这些阔叶葱的“浆果”在北欧的烹饪中很常见，人们会把它们保存起来，过冬时食用。

就这样，我们开始加工这些类似酸豆的阔叶葱花蕾。如果你问当时的我们把这些大蒜似的花蕾球和盐一起放进罐子里之后发生了什么，我们可能会这样描述：“腌制”或“催熟”。但如果你提到了乳酸发酵的概念，我们可能会歪着头，疑惑地看向你。

腌阔叶葱花蕾是一次启示。忽然之间，我们拥有了这样一种可以给任何菜肴带来少许酸咸和刺激性的食材，而且不需要从其他地方进口，它就生长在我们自己的后院里。只需加些盐，它就变成了珍贵的食材。

这是一次意外的成功，而且又带来了另一次成功。

在醋栗上撒盐——我已经不记得这个想法究竟是谁提出来的了，但应该是在2008年左右，所以不是托尔斯滕·维尔德高，就是萨伦·韦斯特。他们总是在餐厅前面放置的那艘船上摆弄各种各样的食材。

这艘船可能比只能在海上航行一天的船还小，被我们称作“北欧美食实验室”。实验室的任务是探索我们这里的食材能够做什么，并与任何对此感兴趣的人分享实验成果。这艘船是一个用以进行长期研究的地方，而非对未来一周菜单进行完善的实验厨房。本·里德是我们的大厨之一，以前经常睡在船上的发酵食品堆里——我们在实验室里工作的时候都这样。

有一天，托尔斯滕将一把勺子举到我面前，里面盛着我们放在真空包装里腌制、但因为被遗忘从而发酵了一年的醋栗。我尝了尝，随后惊呆了——我知道这样说有点夸张，毕竟这只是一勺腌制的浆果。但请你务必站在我的立场体会这种心情：你在斯堪的纳维亚半岛长大，从小就吃醋栗，现在有一种东西摆在你面前，尝着和醋栗很像，但又跟以往你吃过的完全不同，就像一件舒适的旧毛衣，又用新毛线织进鲜艳的颜色。

如今，品尝腌制醋栗的时候，我会意识到这是乳酸发酵的功劳。但10年前那第一次的偶然品尝，彻底改变了我和NOMA餐厅。那是一个时代的开始，从那时起，我们开始以极大的热情投入到发酵事业。

当年的很多细节我都忘了，很后悔当初没多做笔记。每个星期，我们都会有所发现，这些发现都来源于类似的基本思路：我们需要更多的食材；每个季节都有时令食材；但怎么能把它们做得更好呢？怎么才能让它们不受季节限制呢？起初，我们不知道如何进行发酵，也不知道应该怎么掌控发酵时间。但年复一年，我们有了越来越多的想法，也有越来越多的聪明人加入我们的行列，我们已经知道该如何讲述自己正在做的事情，也开始理解这一伟大的传统，而我们已经成为这传统的一部分。

2011年，我们决定举办第一届MAD研讨会（mad在丹麦语中是“食物”的意思），邀请几百位有心致力于使美食世界变得更好的人参加，他们中有餐饮业从业者，还有科学家、农民、哲学家、艺术家。我们将研讨会的主题定为“播种想法”，并考虑哪些与会者能够做相关演讲，为农作物王国带来好的想法。

实话告诉你，我马上想起了大卫·张，因为泡菜。我曾在Momofuku Ssäm餐厅吃过他做的泡菜汁浸牡蛎，非常美味，但他可能已经不记得这件事了。他和他的团队同我们一样，也在探索发酵方法，使用古老的技术研发新的产品。我请他来MAD做了关于发酵的演讲，他在演讲台上，向烹饪界介绍了微生物土壤（microbial terroir）的概念。

张所说的微生物土壤，指的主要是肉眼不可见的用以发酵的霉菌、酵母以及细菌世界。它们无处不在，遍及无数文明和烹饪传统。据张所说，任何一个特定地区的原生微生物都会对食物最终的味道产生特定影响，就像土壤、气候、地理位置对葡萄酒的影响一样。

人们一度将NOMA餐厅定义为现代北欧美食餐厅。而在我们看来，NOMA餐厅肩负着重任。如果我们使用的是国外的技术，又如何能宣称自己做的是“北欧”美食呢？微生物土壤的概念改变了这一切。发酵，是不分国界的。和意大利、日本、中国一样，发酵也是丹麦烹饪传统的一部分。没有发酵，就不会有泡菜、松软的天然酵母面包、帕尔玛奶酪、葡萄酒、啤酒、烈酒、腌菜、酱油，也不会有腌鲱鱼或黑麦面包。没有发酵，就没有NOMA餐厅。

提到我们的餐厅，人们总是会联想到野生食材和食物搜寻，但实际上，NOMA餐厅真正的支柱正是发酵。这并不是说我们的食物很臭、很咸、很酸，或是一切能让人联想到发酵的味道。不是这样的。对此，你可以想象一下没有红酒的法国料理、没有酱油和味噌的日本料理。我们自己的食物也是一样的道理。即使你从来没有在NOMA餐厅吃过饭，我还是希望你能在读完这本书、自己尝试做几道菜的时候，理解我想传达的理念。在NOMA餐厅，发酵并不对某一特定的味道负责，它起的是锦上添花的作用。

抱持着这样的想法，我于2014年请拉尔斯·威廉姆斯和阿丽尔·约翰逊成立了一个专门研究发酵的工作室。拉尔斯是我

12

对页图注：
黑蒜花，NOMA 餐厅（日本），2015 年

这份类似日本折纸花瓣的餐点由黑蒜泥制成。黑蒜瓣经毛筛绢筛过后叠成折纸形状，随后脱水成果泥干质地，淋上由玫瑰油和蚂蚁制成的酱料。

们这里任期最久的厨师之一，阿丽尔于2013年获得化学博士学位，随后成为我们这里的科学家。两个人把我们的努力提升到新的高度，将发酵变成NOMA餐厅的一种自我追求——这项工作几乎完全脱离了餐厅的日常经营活动。

这样的做法源自斗牛犬餐厅（El Bulli）厨师们的启发，他们把现行的创造性工作与厨房、餐厅的工作分离开来。在那里，研究与发展并不仅仅是食材准备与烹饪工作的空档中所进行的活动。他们有专门的团队负责这件事。这样的做法改变了创意烹饪的游戏规则，也关乎我们想在NOMA餐厅进行的发酵实践。

在NOMA餐厅的夏歇期间，拉尔斯和阿丽尔开始着手计划他们理想中的发酵实验室都应该有什么（当然是合乎情理的需求）。在那之前，我们一直觉得发酵可以在任何地方进行——船上、邻近建筑物的椽子上、旧冰箱里、桌子底下。

一两个星期后，他们回来了，说最便宜、最高效的发酵场所，是航运集装箱。事情进展得很快。有一天，一辆叉车式起重机运来了三个巨型集装箱。实验室团队对集装箱内部进行了隔热处理，在上头建了墙，凿了门。拉尔斯又去宜家买了第二便宜的厨房，将其与我们过去10年里积累下来的各种设备器材组装在了一起。我们从6月（或是7月）开始计划，到了8月份，我们有了自己的发酵实验室。

我谈起这些，不是想把发酵过度浪漫化。将一件从无到有的事运转起来可不是一件容易事。这是我们的工作，但也是一份非常令人满足的工作。等待某种事物发酵的过程，是一种十分奇妙的经历，是一件完全违背现代精神的事情。

得到第一份成功发酵的食材之后，烹饪就简单多了。我是说真的。有些发酵食材就像是味精、柠檬汁、糖和盐的完美结合体。你可以把它们淋在做熟的蔬菜上，加到汤里，或是混进酱汁里。你可以将经过乳酸发酵的李子果肉抹在做好的肉上，或是用李子发酵汁给生海鲜调味。家中自制的罐装发酵食材，也可以当作独一无二的礼物送出去，绝对会令人印象深刻。一旦将这些发酵食材融入烹饪中，绝对会给你的饮食生活带来百分之百的利好。

发酵实验室成立的当年，大卫·齐尔伯加入了我们的团队，成为一名厨师。他来自加拿大，起初在NOMA餐厅做厨房领班。拉尔斯和阿丽尔于2016年离开NOMA，我有些慌了神——得赶紧找人接替他们在实验室的工作。但我们当时的主厨丹·基斯迪说，不必去外面找。所以，我们就请大卫担任发酵实验室的主管，而他确实是再合适不过的人选。大卫头脑十分敏捷，有一颗永远不知满足的好奇心。他懂得发酵背后的科学原理，还将一线厨师的工作理念带入发酵实践中。如果你问了一些他不知道答案的问题，大可放心，下次你再问的时候，他一定已经找出了完美的答案。他就像一台专门为这本书的写作而设计的机器。

对我来说，这本书的存在十分重要，因为我们得借此来记

录这里的人的出色工作。不过，如果人们读完这本书后能接受其中传达的理念，并在NOMA餐厅以外的地方投入到发酵的实践应用之中，才最令我兴奋。我们以前也写过书，但从没有一本书的目的是将我们在餐厅里做的事情推广到家庭厨房。通过这本书，世界各地的人都能了解到NOMA厨房的烹饪方式，一想到这一点，我就觉得振奋。

我们将10年的努力凝结成这本书。餐厅会对杂货店货架上出售的商品产生影响，也能刺激我们这种地方的旅游业——曾几何时，人们从没想专门为吃饭来这个地方。接下来，就是多学习、多实践——人们会将我们在顶级餐厅里做的事情与自己的日常生活结合起来。只有这样，我们才能创造出一种全新的饮食文化。

如今，发酵实验室的探索速度已经放缓。我们不断地调整技术，以适应不同的食材，与此同时，我们对一些发酵食材的探索仍然不够充分，但我们并不急于把它们研制成令人眼花缭乱的新产品。可能你曾用斯堪的纳维亚的各种海鲜做过鱼露（一种传统鱼酱油，后面会讲到），并且每一种都很好吃，但想

16

对页图注：

海螺浓汤，NOMA 餐厅，2018 年

这道浓汤的做法是，将海螺放进干曲制成的油料中炖煮，然后将炖汁、海带和更多的干曲油混合在一起，装进海螺壳中，佐以腌制香草调味。

要区分其中的细微差别就很难了。我们将这些知识公之于世，不仅希望读者能体验到我们经历过的探索的乐趣，也希望能让自己从中学到一些东西。希望这本书的诞生，能推动整个发酵领域的发展。或许作为读者的你，就能将在这本书里学到的知识转化成全新的事物。如果我们足够幸运，这些新事物还会回到NOMA，给予我们支持。

对发酵，我全心全意地信任，它不仅是一种释放风味的方法，也是一种让食物尝起来更棒的方法。针对发酵食品对肠道健康的影响，很多人争论不休，但就我个人而言，吃发酵食品真的让我感觉更好了。在我成长的过程中，一在高级餐厅吃饭，就意味着连续几天的恶心和消化不良，因为一般来说，所有好吃的东西都得是高脂肪、高盐、高糖的。我梦想中的未来的餐厅，不只能让你尝试新口味和新体验，还能让你吃到真正对身心有益的食物。

我希望这本书能成为家庭厨师和餐厅厨师的跳板。说起这本书的理想读者，我和大卫都会提及那些热衷于为家人做饭而且不介意周末活动的父母，还有那些能够仔细研读且能提出新奇想法的专业厨师或助理厨师。

研究发酵的科学原理和历史传统，学习自己动手制作，将发酵方法应用于当地食材，最后利用研制成果进行烹饪——这一切，让NOMA餐厅发生了改变。如果你也做了同样的事情，可以利用这些不可思议的食材（无论是乳酸发酵水果、大麦味噌、曲，还是烤鸡翅鱼露），烹饪都会变得更容易，与此同时，你的食物还会拥有更加复杂、细腻、美妙的味道。

关于本书

About This Book

发酵食物有成千上万种，从啤酒、红酒、奶酪，再到泡菜和酱油。当然了，它们是截然不同的发明，但制作的基本工艺是一致的。微生物——比如细菌、霉菌、酵母菌或它们之间的组合——会对食物分子进行分解或转化，从而制造出新的味道。以乳酸发酵的泡菜为例，细菌会消耗糖分并产生乳酸，使蔬菜和腌制用的盐水变酸，在保存蔬菜的同时，也让蔬菜变得更加美味。发酵过程中一次又一次的继发反应制造出层次丰富的风味和香气，而它们在食物发酵前的原始味道中是不存在的。最好的发酵成品，仍然会保留食材原始的特性——无论是胡萝卜醋中那一抹独特的甜味儿，还是玫瑰康普茶中野玫瑰的花香味儿，都说明了这一点——同时又转化成了崭新的食物。

这本书全面介绍了我们在NOMA餐厅使用的发酵食品，但这绝不是一本百科全书式的、足以让你了解发酵的各种详细方法的指南。本书涉及的发酵类型有限，只有七种我们餐厅必不可少的发酵方法：乳酸发酵、康普茶、醋、曲、味噌、日式酱油以及鱼露。本书还囊括了黑化果蔬的相关内容，从技术上来讲，它们并非发酵的产物，但在制作方法和烹饪使用的层面上则与发酵食品有很多共同点。

还有一点值得注意，这本书里没有关于酒、熟食、乳制品以及面包的发酵内容（面包本身就能够出一本书单独进行讨论）。我们尝试过将糖发酵成酒，但它几乎总是在发酵的过程中变成其他的东西，比如醋；我们一直有密切合作的葡萄酒酿酒师和啤酒酿酒师，他们非常棒，我们不能在他们擅长的领域里“扮”专家；我们确实打算在接下来的几年里，在欢度秋季狩猎季的时候深入研究肉类的发酵，但目前为止，我们的菜单上，熟食尚没有扮演重要角色；至于奶酪，NOMA餐厅虽然也做，但通常都是新鲜的、未经发酵的（尽管我们也常用酸奶和法式酸奶油）。我们会使用手工陈年奶酪，但生产环节全权交给了斯堪的纳维亚半岛上那些了不起的酪农。

本书的每一章都涉及一种发酵物，讲述相关的历史背景知识和科学解释。不同的发酵食品，可能拥有互通的发酵创意和类似的微生物作用，所以书中一些概念会反复提及、不断发展。例如，想要制作酱油、味噌和鱼露，你得先弄明白曲的制作方式：利用一种生长在煮熟的谷物上的美味霉菌，其中含有功能强大的酶类物质。话虽如此，你还是得自由地钻研自己感兴趣的领域。即使只选择感兴趣的一章读，你也可以透彻理解其他种类的发酵食品。

每一章都有一份讲解深入的基础性食谱，我们会将想法转化为实践操作指导，一步一步地展示每一种发酵类型的代表性食谱的制作方法。很少有所谓的“唯一正确方法”，编写食谱的方法多种多样，也可能存在各种各样的误区。我们分享了相当多的制作细节——在某些情况下可能比你需要的还多——但我们希望，你在第一次尝试制作这些发酵食品时，能怀着轻松的心情，就像我们的厨师第一次制作时那样。这可能需要一点耐心和献身精神，但你可以，也应该自己亲手做些酱油、味噌和鱼露。一旦努力有了回报，你就很难想象没有这些发酵食材自己该怎么做饭了。另外，一回生二回熟，第二次做，就会容易很多。

深入了解了一种基础发酵食谱后，你就可以举一反三，用同样的制作流程试试其他食材。为了多给你些灵感，每一章还提供了一些食谱的“变体”内容，这些内容能够阐释同样技术的不同方面。在某些情况下，这些“变体”与基础性食谱的制作方法有所不同，但请放心，我们会详细说明其中的变化，并解释这样做的原因。

最后，阅读每一份食谱时，你都会看到发酵在日常烹饪中的一些实际应用，其中很多都是我们在NOMA餐厅做餐前准备

烤骨髓，NOMA 餐厅，2015 年

将牛肉鱼露和接骨木醋混合后，用以腌制骨髓，随后置于炭火上烘烤。佐以抹了焦糖牛肉鱼露的甘蓝叶，以及白醋栗汁和乳酸牛肝菌汁调制而成的酱汁。

22

对页图注：

冰镇牡蛎和盐渍绿醋栗，NOMA 餐厅，2010 年

取一个丹麦牡蛎，入水微煮，佐以乳酸发酵过的绿醋栗片及其发酵汁。

时想到的。可以把它们想象成NOMA餐厅的厨师在家中做晚餐时会用到的发酵食材。我们从博物学家尤厄尔·吉本斯那里得到启发——他有一部关于搜寻食材的优美作品，而搜寻食材是我们的另一个关注点——以一种相对非正式的方式写下了这些简短的食谱。在《追踪野生芦笋》(*Stalking the Wild Asparagus*)一书中，吉本斯详细介绍了识别和获取野生可食用植物的方法，以优美流畅的对话式写作方法提供了一些食谱。关于如何处理在户外找到的好食材，他只是提出建议，而非做出规定。我们在写这本书时，用的也是同样的方法。在这本书里，谈及发酵食材的使用方法时，我们没有详细展开说明，因为“可能性”远比“细节”重要。即便你觉得自己没法做出发酵食材，也可以从商店购买，探索这些食材各种各样的新用途。

烹饪是一个迷雾重重的领域，充满了令人困惑和陌生的术语，本书旨在带来一些清晰的观感。我们花了10年时间研究和解释发酵，也会努力将自己所学分享给每一位读者。不过，更重要的是，我们希望你在读完这本书后，也能像我们一样，在制造和使用某种神奇的发酵食材时，收获惊奇、兴奋的感受。

1

发酵入门

—Primer—

什么是发酵？

在深入研究发酵的实操细节之前，我们先来搞明白"发酵"到底是什么。

从最基本的层面来说，发酵物是食物经微生物作用后的转化物——微生物可以是细菌、酵母菌，也可以是霉菌。更具体地说，是通过这些微生物产生的酶来对食物进行转化。不过，还是让我们回到最为严谨的科学定义上：发酵是指微生物在缺氧状况下将糖转化成另一种物质的过程。

Fermentation（发酵）一词源自拉丁语fervere，意为"煮沸"。古罗马人看到一桶桶葡萄自发地冒泡、变成葡萄酒时，用他们能想到的最接近的类比描述了这个过程。那些在桶里冒着气泡的葡萄虽然与"煮沸"无关，但它们是科学意义上真正的发酵，酵母菌产生的酶将葡萄中的糖转化成了酒精。

然而，并非所有我们认为是发酵的过程都完全符合发酵的定义。例如，曲是符合发酵定义的，但NOMA餐厅的鱼露不是。在曲的制作过程中，米曲霉渗入米粒或大麦粒中，由此产生一种酶，将谷物中的淀粉转化为单糖和其他代谢分子。这就是所谓的一级发酵过程。而本书涉及的鱼露，实际上是二级发酵的

你的大脑也能像你的舌头那样品味事物。

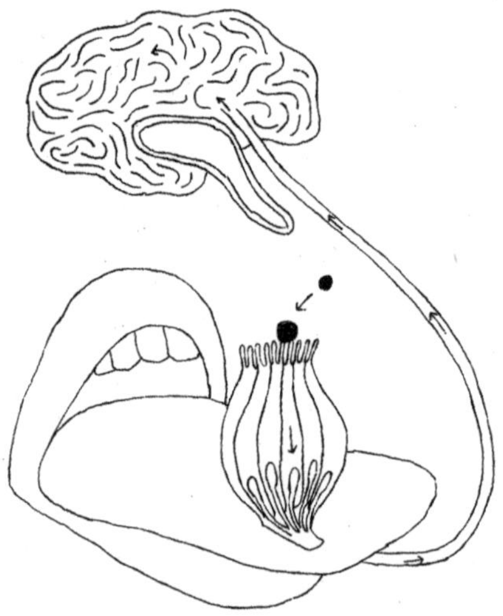

产物。制作鱼露时，我们会将曲和动物蛋白混合，以便利用一级发酵过程中产生的酶。

在本书中，我们没有对一级发酵和二级发酵做出区分，但当你寻找合适的发酵方法时，你会发现，懂一些它们背后的道理是有帮助的。

发酵因何美味？

味觉是一种人体机能，想要弄清楚自己喜欢的口味，我们必须理解食物在人类进化史中所扮演的角色。我们的一切感官，都在帮助我们生存。数百万年间，人类的味觉和嗅觉不断进化，以引导我们食用对人体有益的食物。我们的舌头和嗅觉系统之复杂程度令人难以想象，它们从我们周围的世界吸收化学物质，并将信息传递给大脑。食物的味道能让我们了解到某种水果成熟后是甜的，也因此富含糖分、高热量，或者某种植物的茎是苦的，可能有毒。我们会天生厌恶某些特殊气味，这是一种被经验所强化的官能，病原细菌导致的腐肉味道会把我们呛到咳嗽，但火炭上的烤肉味儿却会令我们垂涎欲滴，因为这种味道在向我们的大脑暗示，我们想要吃一些富含蛋白质的食物。

在任何一种发酵中，都有许多个生物学过程在起作用。但从味道的角度来讲，对我们来说最重要的过程，就是那些将食物中的大分子链分解成其组成部分的过程。大米、大麦、豌豆和面包等食物中的淀粉，实际上就是葡萄糖分子和某种单糖分子组成的大分子链。大豆和肉类中大量的蛋白质也一样，是由长而弯曲的氨基酸链组成。氨基酸是对地球一切生命都至关重要的有机小分子，谷氨酸是氨基酸的一种，被我们的味觉感受器识别为“鲜味”，是一种难以捉摸的、令人垂涎的味道，蘑菇、番茄、奶酪、肉和酱油等食物都会让我们联想起这种味道。

那么，发酵究竟好在哪里？就未经加工的食物本身而言，其淀粉和蛋白质分子太大，我们的身体无法将其识别为甜或鲜等味道。然而，食物一旦经过发酵，大分子就会被分解成单糖和游离氨基酸，从而让食物变得更加美味。例如，用大米制成的曲就拥有白米饭所没有的强烈甜味儿；生牛肉发酵成牛肉鱼露后，也会带上一种原始气息的芳香。

简单来说，负责发酵的微生物能够将结构复杂的食物转化成身体需要的物质，让它们更易消化、更有营养，也更美味。微生物制造出的味道令人喜爱，这些味道也因此得以发展并留在了人类社会。人类的发酵史十分悠久，许多微生物也因此像家养猫狗一样得到了驯化。不过，微生物是很难读懂的。宠物饿或冷的时候，会眼巴巴地看着你，但微生物不会。人类与微生物之间的关系虽然是互利互惠的，但想要得到满意的结果，我们得付出一些努力。这就是发酵。

蛋白质由缠绕在一起的氨基酸链构成，而氨基酸是生命的基石。

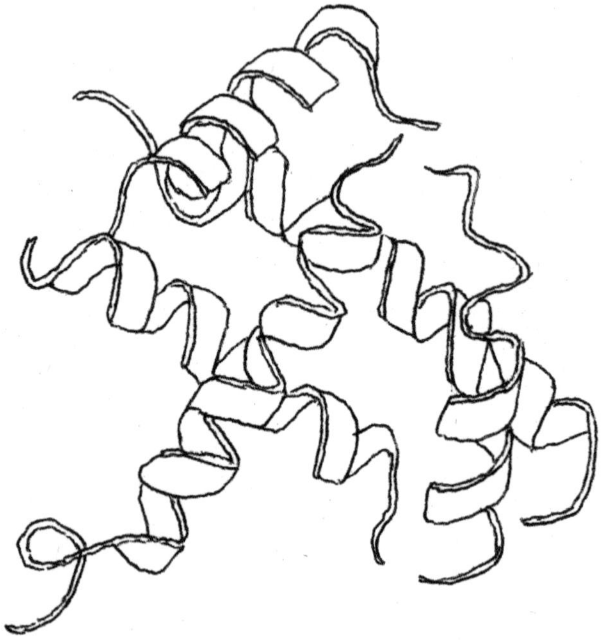

地球上微生物的种类比植物和动物的种类加起来还多。

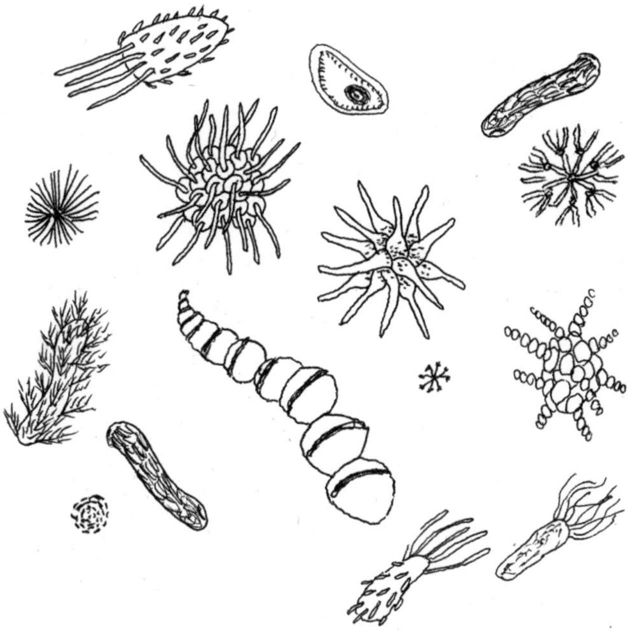

了解微生物

腐坏与发酵之间，只有一“线”之隔。你最好将这条“线”理解为一条真实存在的线，就像你能在夜店门口看到的那条。“腐坏”就是所有人都能进的夜店：细菌和真菌，安全的和不安全的，增鲜的和破坏风味的。而当你对某种食物进行发酵时，你就充当了一个保镖的角色——阻止有害微生物，让那些能让派对热闹起来的微生物进来。

想要引入或阻止特定微生物进入发酵食品中，有几种操作方法。有些微生物相对来说更耐酸，有些则更耐盐、耐氧化、耐高温。如果你了解自己喜欢的微生物的运行方式，就可以充分利用这些因素。本书的每一章都会详细介绍成功发酵所需的条件，不过在此之前，请允许我大概介绍一下即将为我们效力的“球员”们。

细菌

细菌是单细胞生物，也是最早的生命形式之一。细菌几乎存在于地球上的每一个角落，其数量数不胜数，目前人类已知的细菌只是一小部分。一些有害细菌制造出的毒素足以杀死体积比它大得多的生命体。与此同时，我们身体表面和内部也生存着数十亿的有益细菌。不管怎么说，大部分的细菌对人类都是无害的。

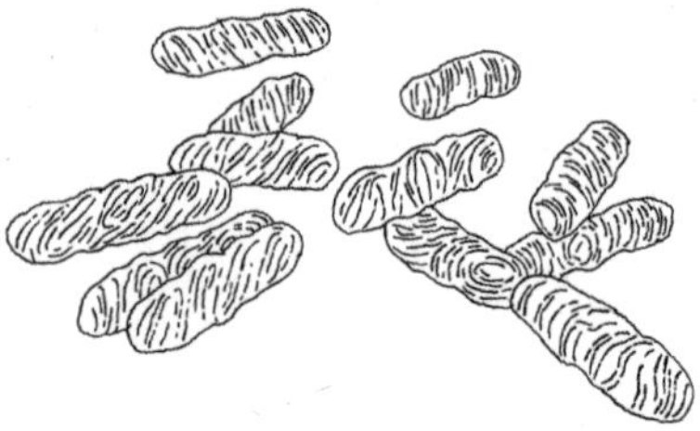

乳酸菌

乳酸菌的形状为杆状或球形，大量存在于水果、蔬菜和人类的表皮上。利用乳酸菌，我们能将糖转化为乳酸，让腌菜、泡菜以及其他乳酸发酵食品拥有一种特殊的酸味。因为乳酸菌能够制造出乳酸，所以它们能够在低pH环境下存活。而且，乳酸菌耐盐、厌氧，在无氧环境下也能够茁壮成长。

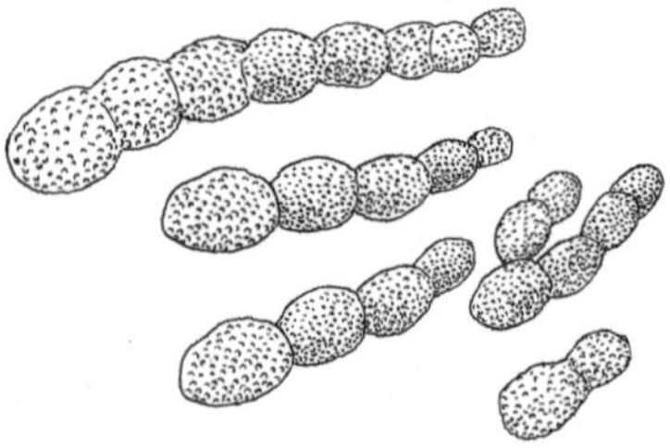

醋酸菌

和乳酸菌一样，醋酸菌也是一种大量存在于许多食物表面的杆状细菌。醋酸菌能将酒精转化为醋酸，从而制造出醋和康普茶的那种强烈酸味儿。我们经常将醋酸菌与能将糖转化为乙醇的酵母菌一起使用。醋酸菌耐酸性环境（毕竟酸性环境就是由它们自己制造出来的），制造醋酸时需要氧气，也因此被归为好氧细菌。

真菌

从单细胞的酵母菌到霉菌，再到巨大的马勃菌菇，真菌涵盖了地球上极大数量的生命体。蘑菇和霉菌这种多细胞丝状真菌通过其蔓状菌丝吸取营养物质从而生长，这些菌丝合在一起，形成一个网状系统，即菌丝体，类似植物的根系。真菌能够通过菌丝分泌酶，从而有效地消化周围的食物，吸收环境中的营养物质。

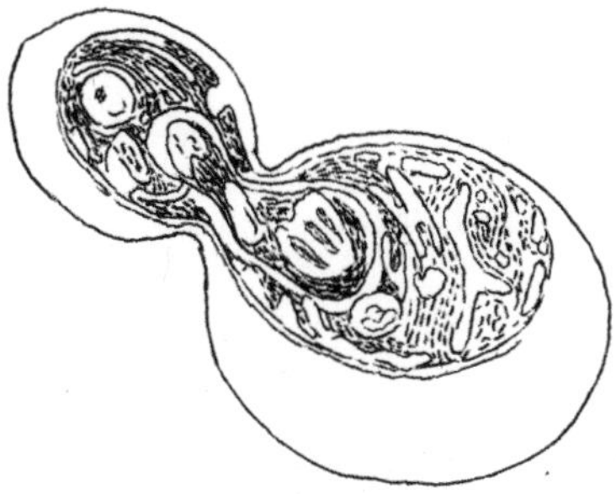

酿酒酵母菌

酿酒酵母菌是一种十分有用的酵母菌，服务于基础烹饪体系中的三大类：面包、啤酒、葡萄酒。酿酒酵母菌能够将糖转化为乙醇，这在自然界十分常见，天然发酵的面包和葡萄酒证明了这一点。它能分解葡萄糖，利用其生命过程所需的化学能，同时制造出这一过程的副产物——二氧化碳和乙醇。不同的菌株或亚种因其各自的特性得到不同的利用方式，产生的口味也可能会有巨大差异。例如，用于烘焙面包的菌株并不适用于啤酒或葡萄酒的酿造。酵母菌能够在有氧的条件下存活和繁殖，但酒精发酵需要在无氧环境下。当温度超过60℃时，酵母菌便无法存活。

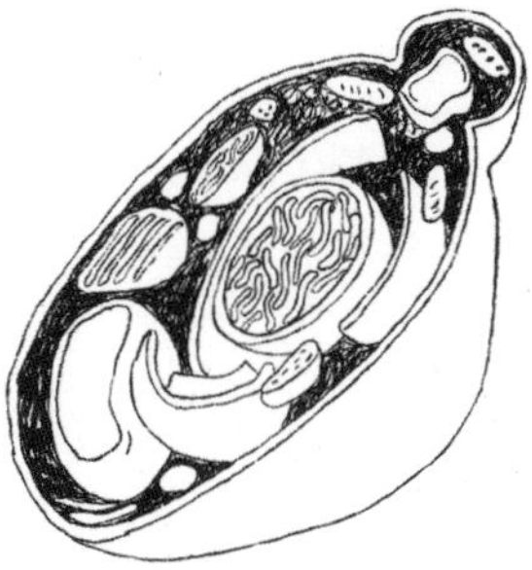

布雷特酵母菌

布雷特酵母菌是一种长圆柱形酵母菌，能产生乙酸代谢物，所以常被用于生产带有酸味的啤酒。布雷特酵母菌也存在于水果表面，很容易买到，比如“赛森酵母”（saison yeast）。布雷特酵母菌可在氧气中存活，但会以厌氧的方式产生乙醇。与其他酵母菌一样，布雷特酵母菌也不耐高温，无法在60℃以上存活。

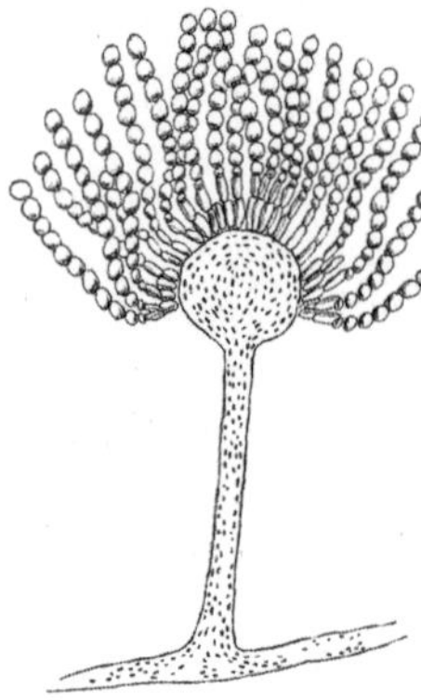

米曲霉

米曲霉或许是这本书里最重要的一种微生物，也被称作曲（koji），是一种孢子型霉菌。米曲霉已经在人类社会繁殖了数百年，能够在炎热潮湿的环境下快速生长，因为它能从大米或大麦等食物中获得丰富的淀粉（一般情况下，温度30℃，湿度70%~80%，是米曲霉的理想生长环境；温度超过42℃，米曲霉便无法存活）。米曲霉，或者说曲孢子，能够分泌蛋白酶、淀粉酶和少量的脂肪酶，这三种酶类能够分别用于分解蛋白质、淀粉和脂肪，我们得以借助其生产味噌、酱油和鱼露。

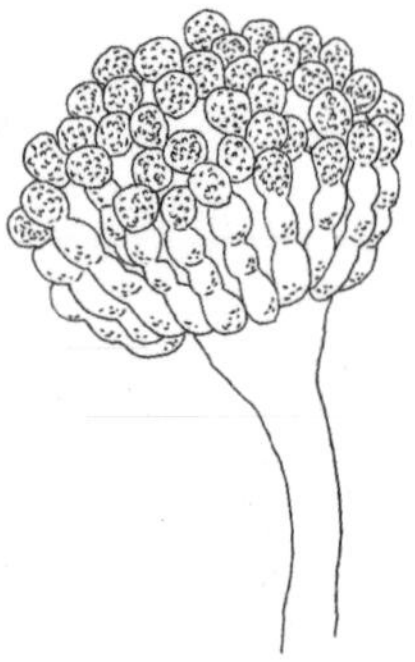

鲁氏曲霉

作为米曲霉的近亲，鲁氏曲霉能够代谢淀粉和蛋白质，制造出副产物——柠檬酸。传统上，人们习惯利用鲁氏曲霉来酿造亚洲烈酒，比如韩国烧酒、日式泡盛酒，酒精蒸馏过程中会留下柠檬酸。这是一种不太为人所熟知的菌种，但十分美味。

酶类

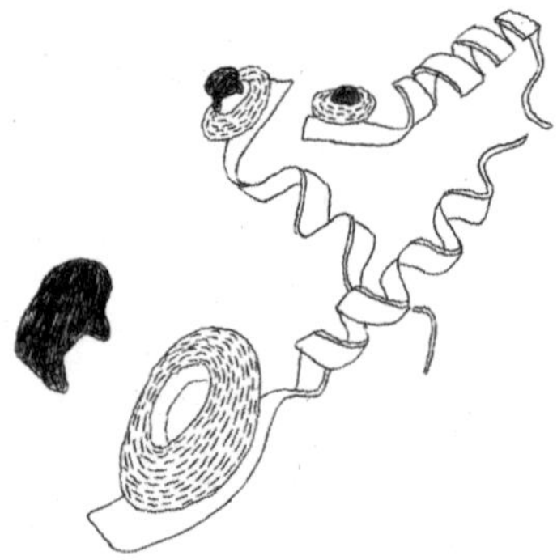

淀粉酶能够将淀粉分解成组成淀粉的糖分子。

酶类不是微生物，甚至不是生命体，而是促进有机体或有机物进行化学转化的生物催化剂。酶类物质的英文名称通常带有后缀“-ase”，你可以借此来识别它们，比如蛋白酶（protease，一种分解蛋白质的酶）、淀粉酶（amylase，源自拉丁语amylum，意为“淀粉”，一种分解淀粉的酶类）。它们是一类通过进化形成的蛋白质，拥有不同的特定功能。酶类的工作原理相当复杂，但你可以把这本书里提及的这些物质看作是钥匙和剪刀的集合体：从某种意义上说，它们是钥匙，为特定的锁量身定制，只作用于特定的有机分子，而不影响其他有机分子；称其为剪刀，是因为剪刀能把丝带剪成短短的一截。一般来说，酶类在温暖、湿润的环境中工作效率最高，但如果温度过高，它们就会因被“烹煮”而降低活性，直至无法继续工作。

自然发酵

我们在NOMA餐厅进行的发酵都在不同程度上依赖自然发酵。也就是说，我们创造的发酵环境有利于天然的有益微生物的生长，而不利于有害微生物的生长。例如，我们在乳酸发酵过程中，完全依赖于环境中自然产生的大量乳酸菌，它们源自正在发酵的果蔬表面、我们的手上，飘浮在空气中，将糖转化成乳酸和其他美味的代谢产物。我们让大自然参与进来，从而在发酵过程中获得不同层次的细微、复杂的差别，如果我们明确规定让哪些微生物产生作用，是不可能产生这种差别的。自然发酵是一种未经接种的发酵方式，十分多样化。简单来说，自然发酵就是“发酵”最初的样子，同时又是可靠的、准确的。

为了制作出我们想要的康普茶、醋和曲，我们确实在实践中引入了细菌、酵母菌或真菌，但我们仍然认可并鼓励自然发酵，即便是量产的乳酸发酵食品。例如，一次性发酵几百千克的芦笋时，我们会往盐水里加入乳酸菌（LAB）。如果因为某些原因，天然的乳酸菌无法生长，我们就会面临其他有害微生物入侵的风险。在大规模发酵过程中，数量不断增长的乳酸菌帮助很大，能够帮助我们避免巨大的损失。

原料发酵

原料发酵是一项十分重要的技术，能够为发酵准备好适宜的微生物环境。在这本书里，原料发酵将会出现许多次，尤其是在康普茶和醋的制作中。这项技术的基本理念，就是通过添加已经发酵完成的食材作为原料，给需要发酵的新鲜食材增加有益微生物。

原料发酵能让发酵食品
一代一代地传下去。

比如，将适量的佩里醋倒入一罐新鲜的梨酒中，既能降低液体的pH值，又加入了一份健康的醋酸菌。降低pH值（酸化）能够减缓或阻止一切不耐酸有害微生物的负面作用，确保健康的醋酸菌群的存在，将梨子发酵成梨子酒。原料发酵能够帮助我们得到想要的微生物。

当然，如果这是你第一次制作书中涉及的某种发酵食品，你不一定有之前做的成品发酵原料。在这种情况下，你得找一种类似的替代品。如果你做的是醋，我们建议用未灭菌的苹果醋来代替；如果你做的是康普茶，可以使用质量差不多的未经灭菌的康普茶，或红茶菌母（即SCOBY，制作康普茶所要用到的酵母菌和细菌的培养基，详见111页）包装袋里的液体。这样做也有缺点，会削弱醋或康普茶的纯正味道。不过没关系，就当是给了自己一个再做一次同样的醋或康普茶的完美理由，下一次，你就可以将第一次做的成品作为原料了。

清洁、致病菌和安全问题

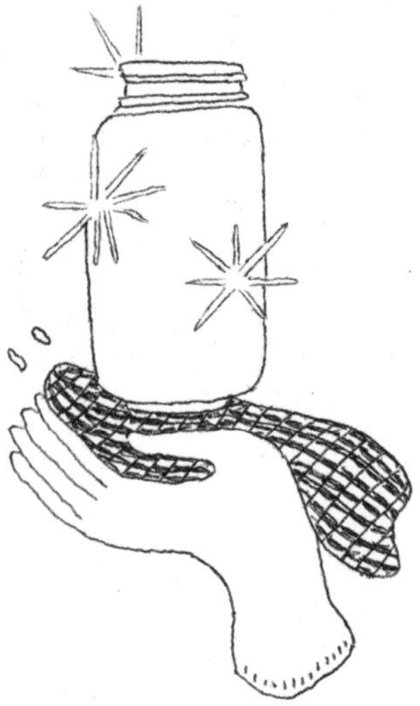

清洁仅次于圣洁（也是发酵安全和成功的关键）。

出于对工作场所的自豪感和对同事的尊重，我们尤其重视厨房里的清洁问题。无论如何，对发酵实验室来说，为了防止有害致病菌侵入发酵系统造成浪费——或者更糟的是，变成有毒食物——干净卫生的工作环境是极为重要的。在NOMA餐厅，我们行事总是很谨慎。如果你做的东西闻起来不对劲——不仅仅是鱼露那种臭烘烘的味道，还带有刺鼻的腐烂味儿——那你一定要相信自己的鼻子；如果你只是尝了一丁点儿就觉得反胃，那你要记住，人的身体天生就会排斥那些可能有害的东西。但凡对其产生了疑虑，就扔掉；但凡对发酵品不够有信心，那也扔掉。你投入的几星期或几个月时间没有健康重要，不值得拿健康冒险。

环境中存在着可能有害的微生物。只要温度介于4.5℃～50℃，无论是有氧还是无氧环境，细菌都能迅速繁殖，尤其是在潮湿、营养丰富的环境下。当然，这也是许多发酵食品的理想制造环境。世界卫生组织和美国农业部都建议，对于易染致病菌的食品，应将其加热到70℃以上再食用。这样的预防措施相当严苛，而且对发酵食品来说显然不可能做到。小心驶得万年船，话虽这么说，但你无须过于忧虑。发酵是一种有益的、令人兴奋的实践活动，也是在刀尖上起舞。

我们在这本书里尽了最大努力提供明确的操作指导，只要严格遵照，你就能制造出安全且美味的产品。不要用眼睛测量，也别想着走捷径。如果某个食谱要求精确的含盐量（比如超过总重量的10%）或pH值（4.5以下），这是为了确保安全发酵。不过，防止发酵过程中滋生有害微生物的第一步，当然是确保设备和手在接触食物之前干干净净。这一点在某些烹饪环节中可能没那么重要，但在另一些情况下极为重要。例如，在制曲时，放入接种谷物之前，你得确保培养室已经做了彻底的消毒。用手操作前还得戴上丁腈手套或乳胶手套，以防止污染（除非你皮肤上的一些细菌有助于发酵，比如乳酸发酵）。

“干净”的定义到底是什么呢？大学生物实验室、家中或餐厅厨房对清洁程度的要求是不同的。接下来，我们来定义几个相关的词汇。清洁（cleaning）意味着你已经清除了物体表面的可见污垢；简单的肥皂水就能起到清洁作用，但几乎无法减少物体表面微生物的数量——无论是有益还是有害微生物。无菌（sterilized）意味着你已经消灭了设备和产品表面上（有时甚至消灭了你想发酵的产品内部的）所有形式的生命体——病毒、细菌、真菌。这是医院和微生物实验室需要达到的标准。这本书里的所有食谱都用不到工业级高压灭菌器这种东西，我们需要做的只是灭菌（sanitize）。对设备或产品表面进行灭菌，意味着你能够消灭大部分微生物，这已经足够我们达成目标了。在洗碗机中对你的设备进行热循环，蒸或煮几分钟也可以，这样做足以确保工作环境的干净卫生。如果你的设备具有耐热性，可以使用干热灭菌法。陶瓷、玻璃和金属容器以及厨具可以放进烤箱，以160℃烘烤2小时，以此保证无菌。

不能放进洗碗机里灭菌的设备或物品，可以使用一些常见的用于食品生产和发酵的消毒杀菌剂，比如StarSan（许多家庭自酿商店都有售）、蒸馏白醋（全世界的祖母都喜欢的一种消毒剂），甚至是家用漂白剂（以每20毫升漂白剂兑1升水的比例混合，但使用后务必用清水冲洗干净）。在NOMA餐厅，陶罐和桶这种大物件，我们会用纯净水稀释浓度为60%的酒精来达到灭菌的目的——每60毫升酒精兑40毫升水（之所以要进行稀释，是因为如果酒精含量过高，就会对微生物中构成细胞壁的蛋白质产生凝结作用，导致细胞死亡）。把酒精溶液装进喷瓶，喷到需要进行灭菌的东西上，静置10～15分钟后用纸巾擦去。

最后，虽然我们花了大篇幅来介绍在发酵中起到重要作用的令人惊奇的微生物，但熟悉那些会让发酵偏离正轨的微生物也同样重要。如果能对致病菌以及它们的生存条件有全面的了解，就能更好地防止它们影响你的产品。

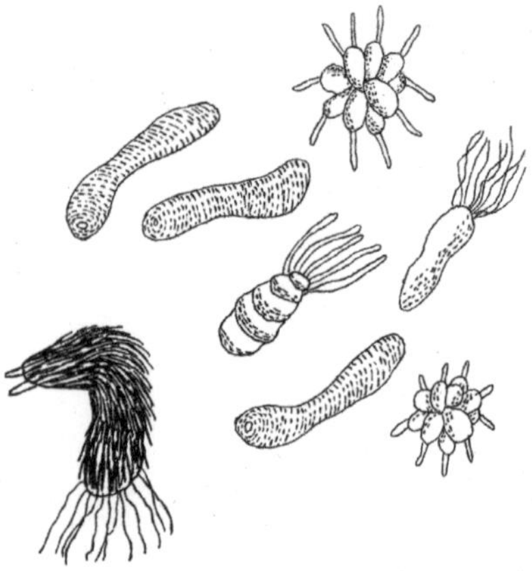

虽然许多微生物是有益的，大多数都是无害的，但仍有一些能够引发疾病的有害微生物。

肉毒杆菌

肉毒杆菌是一种孢子菌，能导致肉毒中毒。肉毒杆菌厌氧，喜欢营养丰富的温暖环境，其孢子在土壤和水中一般会处于休眠状态，一旦条件成熟，便会开始繁殖，释放强有力的神经毒素。1微克的肉毒毒素就足以引发严重的疾病。肉毒毒素没有味道，所以，确保安全的唯一方法就是谨慎行事，制造最佳的发酵环境。

肉毒中毒的案例虽然很少，但其毒素常见于冷藏不当的动物产品或罐装不当的蔬菜制品中（罐装温度不够高或罐装液体酸性不够）。考虑到肉毒杆菌的孢子通常存在于土壤中，因此在发酵根茎、球茎、块茎类植物时要尤其注意。例如，理想发酵环境同样为温暖的厌氧环境的黑蒜。不过，如果温度高于60℃，肉毒杆菌就无法存活了。所以必须确保高温室温度不低于这个临界值。

水分活性低于0.97（可通过5%或更高的盐浓度达到）的液体环境或pH值低于4.6的酸性环境中，肉毒杆菌也很难存活。这本书里的许多发酵过程，一开始时盐浓度低于5%，pH值高于4.6。不过，适度的含盐量和逐渐降低的pH值共同起作用，往往能达到目的，抵御恶性细菌。例如，用盐腌制蔬菜的时候，初始的盐浓度达到2%就足以抑制肉毒杆菌，与此同时，因为其pH值会在有益乳酸菌的作用下逐渐变低。如果发酵后2天内pH值低于5，发酵完成后pH值低于4.6，一般来说就是安全的。

大肠杆菌

许多大肠杆菌菌株实际上是无害的，是正常的肠道菌群的一部分，但有些变种能够引起严重的食物中毒。这些细菌通常会通过不卫生的饮食或受污染的肉制品传播。食物表面和餐具的交叉污染，则是大肠杆菌导致相关疾病的一个更为常见的原因。在冷水中对蔬菜进行适当、彻底的清洗，将大大减少致病菌的数量。对牛肉鱼露这样的食品，10%或更高浓度的盐水也能够杀死致病菌。此外，鱼露发酵过程中的高温也能提供一层额外的保护。

沙门氏菌

沙门氏菌是一种杆状细菌，常在生禽制品、未经高温灭菌的牛奶以及未经清洗的水果和蔬菜中发现。想要避免沙门氏菌引起的食物中毒，尽可能地避免生禽的交叉污染至关重要。例如，如果要用鸡翅来制作烤鸡翅鱼露，一定要在准备完食材、使用完厨具之后进行清洁和消毒，再将厨具放回原位。和大肠杆菌差不多，沙门氏菌的最低水分活性是0.95，这意味着盐浓度超过10%就能消灭它。

致病霉菌

有数以千计的野生侵入型霉菌会在你找到它们之前，抓住一切机会“吃掉”你的发酵食品。许多微小的霉菌孢子是通过空气传播的，其他则是通过水或落在昆虫背上来传播。并非所有野生霉菌都是有害的，但如果某种霉菌是个“外来客”，最好还是不要冒险。

在本书的很多例子中，我们都为有益霉菌创造了理想的生存环境，所以针对致病霉菌，最好的预防措施仍然是清洁和灭菌。一开始就将不受欢迎的“客人”拒之门外，就能确保它们无法破坏之后的“聚会”。还有一个办法，那就是“打倒”竞争性霉菌。制曲的时候，我们会往蒸熟的大麦中接种大量的米曲霉菌孢子，以排挤其他的“竞争对手”；制作鱼露和酱油这类发酵食品时，盐分会抑制霉菌的生长。频繁地搅拌并清理容器壁也能使其表面的霉菌孢子脱离空气，将其淹没在“盐海”之中；制作康普茶时，则要不断往红茶菌母块上淋液体，令其表面保持湿润，以维持酸化作用、抵御霉菌。最后说一点，霉菌比其他致病菌更易被发现。制作味噌这类食物时，霉菌会在表面形成，简单刮掉即可。

酸碱度

酸碱度，或pH，是化学领域一个非常重要的测量值，也是发酵过程中需要考虑的一个关键因素。简单来说，它可以帮助你测量酸度。pH标度最初是在19世纪末由哥本哈根的嘉士伯啤酒实验室构想出来的。这一标度测量的是水溶液中氢离子（H^+）和氢氧根离子（OH^-）之间的浓度差，数值从1到14，每增加一个数值，离子浓度变化10倍。

在蒸馏水（纯H_2O）中，氢离子和氢氧根离子之间保持着精确的平衡，pH值为7，即标度中间，既不是碱性也不是酸性，而是中性的。当某种物质的氢氧根离子多于氢离子时，就是碱性的，pH值高于7；当某种物质的氢离子多于氢氧根离子时，就是酸性的，pH值低于7。你能在生活中找到的酸性最强的物质，比如盐酸（胃酸的一种成分）和硫酸（存在于汽车电池中），pH值接近0。碱性最强的，比如氢氧化钠（是碱液或下水道清洁剂的主要成分），pH值接近14。

在这本书里，我们有时会试图控制或改变某种发酵物的pH值，因为pH值会影响发酵食品的一切：从微生物的生存和繁殖能力到酶类正常运作的能力，再到最终的发酵味道。有时，我们会借微生物来产生乳酸、醋酸或柠檬酸，以此来降低发酵过程中的pH值，令发酵物尝起来更酸；我们也会使用碱性溶液，比如用玉米面团制作味噌的时候，我们会用到煮过玉米、带有玉米粒的果香和花香的氢氧化钙溶液。

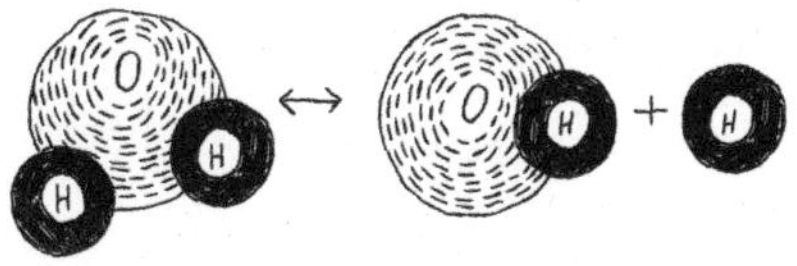

水溶液中氢氧根离子（带负电荷）与氢离子（带正电荷）的比值决定了溶液的 pH 值。

想要检测pH值，你可以使用一些工具，包括试纸和数字仪表。严格的发酵者会觉得这些工具很有用，但味觉才是最好的测试工具。从根本上来说，“正确的”pH值由你的口味决定，只要你觉得味道对了，那就对了。

盐与面包师百分比

盐是保证发酵安全与成功的重要因素之一。首先，盐具有显著的抑制微生物和人类生物作用的能力（这就是为什么如果你在海上陷入困境，喝盐水会置你于死地）。盐是一种离子化合物，由钠和氯组成，溶解于水时，会分解成大量的离子。自然界“憎恶”不平衡的状态，所以，在任何可能的地方，水和溶解于其中的盐离子都会尽可能地均匀地分布。把一块肉或一个细菌细胞放进盐溶液中，里面的水分会往外渗透，而盐离子会往肉或细胞内部渗透，直至达到平衡状态。这就是盐浸作用的原理，也解释了为什么沙门氏菌这样的致病菌会被盐消灭。盐会从细菌细胞中吸取水分，直至它们枯竭死亡（更详细的解释可参看第367页的“盐和水”一节内容）。了解不同微生物的耐盐性，在发酵过程中十分重要。

因此，我们强调：含盐量务必精准。通常，含盐量用重量百分比来表示。但值得注意的是，在NOMA餐厅的发酵实验室，我们使用的是面包师百分比（baker’s percentage），比如“往1千克李子里加2%的盐”，意思就是“李子重量的2%”（即20克盐），而非李子和盐总重量的2%（即20.4克盐）。差别虽不那么明显，但使用面包师百分比能够简化数字计算。

最后，盐的种类也会对发酵产生影响。我们建议使用无碘盐，因为碘具有一定的抗菌作用。使用标准食盐虽不至于令发酵完全停止，但会妨碍有益微生物稳定繁殖。相比之下，犹太盐的效果就不错，杂货店一般都能买到。富含矿物质的海盐也不错，比如盐花，能够提升乳酸发酵的品质。

建造发酵室

从“曲”那一章（第211页）开始，你会发现有些食谱会要求特定的温度和湿度条件。建造发酵室的方法有很多种，具体选哪一种，取决于你打算制作多少食品，以及你想让你的设备达到多么精密的程度。NOMA餐厅有专门的发酵室，有着精确严格的温度和湿度控制。在悉尼设立快闪餐厅期间，我们将一间杂物间改造成了发酵室。你也可以用旧冰箱做发酵室，装有聚乙烯塑料罩的置物架、泡沫塑料冷藏箱、木箱子也都可以。好的发酵容器有两个基本标准：隔热、防水。“曲”那一章会详细说明需要对哪些因素进行控制，以及它们为什么重要。

一旦投入到实践中，你就会知道，电饭锅或慢炖锅这样的器具就足以满足本书提及的许多发酵工艺（值得注意的是，你使用的器具不能有自动关机功能，因为有些食谱的发酵时间得持续数周）。不过，一旦你爱上了发酵，建造更大、更精准的发酵室还是有必要的，这会让你的发酵工作产生质的变化。

在这里，我们简要介绍了搭建发酵室的两种方法，均适用于小规模发酵，涉及的物料，五金店或餐厅用品商店都能买到，网购也可以，所有的成本加在一起，还不如一个立式搅拌机。

置物架发酵室

建造这样的发酵室，你需要的物品如下。

- 1个置物架：这是发酵室的骨架。置物架由坚固的轻质铝合金制成，餐厅会用其装食材托盘或是从烤箱里取出的食物托盘。置物架高度一般为1～1.75米，配有轨道，可以将烤盘或餐盘滑到上面。找一个塑料或聚乙烯材质的罩子，分量重一些，能够保持稳定的温度和湿度，两侧要有拉链，拉动方便，能够轻易接触到内部。你还需要几个大小合适的烤盘；烤盘的款式和数量取决于你要发酵的食品。
- 1台小型局部供热装置：放在书桌下面暖脚的那种暖气就可以了。如果暖气还带有风扇，那就更好了；如果不带，可以买一个基本款的小风扇。
- 1台温度控制器，比如PID控制器或恒温器：它能够根据外部影响对发酵室内部温度进行调节。把温度控制器预调好之后，就可以把暖气放进去了。温度控制器是一种比较专业的设备，但并不复杂，也不昂贵，它带有探测器，你可以将其放进发酵室来测量内部温度，也可以直接放进发酵食物中，比如曲。
- 1台小型加湿器（只在制曲时需要）：放在孩子的房间里、缓解鼻子不通气用的那种加湿器就可以。另外，你还需要1个基本款的湿度计，用来测量湿度；湿度计的外观有些像烤箱温度计。湿度控制器也可以，其功能跟恒温器类似。虽然比湿度计稍微贵一些，但能够调节发酵室的湿度，减少你的工作量。

置物架发酵室建造流程

1. 组装好置物架，将1个或2个烤盘放进偏下层的位置。给供热装置、加湿器、湿度计或湿度控制器留出足够空间（还有风扇，以防供热装置不带风扇），且互不干扰。将这些设备放在一个烤盘上，将电器连接线从置物架底部抽出来。

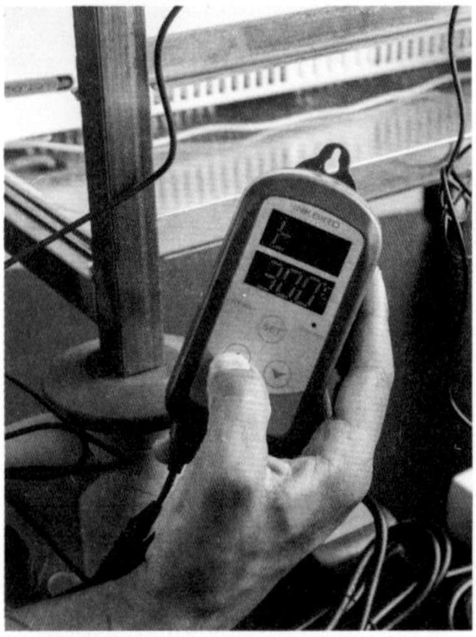

2. 温度控制器需要放在发酵室外面。按照说明书接通电源，设定好适宜的温度；针对本书涉及的发酵工艺，温度控制器需要设定的温度不是30℃就是60℃。把温度探针放进发酵室里，再将温度控制器与供热装置连接在一起。

3. 湿度计或湿度控制器的传感装置不要正对着加湿器放置，以免加湿器的水雾直接喷到上面，造成测量误差。加湿器加水，接上电源，调到中档。这里有一点需要注意：很显然，我们会用到很多电器，请务必使用额定功率适宜的电源板。

4. 用塑料罩罩住置物架，拉上拉链。空气会从底部进入发酵室，大多数发酵工艺都需要这么做。当发酵温度达到60℃时，你可能需要在塑料罩里面或外面再加一层隔离材料，干净的棉质或羊毛毯子都是不错的选择。

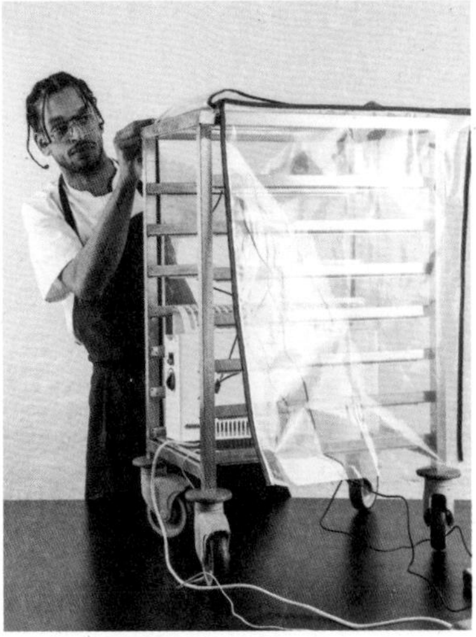

5. 封好罩子，让发酵室的温度和湿度达到理想状态。如果没有湿度控制器，你可以观察湿度计的数值，再将加湿器的功率调大或调小，以此来调节湿度。温度控制器则会为你掌管好温度。

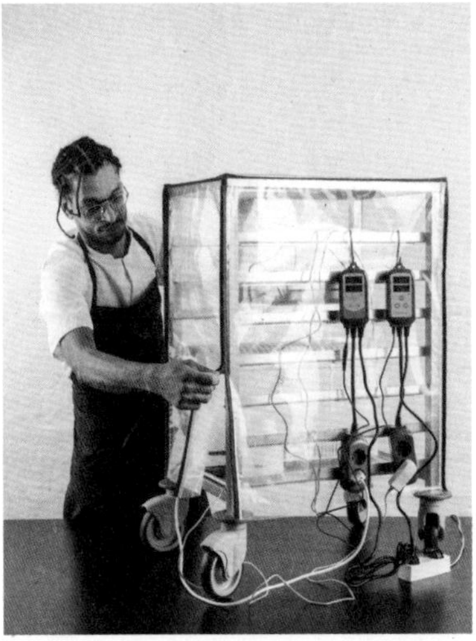

6. 以上步骤准备就绪后，就可以放入发酵食材了。此后要多留意温度控制器，看它在温度降低/升高时，是否开启/关闭了供热装置。比照理想温度，发酵时的温度可能会有1℃～2℃的上下浮动，这是正常的。

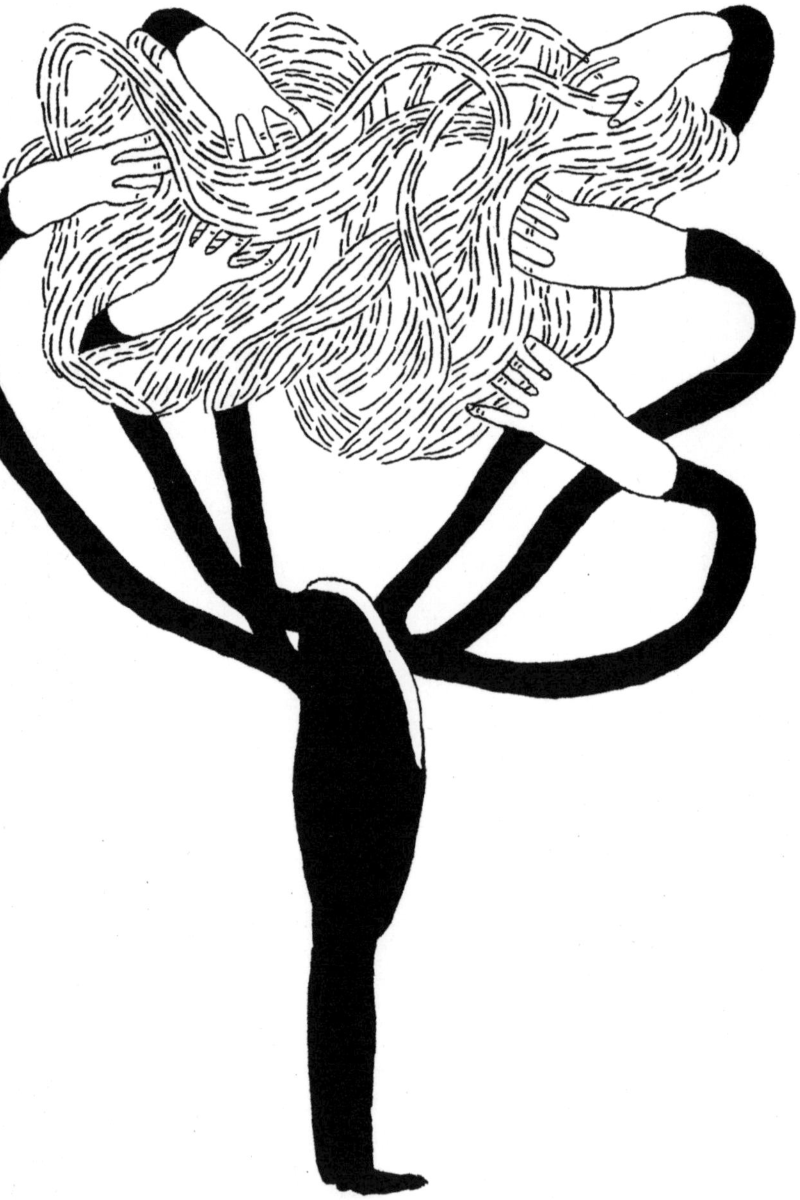

泡沫塑料冷藏箱

建造这样的发酵室，你需要的物品如下。

- 1个泡沫塑料冷藏箱：泡沫塑料（聚苯乙烯）是一种非常好的隔离材料，而且，泡沫塑料冷藏箱相当便宜，也很容易买到。书中所示的冷藏箱，尺寸为60厘米 × 40厘米 × 30厘米。
- 1个电热垫：电热垫常用作苗圃中的发芽装置（网购时你可以搜“幼苗热垫”），它也可以用给爬行动物的玻璃箱加热的那种（搜“爬行动物加热垫”）。电热垫外面是一层厚厚的塑料罩，里面遍布着电阻线圈，能够提供大面积的均匀热量，而且有多种尺寸可选。电热垫一般都是防水材料，容易清洗。
- 1台温度控制器：和置物架的设置一样，这是你的恒温装置，用来调节发酵室内部的温度。许多设备都会带有一个小孔，便于固定在箱子外面。
- 1台小型加湿器（只在制曲的时候需要）：越小越好。另外，你还需要一个基本款的湿度计，以测量湿度；其外观有些像烤箱温度计。或者，你也可以使用湿度控制器，其功能跟恒温器类似。虽然比湿度计稍微贵一些，但能够调节发酵室的湿度，减少你的工作量。
- 1个三脚架，几根螺丝也可以：通常来说，你会想把发酵食材悬空置于冷藏箱里。三脚架可以解决这个问题，不过，为了更好地通风，可以找4根长度适宜、足够坚固的螺丝，将其穿透并固定在冷藏箱侧壁，用以支撑盛满食材的发酵托盘。

冷藏箱发酵室建造流程

1. 确保你使用的冷藏箱是干净无菌的。如果你做的是曲，可以找四根长度适宜、足够坚固、能够承受住一盘曲的重量的螺丝，将其穿透并固定在冷藏箱侧壁，高度大约为冷藏箱的一半。

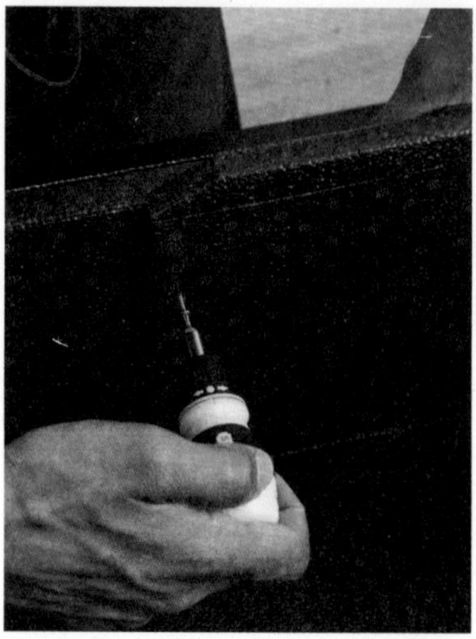

2. 将电热垫和加湿器放入箱子里，尽量使它们保持距离，将电器连接线抽出来。将加湿器调到中档，启动。湿度计（如果有的话）放在加湿器旁边（但不要正对着喷雾口放置），以跟踪发酵室的湿度。

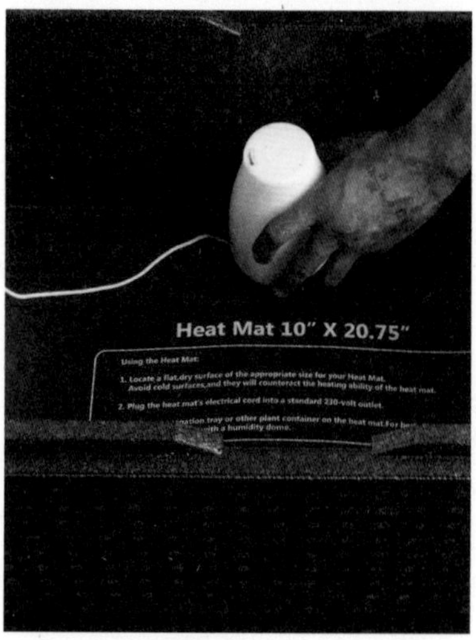

3. 电热垫接通电源，连接到温度控制器上，按照说明书将其设置成适宜的温度；针对这本书涉及的发酵工艺，温度控制器需要设定的温度不是30℃就是60℃。随后，将温度探头放进发酵室里。

4. 让发酵室的温度和湿度达到理想状态。如果没有湿度控制器，你可以观察湿度计的数值，再将加湿器的功率调大或调小，以此来调节湿度。温度控制器则会为你掌管好温度。

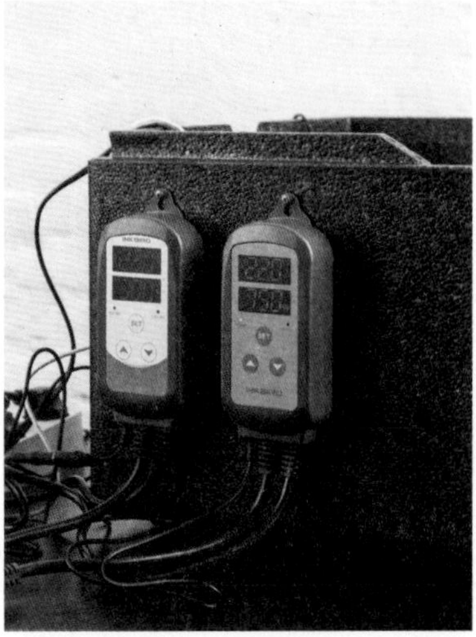

5. 以上步骤准备就绪后，就可以放入发酵食材了。此后要多留意温度控制器，看它在温度降低/升高时，是否开启/关闭了供热装置。比照理想温度，发酵时的温度可能会有1℃～2℃的上下浮动，这是正常的。

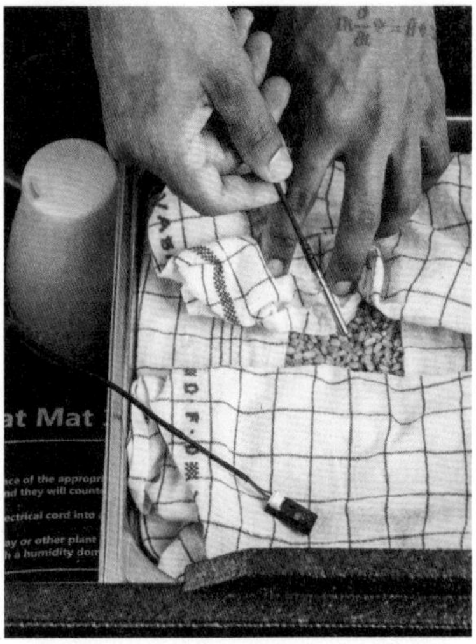

6. 盖上冷藏箱的盖子。当发酵温度达到60℃时，尽量不要让箱内的温度流失。不过，制曲时可以留少许缝隙，让新鲜的氧气进入，如果担心箱盖合上，很简单，在缝隙处放一根螺丝支撑住就可以了。

能够限制发酵的，
只有你的想象力。

泡菜以外的思考

我们希望，阅读完这本书的每一章内容并做出了其中的一两种发酵食物之后，你就能足够从容地驾驭自己的“发酵之船”。我们支持你将学到的知识应用到其他食材上。将发酵技术从文化框架中分离出来，看看生物过程应用于不同食材时会发生什么，这是我们想在NOMA餐厅通过发酵来完成的事情之一。这并非对文化历史的不尊重，而是试图理解其他国家和地区的烹饪传统，借以改善我们自己的烹饪方法。

例如，韩国泡菜和德国泡菜是世界上较著名的两种乳酸发酵食品，这是显而易见的，但是，发掘出两种历史悠久的产品和制作技术上的区别是很重要的。一旦你对某一特定发酵工艺有了深入了解——怎样转化食材、强化了哪些味道、弱化了哪些味道——你就能想到同样的处理方法还能带来什么益处。为什么甘蓝做成德国泡菜这么合适？有类似的食材吗？哪些额外的调味料可以在乳酸发酵之外带来更丰富的酸度？这就是我们常在NOMA发酵实验室里尝试的方法，而这种方法让我们做出了许多成功的产品。

记住，尝试的过程中必然会有失败。不要气馁！这本书里的每一份食谱都是从一个想法开始的，经历过失败、教训和调整，最后变得美味。只有当事情没有按计划进行的时候，惊喜和愉悦才如此难能可贵。

用现成发酵食品替代

我们希望，你在读完这本书后，能对发酵和烹饪有更深的理解，即便你没尝试我们提及的任何一种发酵食谱。我们希望，世界上所有的厨师和主厨都能看到发酵食品的用途和价值，无论他们是否从无到有地进行制作。酱油不仅能用作蘸料，味噌也不仅仅可以用来做汤。如果你在这本书里邂逅了一个具有吸引力的建议，比如酱油焦糖，你不必怀着“我得自己做酱油”的心情去制作，从商店买些酱油就好了。

本书中的一些食谱是多种发酵食品的结合，我们也意识到了这一点：有时是出于必要，有时则是为了表现不同发酵食材之间相互作用产生的十足美味。在后一种情形下，你制作的就是一种产品，无须追求从无到有的完整性；用现成的发酵食品来替代就足够了，也能得到想要的味道。

遗憾的是，对于玉米面团味噌（第312页）或蚱蜢鱼露（第393页），我们还没找到类似的现成发酵食品来替代。下面这张表格记录了本书提及的一些发酵食品的“表亲”，或者说等价替代物，或许能提供一些帮助：

质量永远都很重要。市场上的产品总是良莠不齐，价格有

我们的发酵食品	现成的发酵食品
接骨木酒香醋（第 201 页）	传统香醋
珍珠大麦曲（第 231 页）	干米曲
黄豌豆味噌（第 289 页）	“妈妈”味噌
黑麦面包味噌（第 307 页）	“八丁”味噌
黄豌豆酱油（第 338 页）	生酱油
牛肉鱼露（第 373 页）	伍斯特沙司
玫瑰鲜虾鱼露（第 381 页）	鱼酱油（红船牌）

高有低，质量有好有坏，这样的差距在发酵食品上可能尤其明显。可以根据自己的判断，也可以听取朋友或商店店员的建议来选择制作精良的商品。

度量衡

在NOMA餐厅，包括这本书里，我们用的都是公制度量系统，因为它比英制度量系统更为精准。当某种发酵工艺的发酵结果十分微妙时，准确性就十分关键了。仅仅1%的含盐量变化可能就会导致天差地别的结果，量对了，你就可以向朋友炫耀；量错了，你也许宁愿没人知道自己做了什么。

我们想对不信任公制的美国读者说，公制度量系统其实非常合理，大多数厨房也都使用公制来标记和设置。使用公制，你既可以用重量（克和千克）进行测量，也可以用体积（毫升和升）。简单起见，我们的许多食谱用的都是重量，而非体积：将一只空碗放在秤上，将重量读数调到零，这样一来，碗的重量就被减掉了，然后将食材放入碗中，直至添至你想要的重量，而且无需将食材在量杯和称重碗之间倒来倒去。

在按照书中涉及的食谱操作时，请务必准备一台能精确到1克的数字厨房秤，即便是高质量的秤，价格也不贵；还要买一块备用的电池，以防在烹饪的过程中因为秤没电而有所耽搁。

最后，我们还列出了每份食谱的大致产出量，这样一来，你在开始之前就能想清楚自己该怎么准备，不过，按比例增加或减少食材也并非难事。还有一点，那就是容器的尺寸问题。有些情况下，玻璃罐或瓦罐可能需要留出一些空间，如果你按比例增加了食材，可能也需要相应地换一个大容器。

2

乳酸发酵的果蔬

—Lacto-Fermented Fruits and Vegetables—

化甜为酸

NOMA 餐厅菜单上的菜品，从顾客食用的第一口到最后一口，没有一道不涉及乳酸发酵（lacto-fermentation）。几乎任何菜品都可以用到乳酸发酵。

乳酸发酵的食品能给它们接触到的一切带来果味、酸度和鲜味。例如，经乳酸发酵后的牛肝菌会产生一种味道十分强烈的汁液，可以用来给应季的新鲜海胆调味。只要在海胆的“舌头”上滴上一两滴，能好吃到让你的头发竖起来——这种汁液以一种不可思议的方式吊出了海胆的味道。就像给海胆拍了一张照片，然后将饱和度与对比度调高。至于牛肝菌，我们会浸上糖浆，令其脱水，再裹上一层巧克力做成糖果，与咖啡搭配在一起，作为餐后甜品。

值得庆幸的是，乳酸发酵不仅用处广泛，而且制作方法非常简单。制作过程并不复杂：将食材称重，加入2%的盐，然后等着就行了。发酵多少天取决于你对食物最终酸度的要求。

这一切都要归功于乳酸菌（lactic acid bacteria）或乳杆菌（Lactobacillales）。乳酸菌能将糖转化为乳酸，这就是腌菜、德国泡菜、黑麦面包、酸面包、酸奶和酸啤酒背后的秘密。乳酸菌还（一定程度上）参与了葡萄酒、奶酪和味噌的制作，使得这些食品以及其他许多标志性的发酵食品拥有了更加微妙和富有层次的风味。

这是微生物的世界，
我们只是恰巧借居其中。

大体来说，乳酸菌是杆状和球状的，具有耐酸性、耐盐性和厌氧性，这意味着它们能在缺氧的环境下生存繁衍。乳酸菌消耗的主要是以糖的形式存在的碳水化合物，从而产生乳酸这种代谢物（即代谢过程中的副产品）。在细菌作用过程中，酶会分解葡萄糖（$C_6H_{12}O_6$），以利用其化学势能，从而将每一个葡萄糖分子转化为两个乳酸分子（$C_3H_6O_3$），而无须深入到化学过程中。

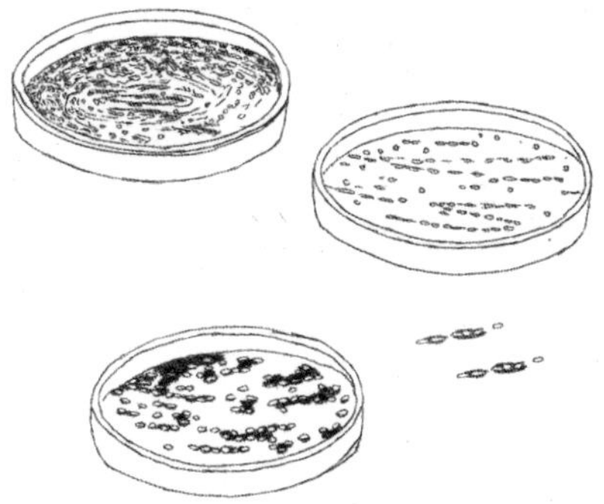

不同的乳酸菌株能产生不同的风味。

专门将糖转化为乳酸的乳酸菌种类，分为同型发酵乳酸菌和异型发酵乳酸菌，后者的代谢物除了乳酸，还包括乙醇、二氧化碳或醋酸等其他分子。有些种类的乳酸菌还能将蛋白质分解成氨基酸，这也是切达干酪和帕尔玛奶酪那难以形容的美味的秘密。

和人类一样，乳酸菌也是一种勤劳的生物，它们设法占领了全世界。乳酸菌存在于哺乳动物的乳汁中，也就是说，你从出生的第一刻起，就与它们建立起了复杂的关系。对我们来说，幸运的是，乳酸菌还存在于一切你想要发酵的果蔬表皮和叶子上，耐心等待适合它们生长繁衍的条件。

在NOMA餐厅，几乎所有的乳酸发酵食品利用的都是自然发酵，利用已经存在于食物上的正常菌群“启动”发酵过程。在任何一种特定的自然发酵过程中，都会有不同类型的菌株试图竞得一席之地，它们会在不同的阶段繁衍和谢幕，为这一场“大合唱”增添了独属于自己的美妙声音。正是这些不同种类乳酸菌株之间复杂的相互作用，使得自然发酵的食品变得如此美味。

帕特里克·约翰松（也就是著名的“黄油维京人”）是NOMA餐厅的老朋友了，有一次，他将自己制作的自然培育黄油样品送到一间食品实验室进行分析，发现里面有12种不同种类的乳酸菌。操纵诸如发酵温度等因素来使得发酵食品靠近自然发酵的复杂性、调整发酵环境以适应不同种类的细菌，从而制造出独特的风味，这通常是商业上的做法。乳酸菌的活动不仅取决于温度，还取决于营养物质的多寡、菌株密度以及菌株分布情况。化学因子还会带来微生物之间的交流，传达它们自身的生长模式、繁殖速度等一切信息。

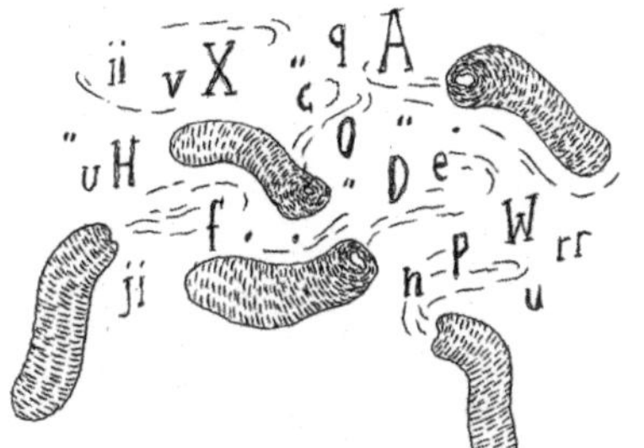

实际上，细菌可以通过化学梯度的“语言”相互交流。

黄瓜之外

在西方，最常见的乳酸发酵蔬菜当属标准版的酸黄瓜，所谓“标准版”，即在盐水中腌制。在NOMA餐厅的乳酸发酵上，我们将目光投向更多的蔬菜，但我们深知标准腌制黄瓜的美味秘诀。

对此，我们会寻找具有两种特性的食材：（1）未加工时就很美味；（2）脆爽多汁。

后面一点尤其重要，因为腌制蔬菜的魅力正是在于脆爽的口感（任何一个斯堪的纳维亚人都会告诉你，熏制鱼片加上一点腌制蔬菜，是生活中最美妙的搭配之一）。对此，我们已经取得了惊人的成绩，利用白芦笋、小南瓜、甜菜根和甘蓝茎进行乳酸发酵。水田芥和阔叶葱等绿叶菜效果就不太好了。

当然，腌制蔬菜只是其中一种选择。一旦明白了“任何含糖的食材都可以发酵”，你就开启了一个充满潜力的世界。这是最基本的认知，然而一旦发生在自己身上，你就无法停止思考仅仅在盐的帮助下，乳酸菌就能完成不可思议的转换。

了：还能拿什么进行乳酸发酵呢？

每年9月浆果季快要过去的时候，我们都会在餐厅制作乳酸发酵浆果，有蓝莓、树莓、桑葚、黑莓、白醋栗，以及一切我们能够获得的无核软皮水果。尽管它们不具备乳酸发酵的根茎类蔬菜那种脆爽口感，但发酵完成后的果泥口感本身就很棒——鲜甜可口，具有层次丰富的酸味儿。

乳酸菌发酵糖分时产生的乳酸，会与水果中已有的酸类混合在一起。说起柠檬酸，人们往往会想起柑橘类水果，但它们也存在于许多其他水果和浆果中。柠檬酸的酸度很高，几乎带有一种燃烧的感觉；葡萄和苹果中所含的苹果酸（想想澳洲青苹果的酸味儿）则相对柔和圆润一些，味道也更好；抗坏血酸的酸味儿强烈而直接，从香蕉到番石榴的所有热带水果中都含有抗坏血酸。不同酸类的相互作用正是发酵水果的有趣和迷人之处。

经乳酸发酵后的浆果能够燃爆味蕾。

浆果在发酵过程中会失去原有的形状和质地，所以我们经常使用榨汁机，直接取其汁液。发酵好的浆果汁非常棒，有着丰富的气泡，还带有咸味、甜味和酸度。将发酵好的树莓汁与辣橄榄油混合，加入几粒植物香料，比如长胡椒或红胡椒，油醋汁就调配好了，可以舀出一勺淋在厚煎牛排和番茄上。再撒上海盐、糖和几片马郁兰叶碎，就成了一道完美的夏末餐点。果肉不要扔，可以撒在拌了鲜奶油的新鲜浆果碗里作为点缀，也能让味道产生细微的变化。

让乳酸菌发挥作用

正如前面提到的，乳酸发酵非常简单，这要归功于无处不在的乳酸菌。话虽如此，想要乳酸菌达到百分之百的发挥，还须满足以下几个基本条件（颇像摇滚明星），方能确保发酵成功。

隔绝空气

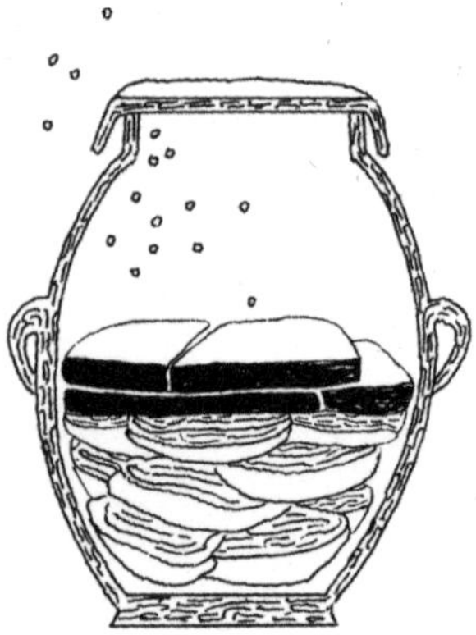

将罐子密封，能够隔绝空气、防止腐败。

乳酸菌在无氧条件下能够发挥最大作用。许多传统发酵过程中会沿用液体置换法，让乳酸菌远离空气。以德国泡菜为例：切碎甘蓝时会破坏植物细胞，让水分得到释放。盐通过渗透作用，会引出更多的水分，放置在上面的重物会将菜压在汁液中，接下来就是乳酸菌发挥作用的时候了。

然而，在NOMA餐厅，我们并不总是会用重物压腌菜，因为我们要竭尽全力确保发酵完成的果蔬外观完好无损。我们会使用塑料包装和真空封口机，以确保乳酸菌接触不到氧气。

无论选择什么样的方法去除乳酸菌所处环境中的氧气，都不仅仅是在帮助乳酸菌进行发酵工作，同时也排除了潜在的致病菌。去除氧气后，发酵过程中不需要的霉菌也会被消灭，因为它们需要空气来进行细胞呼吸。

盐是一种必不可少的发酵工具，自史前以来就因其抗菌特性被用于保存食物。

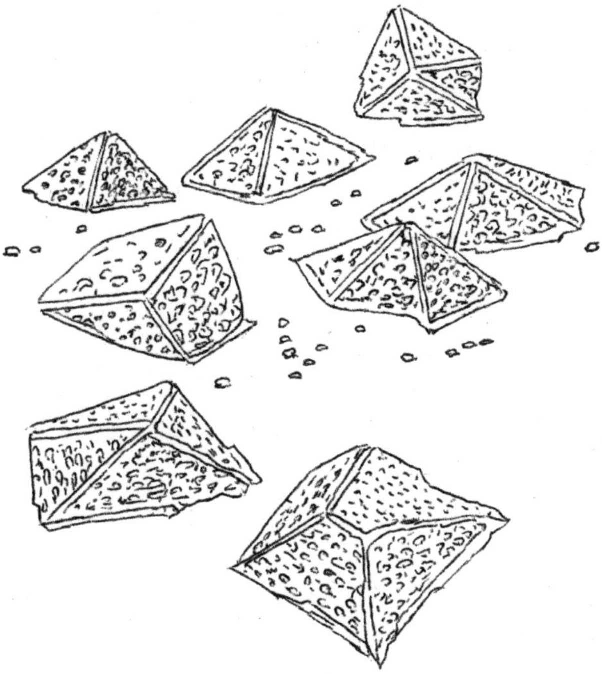

盐分充足

盐并非乳酸菌繁殖的必要条件，但乳酸菌耐盐，也就是说，我们可以通过调节乳酸菌发酵过程中的盐度来进一步防范外界的有害微生物入侵。例如，虽然肉毒杆菌是一种厌氧菌（anaerobe，即在无氧环境下生长的微生物），但它很难在含盐或含酸的环境下生存，这是个好消息，因为这种细菌会造成肉毒中毒。

不同种类的乳酸菌，耐盐性（salt tolerance）也有所不同，有些菌种能在高达8%的浓盐度中进行发酵。在NOMA餐厅，我们会加入2%的盐进行发酵。这足以抵御一切有害细菌，又不会让食物咸到难以下咽。

在无氧富盐的盐水中进行发酵也是一个不错的办法。许多传统食物的发酵工艺，比如酸黄瓜，几个世纪以来都是这样制作的。软皮水果在盐水中浸泡几天后，果肉会开始溶解，但大

对页图注：

奶汁甜豌豆海带丝，NOMA 餐厅，2015 年

大张的海带片放入干蘑菇、浆果和乳酸发酵的牛肝菌汁液中煮 3 天后切丝，拌入青豌豆，再淋上鲜奶汁。

小适中、具有爽脆感的蔬菜（比如甜菜根、小萝卜或小胡萝卜）能在盐水中发酵得很好。

在盐水中进行乳酸发酵前，要先将空瓦罐（或玻璃罐）放在天平上称重，将天平刻度调整为0。接下来，将蔬菜放入容器，要确保它们紧贴在一起，但又不会影响外观。随后，倒入足以淹没蔬菜的水，称重，记下内容物的总重量。总重量乘以2%即为所需盐的重量，称重后将盐放入搅拌钵中。将容器中的水倒入搅拌钵中进行搅拌，直至盐完全溶解，再倒回容器中。请注意，使用这种方法，容器中盐水的含盐量都会高于标准的2%。举个例子：我们要用1千克的水淹没1千克的花椰菜梗，你需要在水里加入40克盐来制作4%的盐水。随着时间的推移，盐会进入果蔬之中，引出其中的水分。盐水和腌制品的比例不断变化，4%的含盐量最终会趋于平衡，在发酵完成时接近2%，完美的腌菜也就制成了。

如果你的腌菜罐恰好是个细颈罐子，这将有助于防止蔬菜在腌制过程中浮上水面。如果没有类似的罐子，你可以利用一些重物或屏障，让蔬菜稳稳地浸在水里。水面距离罐子顶部要留出几厘米的空间，拧紧盖子，但也不要密不透风，一方面要隔绝外界物质进入，另一方面也要为内部产生的气体留出“排放路线”。

慎重选择发酵食材（并轻柔地清洗）

不要选择有蜡涂层、使用过杀虫剂或受过辐射的果蔬。有机食品是一个很好的选择。不要将食材清洗得过于彻底，以保留有益健康的自然乳酸菌数量。如有肉眼可见的污垢，可用冷水轻轻冲洗干净。不要用力搓洗，也不要使用果蔬洗涤液。

发酵的食材一定不能发芽或腐烂，务必确保这一点。发酵是个神奇的过程，但它无法令腐烂的苹果起死回生。而且，腐

对页图注：

本地可可巧克力配辣椒，墨西哥 NOMA 餐厅，2017 年

取一些智利与帕西拉混种辣椒，放入乳酸杧果蜂蜜中文火焖熟，塞入巧克力冰沙。

烂后的食材还会产生有害微生物，阻止乳酸菌的生长繁殖。但你无须担心吃剩的食物经乳酸发酵后的安全问题。吃剩的草莓和樱桃，可以切碎后放进玻璃罐里，再撒些盐，一周后就成了美味的酸奶搭档。

控制发酵“气候”

在21℃左右的室温下，大多数乳酸发酵都能正常进行。但是，在NOMA餐厅进行的大多数乳酸发酵工作中，我们会将室温维持在28℃。我们发现，这是快速发酵的理想温度，同时也能避免过强的细菌活性，以免产生异味。乳酸发酵也可以在冰箱里进行，但速度会慢很多。

需要注意：如果不想让腌菜变成糊状，发酵时就应远离热源。蔬菜中含有天然的酶，温度过高时，酶会加速分解蔬菜。如果特别在意腌菜的爽脆口感，可以在盐水中加入富含鞣质的植物叶片，比如葡萄叶或辣根叶，富含矿物质的未加工海盐、明矾也可以，这样做能够增强果蔬中的胶质，让它们保持脆爽。

修饰性食材

NOMA餐厅的菜品中有很多种食材，我们尽力保持了发酵食材味道的相对纯净，让它们在尽可能多的菜品中得到利用。举个例子：如果我们想往腌菜里加点儿月桂叶的味道，月桂叶也只能在可以起到作用的情况下使用。但这并不是说发酵过程中不允许混合调味。干香料（比如月桂叶、芥菜籽）显然是许多酸味发酵食材的陪衬，而且可以用其他东西替代。比如，可以用果汁取代5%～10%的盐水，以此来给食材提味，也能为乳酸发酵提供额外的糖分。味道强劲的新鲜草本植物，比如马鞭草或香蜂叶之类，可以事先将其放入盐水中，或在发酵完之后放入其干料。想来点儿辛辣味儿，可以加入一小块辣根或半颗辣椒。即便是在真空低温环境下，也可以往发酵袋/罐里额外加入调味品，只要在加盐的时候考虑到它们的重量即可。

不同种类的蔬菜放入盐水中一起腌制，也能促进味道的“交换”。花椰菜和婆罗门参就是一对好搭档。抓一把芳香草本植物（柠檬百里香或香橙花均可），放入洋葱和芜菁中一同发酵，成品可以作为柠汁腌鱼生的配菜，为其添上一份花香，增加清爽的口感对比。将不同食材放在一起进行发酵时，需要利用常识——比如，蓝莓和芜菁甘蓝是无法和谐搭配的——但是，发酵这件事最美妙和出人意料的一点，也正是从原材料中提取出全新味道的方式。当细菌、盐、酸与时间一同完成一支复杂而美妙的舞蹈，搭配得当的发酵食材放在一起吃，最终可能会引爆味蕾，制造出惊人的美味之结合。

把控时间

把握好发酵的时间，这一点很重要。从你将果蔬放入含盐环境那一刻起，它们就有了一个基本的方向：由甜到酸。虽然发酵不足的食物吃起来基本就是生的味道，但一不小心也很容易发酵过头。发酵过头的水果或蔬菜，味道也都差不多，食材原有的特性和风味都被超强的酸度冲掉了。

对发酵程度的判断，与判断意面是否筋道、西蓝花是否焯熟并无二致。正如托马斯·凯勒[①]曾说过的那样：“放进嘴里尝尝你就知道了。”检测乳酸发酵进展的唯一方法，就是品尝。理想的乳酸发酵食品，应该在保持食材原始风味的基础上加入酸度

① Thomas Keller，生于1955年，美国厨师、餐馆老板和食谱作家。——译注（本书脚注均为译者注）。

发酵是关于时间的实践。何时发酵完成，由你自己决定。

和鲜味儿，同时又将原始风味变得悠远绵长。

别急着扔!

最后这一点，对乳酸发酵本身来说并不重要，但它能够帮助你看待你的发酵实践，确认其成功与否。

正如我们在本书中多次提及的，发酵是延长剩余食物生命的一个极好的方法，否则就很容易产生浪费。不过，乳酸发酵过程本身也能够产生非常有用的副产品，稍不注意，可能就会被你丢弃。有些发酵残余物，促成了世界上极美味的食物。马麦酱和维吉麦酱，实际上是啤酒生产的残余物；酒糟则是米酒生产过程中残留的米浆，是日本料理中一种常见的调味食材，最常用来腌制酸甜可口的蔬菜。

在你把腌菜的盐水或李子发酵后的汁水倒入下水道之前，可以想象一下：把它们放进汤里或油醋汁里会是什么味道。别丢掉，可以将它们储存在密封容器里，或倒入特制调料瓶，再收进冰箱储存。如果你的发酵果蔬没能收获完美的成果，这种酸咸的发酵副产品就是一份不错的安慰奖。

李子一切两半，加盐后即可开始发酵。

乳酸发酵李子

1000克量（包括经乳酸发酵的李子及其汁液）

原料：

1000克成熟但紧实无破损的李子

无碘盐

想要进入发酵世界，乳酸发酵是一个很好的入口，它相对温和。在深入更复杂的发酵工艺之前，你可以先在这里站稳脚跟。乳酸发酵的过程简单而迅速，一般用不上一周就能有收获。

对新手来说，乳酸发酵李子是一个很好的选择，因为很多地方都有李子，容易买到，发酵方法也有很多种，主要取决于你有什么设备以及你打算如何使用发酵完成后获得的食材，比如你是想要李子块、李子片、整颗李子还是李子泥。

设备说明

乳酸发酵有两种方法：你可以将食材放入塑料的包装袋或容器中，真空密封后进行发酵。只要有真空密封材料，乳酸发酵就会变得简单可行。这会让你花上一点小钱，但对这本书里提及的食谱来说绝对有用。另一方面，你也可以使用玻璃罐或陶瓷罐，但材质务必可靠。在这种情况下，你需要放些重物在李子上，好让它们完全浸入自己渗出的汁液中。一个小型陶瓷罐或玻璃罐的发酵量就已经很可观了，但市面上很难找到更小型号的罐子。装满水的易拉式塑料袋可以当作重物压在李子上，而且能放进所有尺寸的容器里，很好用。

还有一点要注意，这本书里有许多要点，其中之一是建议戴手套，以防止竞争性微生物污染发酵物。如果要在乳酸发酵

成熟但紧实无破损的李子

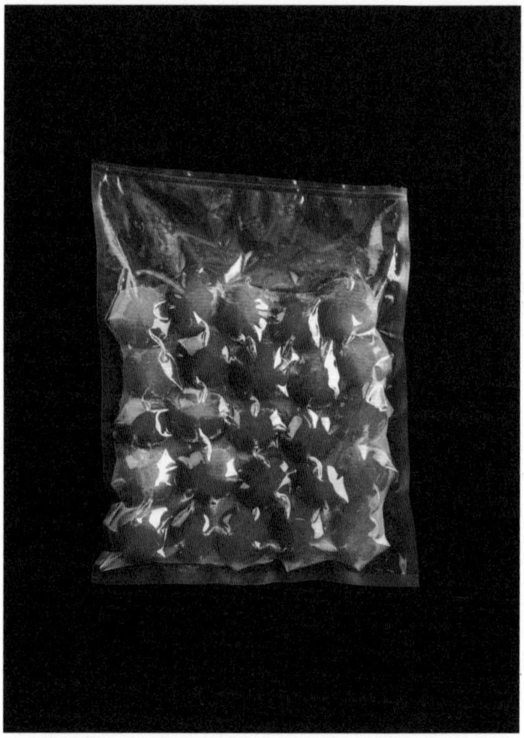

第 1 天

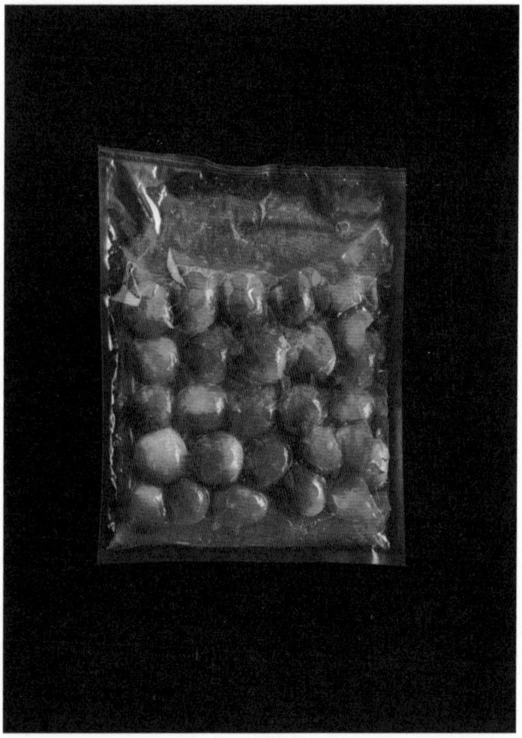

第 2 天

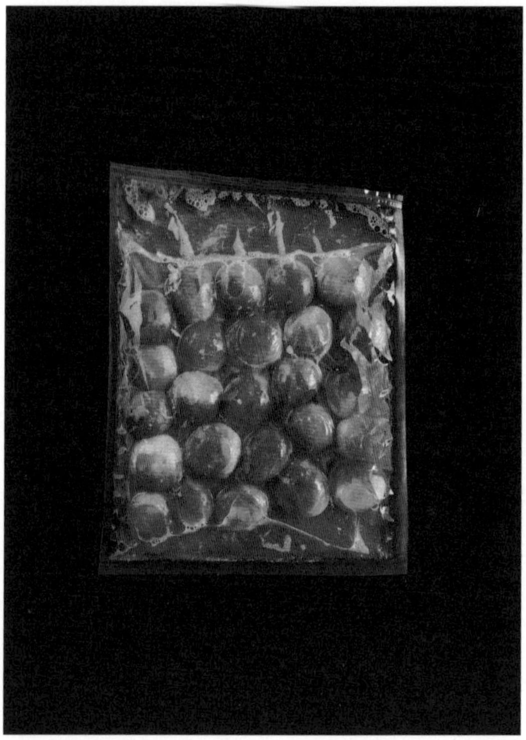

第 3 天

第 4 天

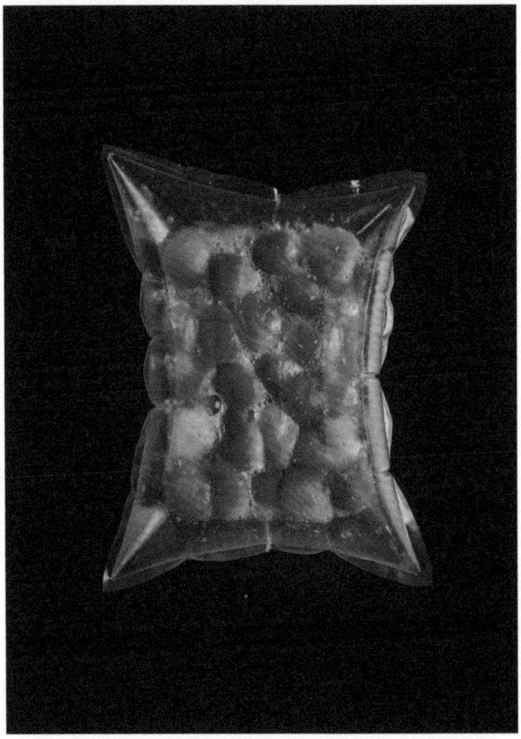

第 5 天

第 6 天

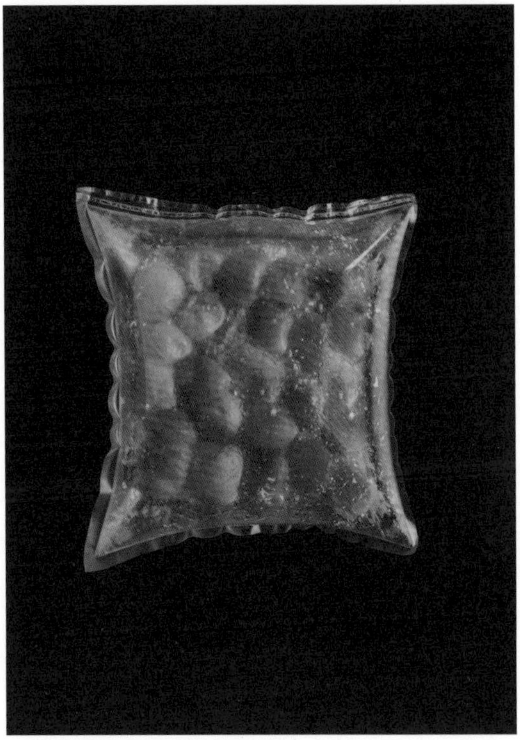

第 7 天

玻璃罐和陶瓷罐

你可能会注意到，在这本书里的所有发酵工艺配图中，发酵都是在玻璃瓶和透明容器中进行的。我们之所以这样做，是为了让读者看到里面在发生什么。但要注意的是，长时间暴露在紫外线之下，会影响发酵的质量。阳光直射玻璃罐中的发酵物，可能会杀死里面的有益微生物。但如果是间接的光线，比如将玻璃罐放置在厨房远离窗户的某个地方，那绝对没问题。

延时摄影照片

在这本书里，为了尽可能多地提供视觉信息，我们通过一系列延时摄影照片来呈现发酵过程。在某些情况下，你可能看不到一天里或一周里的明显变化，但我们觉得，如果你能看到照片和照片之间的细微差别，你会从中受益。

的过程中接触发酵物，一定要把手洗干净，做到这一点，也就没必要戴手套了。乳酸菌无处不在，人的皮肤表面也有。你的手接触食物之后，实际上会为其加入一些你自己的“风味”。

详细操作说明

找一些业已成熟但紧实无破损的李子，生吃时又甜又脆为好。未成熟的李子不能为乳酸菌提供足够的糖分，无法充分发酵，成品的甜度不够，无法平衡其中的酸度。过熟的李子则很容易碎掉。

如果李子表面很脏，可以用冷水冲洗，但不要揉搓。果皮表面上原有的菌类对成功的发酵必不可少。用水果刀将李子纵向对半切，轻轻扭转，分成两瓣，将刀刃插入果肉与果核之间，轻轻将果核撬出来；如果果核和果肉很难分离，可能就得用刀剜出来了。

给去核的李子称重，计算出李子重量的2%——也就是你稍后要添加的盐量。例如，去核李子为950克，你所需要的盐量为19克。

以上准备完毕后，你可根据自己拥有的设备，任选下面两种方式中的一种进行发酵。

真空包装袋发酵：将李子瓣放进一个真空袋中，袋子要足够大，能将所有李子瓣平铺在内。放入盐，捏住袋口后轻轻摇晃，让盐分均匀分布。

将袋子平放在料理台上。手伸入袋口，把李子排列整齐，切面朝下。保持李子平整排列的状态，打开真空封口机，用最大吸力将袋子抽成真空，封口越往外越好，留出足够的空间，因为之后你会多次打开真空袋，再重新进行密封。

玻璃罐或陶瓷罐发酵：将每颗李子平均切成8块，这样更容

乳酸发酵李子，第 1 天（罐子）

第 4 天

第 7 天

易放置到发酵容器中，缩小间隙，排除空气。将切好的果肉放进碗里，加入盐，拌匀。用橡胶刮刀把李子和盐分刮进发酵容器中，有一点要注意：务必全数刮入容器中，包括汁液和盐粒。

在李子上面放置重物压好，这样一来，李子释放出的汁液会与盐混合成盐水，让李子得到充分的浸泡。最简单的方法是使用易拉塑料袋：往塑料袋里装些水，排出空气后密封。安全起见（一旦袋子破裂，水将流入发酵罐中），可以在外面再套一层密封塑料袋。把装了水的塑料袋放入发酵罐里，轻轻摆动，令其完全盖住下面的李子。盖上盖子，但不要盖得太严，给里面的气体留出排放空间。如果使用图上那种密封罐，盖上盖子之前得先把橡胶垫圈取出来。

无论选择哪种方法，完成上面的步骤之后，发酵就开始了。21℃的室温下，完全可以进行乳酸发酵，但在NOMA餐厅，我们会在28℃的室温下进行乳酸发酵。这个温度能够加速发酵过程，又不会过高，让发酵物产生过度发酵时那种不好的气味儿。在冰箱里（温度在4℃上下）进行乳酸发酵也是有可能成功的，但发酵过程要漫长得多，在产生足够数量的乳酸之前，果肉破裂、褐变的风险也会越来越高。综合考虑，我们强烈建议你在室温下或更高的温度下发酵李子。

在28℃的温度下，我们的李子发酵到理想的味道通常需要5天时间。在21℃下，可能需要6～7天，但最终需要几天，还是得由你的口味来决定。李子发酵时，异型发酵乳酸菌会制造二氧化碳，如果你用的是真空密封袋，袋子会像气球一样膨胀起来。如果膨胀到几乎要爆开的程度，你需要让它“打个嗝儿”：剪开袋子一角，排出气体后，再用真空封口机重新密封（注意别把袋子里的汁液吸出来）。重新密封会再一次对李子进行压缩，让含有丰富细菌的汁液回到果肉中，从而加速发酵。

让李子“打嗝”的时候，你可以趁机尝一尝，以明确发酵

如果找不到小的玻璃或陶瓷重物，一个装满水的易拉塑料袋就可以充当完美的发酵压制重物。

的进展情况。其实，建议你每天都尝一尝。所以，相较于真空密封袋，玻璃罐或陶瓷罐的优势就显现出来了。不过，如果你在真空密封袋的顶部留了足够的空间，频繁打开再重新密封倒也无妨。

如果是在玻璃罐或陶瓷罐里进行发酵，要注意一点：液体表面或果肉边缘可能会形成一种白色的物质。这是卡姆酵母菌（kahm yeast），一种局部真菌花，会在果肉完全发酵、汁液酸化之前不断繁殖。卡姆酵母菌对身体无害，但如果被搅混到汁液中，会产生异味。如果发现了这种菌，你可以打开盖子，小心地将其舀出来扔掉。

李子发酵的时候，果肉会变软，甜味儿会逐渐转化为一种令人愉悦的酸，能在你的舌尖和舌根产生轻柔的碰撞，让你微微流口水。李子发酵的时间越长，酸味儿就越强。如果发酵得过久，最终李子会失去水果的特性，你尝到的也只有铺天盖地的酸。每天品尝一些果肉，能够防止过度发酵。最后，还要注意一点，乳酸菌在果肉中分解时会产生二氧化碳，这会带来轻微的碳酸感，再完美不过。

李子发酵完成后，从袋子或罐子中取出，过筛，将汁液过滤到一个小号容器或塑料袋中。如果李子的熟度合适，你得到的汁液应该有125毫升左右。这种汁液是一种很棒的食材，可以作为美味油醋汁的原料。放在冰箱里冷藏，可以保存一周，密封后冷冻，可以长期保存。

至于乳酸发酵后的李子果肉，可以放进有盖子的容器或密封袋中保存。同样，可以在冰箱里冷藏一周，果肉品质不会发生太大变化，如果不立即食用，低温也会让它们停止进一步发酵。发酵后的果肉比新鲜水果更易在冰箱里保存。如果李子依然是对切两半的状态，没有破碎，你可以将它们放在铺有烤盘纸的托盘上，切面朝下摆放，冷冻成固体后再放入真空袋中封好，放回冷冻室（这道工艺名为IQF，individually quick frozen，即单体快速冷冻法）。真空密封是最好的防冻烧[①]方法，使用常规的冰箱冷藏袋也可以。

完成后的乳酸发酵李子：酸甜中带着可口的咸味儿，充满果香。

① freezer burn，冷冻食品由于冰晶升华、油脂氧化所引起的组织、色泽等发生变化的现象。

1. 李子和盐。

2. 用水果刀将李子对半切开。

3. 轻轻除去果核，丢掉。

4. 将切开去核后的李子称重，混入李子重量2%的盐。

5. 真空密封机开到最大吸力，将袋子真空密封，顶部留下足够的空间。

6. 发酵5～7天，或者发酵到符合你期望的味道。

7. 剪去袋子一角，让李子“打嗝”，释放气体。顺便尝一下果肉，跟踪发酵进度，再将袋子重新密封好。

8. 待5～7天后，李子就能发酵完毕。汁液过滤后存好。

9. 将李子转移到一个密封容器中，放进冰箱保存；冷冻成固体后保存也可以。

乳酸发酵后的李子皮，脱水后磨碎，可用作酸甜可口的调味品。

建议食用方法

有嚼劲的乳酸李子干

晾干的乳酸发酵李子，其果肉会带有一种令人愉悦的嚼劲儿，果香更浓烈，这也使得果肉有了更多的用途。可以将去皮后的乳酸发酵李子，最好是对半切开的那种，放在铺有烤盘纸的烤盘里或脱水机的架子上，尽可能地在接近40℃的温度下脱水晾干。这样做成的李子干，质地很像杏脯。

就李子干而言，你可以将其想象成气味没那么难闻、果味更浓的鳀鱼干。往平底锅里放一条黄油，煎至棕褐色之后，放入一小把切碎的鼠尾草和几勺李子干薄片。随后放入茴香香肠碎和一份煮熟的意面，就成了一道美味的简餐。也可以将黄油、李子干、鼠尾草调成的酱汁淋在用平底锅煎烤的花椰菜或白芦笋上。

李子皮脆片

乳酸发酵后的李子，剥去的皮可以放入脱水机或烤箱中低温烘烤，直至变干、成为脆片。脱水机的温度以40℃左右为宜。如果你用的是烤箱，可以的话，就用60℃进行烘烤。烘烤前，要将李子皮一片一片平铺在脱水机架或是烤盘纸上。李子皮脱水所需的时间取决于你的设备，不过烘烤完成后的李子皮应该是酥脆的，冷却后口感会更好。干李子皮还可以撒在一切食物上，比如沙拉、布朗尼蛋糕、冰激凌，可以为食物增加一丝充满果香的酸味儿，以及明显的质地对比。

乳酸李子粉

用香料研磨机将干燥后的李子皮磨成细粉。下次你烤牛排的时候，可以在牛排收汁时用一瓣大蒜进行摩擦。然后撒上一撮李子皮粉，再磨几圈黑胡椒。李子皮粉会溶进牛肉中，为肉质增添一股刺山柑一般的锐利味道，与上等牛肉的丰富口感交相辉映。

晚餐打算做鲜豌豆意大利烩饭？出锅前别挤柠檬汁了，试试往里筛点儿李子皮粉吧。李子皮粉与北非风味也能很好地搭配——大盘的切莫拉酱烤茄子（eggplant and chermoula）上桌前，可以撒上些李子皮粉，为这道本就充满活力的菜肴锦上添花。

乳酸李子汁酱料

乳酸发酵李子的汁液可以用作新鲜海鲜的酸咸味补充，这种搭配十分美妙——事实上，乳酸李子汁是很好的木犀草酱[①]替代品。下次撬开牡蛎时，别急着往上挤柠檬汁或香槟醋，可以淋一些乳酸李子汁。往每一只牡蛎上淋半勺李子汁，就像按下了味蕾的播放键，美味在口腔中炸开。

李子味蛋挞

乳酸发酵的李子汁也能很好地应用在甜品中。例如，可以试试用李子发酵汁来为蛋挞调味。将100克奶油和100克全脂牛奶一同放入炖锅中，以小火煮。与此同时，将5个蛋黄、50克食糖打发，直至发白，然后加入75克李子发酵汁。锅里的牛奶和奶油加热后，舀几勺放入打发的蛋黄中搅拌，随后将所有牛奶

---

① mignonette，一种调味品，通常由切碎的青葱，碎胡椒粉和醋制成，往往与生牡蛎一起搭配食用。

往鸡蛋、奶油和牛奶混合而成的蛋挞液中加入一点乳酸李子汁，能够增添一丝活泼而又令人回味无穷的味道。

和奶油的混合液倒入蛋液中搅拌，直至完全混合。然后，将混合液筛至顺滑，顺次倒入挞壳中。放入烤箱，以170℃烤熟后取出，冷却到室温，一道略带酸咸的经典甜品就做好了。往做好的蛋挞上撒些李子皮粉，可以加倍增添李子的风味。

乳酸发酵牛肝菌能够制造出两种食品——牛肝菌本身，还有那极妙的牛肝菌发酵汁。

对页图注：在北半球，夏末是牛肝菌最好的采摘时节。

乳酸发酵牛肝菌①

1000克量（包括经乳酸发酵的牛肝菌及其汁液）

原料：

1000克干净的牛肝菌，冷冻至少24小时

20克无碘盐

这份食谱的真正价值在于牛肝菌经乳酸发酵后渗出的汁液。对NOMA厨房来说，牛肝菌发酵汁就像一把万能的瑞士军刀，可以用来给从茴香茶到鮟鱇鱼肝的所有东西调味。它的刺激性气味十分和谐，能将接触到的一切食材提升到新的美味境界。

为了最大限度地提取发酵汁，我们会在发酵前通过冷冻来破坏牛肝菌的细胞结构。也就是说，这份食谱的原材料既可以是新鲜采摘的牛肝菌，也可以是冷冻牛肝菌，效果一样。如果弄不到牛肝菌，平菇、鸡油菌、蓝足菌都很适合发酵，也有各自独特的风味。草菇和口蘑也可以，但差点儿意思。

乳酸李子的详细制作说明（见第69页）可以作为本章所有乳酸发酵食谱的模板。开始做本节的食谱前，我们建议你先阅读乳酸李子那节内容。

真空包装袋发酵：将冷冻后的牛肝菌以及盐放入真空袋中，搅拌，使其充分混合。袋子要足够大，能将所有牛肝菌平铺在内，随后用最大吸力将袋子抽成真空。封口越往外越好，留出足够的空间，因为之后你会多次打开真空袋排除其中积累的气体，再重新进行密封。

玻璃罐或陶瓷罐发酵：把盐和牛肝菌放入碗里，拌匀，然后将它们转移到发酵容器中，务必把盐全数刮进容器中，然后

① 部分牛肝菌有毒，须谨慎选择食材。

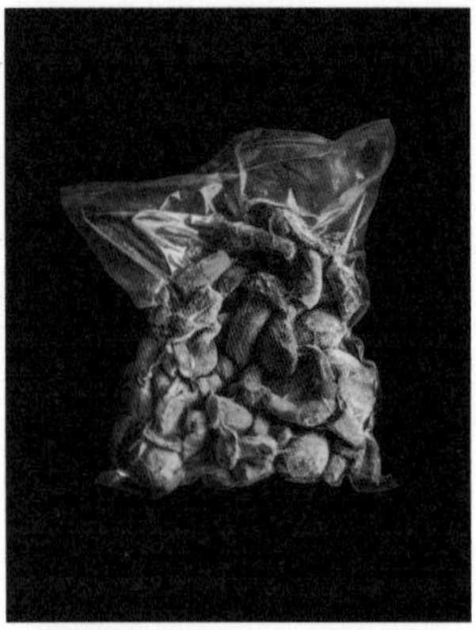

乳酸发酵牛肝菌，第1天（真空包装袋）

第4天

第7天

用重物压好（一个装满水的易拉塑料袋就行）。盖上盖子，但不要盖得太严，给里面的气体留出排放空间。

把牛肝菌放在温暖的地方进行发酵，一旦它们渗出了大量的微黄汁液，酸得恰到好处，发酵就完成了。在28℃下，发酵完成需要5～6天时间，正常室温下可能需要再多发酵几天，无论如何，发酵几天后一定要开始品尝味道。如果你用的是真空密封袋，袋子因气体膨胀时，记得让它“打嗝儿”（与其他发酵物相比，蘑菇发酵时，这个问题没那么严重）。剪开袋子一角，排出气体后，尝一尝味道，再真空封口。

如果牛肝菌的味道达到了你理想中的酸度和泥土清香，就可以将其从袋子或发酵容器中小心地取出。细网过筛，滤出汁液。牛肝菌及其汁液可在冰箱中存放，但要分开放在不同的容器中，几天内食用完毕，否则会影响风味。为防止进一步发酵，你也可以将牛肝菌放在一个托盘上进行冷冻，冻好后放入真空密封袋或易拉塑料袋里，再放入冰箱中存放。

留下来的汁液滤净后十分澄澈，风味浓郁。滤净汁液的方法如下：将汁液放进一个有盖子的可冷冻容器中，放入冰箱冷冻。变成固体后，将“冰坨”放到衬有纱布的滤锅中，底部放置一个容器，以便接住冰坨融化时滴落的液体。盖上盖子或用保鲜膜封住，放入冰箱，令其慢慢解冻。滤完后，不要将纱布里的水分拧进容器里，因为里面可能会有牛肝菌渣。滤净后的汁液再次冷冻，使用时取出即可。

乳酸发酵牛肝菌，第1天（罐子）

第4天

第7天

建议食用方法

蜜饯牛肝菌茶点

在NOMA餐厅，我们会把发酵后的牛肝菌做成甜品，制作方法如下：将所有发酵后的牛肝菌浸入同等重量的桦树糖浆或枫树糖浆中，放入冰箱冷藏2天。变得咸鲜适宜、酸甜可口的时候，放进脱水机中以40℃慢慢烘干，直至它们变得如太妃糖一般有嚼劲，随后将其浸入融化的巧克力中，一道绝妙的茶点就完成了。

牛肝菌-培根油醋汁

乳酸发酵后的牛肝菌汁液是我们在NOMA餐厅经常使用的一种多功能调味品，其中有一股令人愉悦的刺激性味道，能令某些食材焕发出崭新的活力。想要了解牛肝菌汁的强大力量，可以试一道简单的温油醋汁：将乳酸牛肝菌汁与等量的新鲜培根油混在一起搅拌，淋在烤平菇、慢烤花椰菜、鹅颈藤壶上均可。

牛肝菌油

乳酸发酵牛肝菌最完美的食用方法，就是制成牛肝菌油，制作方法如下：取500克葡萄籽油和250克新鲜牛肝菌，一同放入炖锅里以中火煎，直至牛肝菌开始冒泡。约10分钟后，关火，盖上盖子，让油冷却到室温。将炖锅放入冰箱，让牛肝菌在葡萄籽油里浸泡一夜。第二天，将牛肝菌油滤出，牛肝菌备用。将牛肝菌油和等量的乳酸牛肝菌汁混在一起搅拌，加入切碎的葱或蒜薹，继续搅拌，一道口感刺激、风味极佳的调味料就做好了，可用作生扇贝或水煮虾的蘸料。

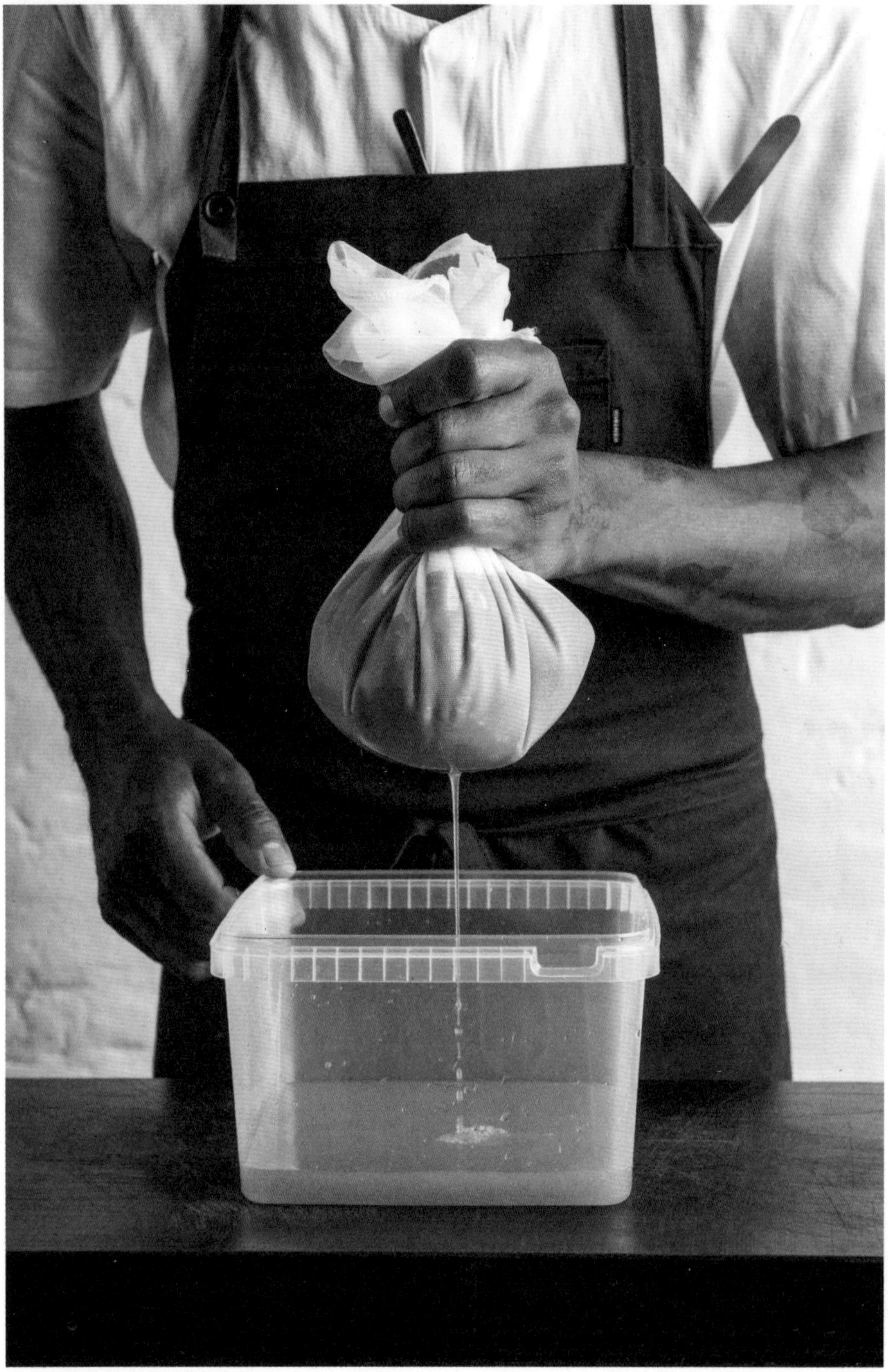

经乳酸发酵后的番茄，其酸度和鲜度都成倍增加。

对页图注：慢慢过滤，将乳酸番茄的果肉和汁液分离。

乳酸发酵番茄汁

1000克量（包括经乳酸发酵的番茄及其汁液）

原料：

1000克成熟的番茄

20克无碘盐

番茄本来就是一种酸性水果，味道十分鲜美，所以，进行发酵并不是为了让其变得更酸，而是让酸度和甜度达到一种平衡，让人误以为吃的是熟番茄酱。和许多乳酸发酵食品一样，乳酸发酵番茄的汁液用处极广，可以广泛用于调味汁和酱汁。不过，这并不是说果肉就可以直接扔掉了！发酵后，果肉会碎成糊状，可以调入鞑靼羊肉中增添风味，涂在放了新鲜奶酪的吐司上，或者与里科塔奶酪混合，作为千层面的馅料。

乳酸李子的详细制作说明（见第69页）可以作为本章所有乳酸发酵食谱的模板。开始做本节的食谱前，我们建议你先阅读乳酸李子那节内容。

番茄去蒂，小的切成4等份，大的切成8等份。

真空包装袋发酵：将切好的番茄和盐放进真空袋中，轻轻摇晃，令其充分混合。袋子要足够大，能将所有番茄块平铺在内，打开真空封口机，用最大吸力将袋子抽成真空。封口越往外越好，留出足够的空间，因为之后你会多次打开真空袋排除其中积累的气体，再重新进行密封。

玻璃罐或陶瓷罐发酵：把切好的番茄和盐放入碗里，拌匀，然后将它们转移到发酵容器中，务必把盐全数刮进容器中，然后用重物压好（一个装满水的易拉塑料袋就行）。盖上盖子，但不要盖得太严，给里面的气体留出排放空间。

把番茄放在温暖的地方进行发酵，一旦它们渗出大量的汁

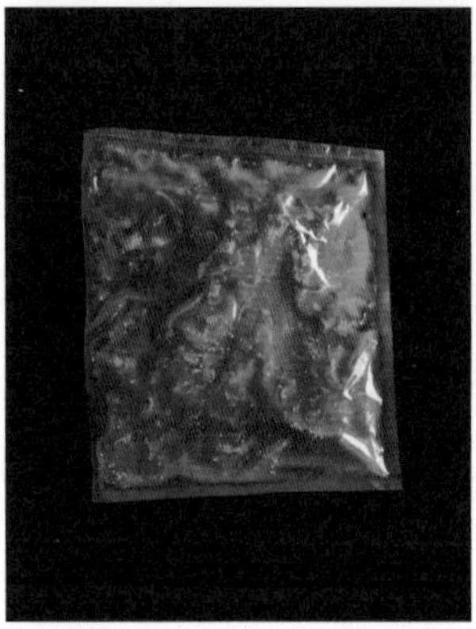

乳酸发酵番茄汁，第 1 天（真空包装袋）

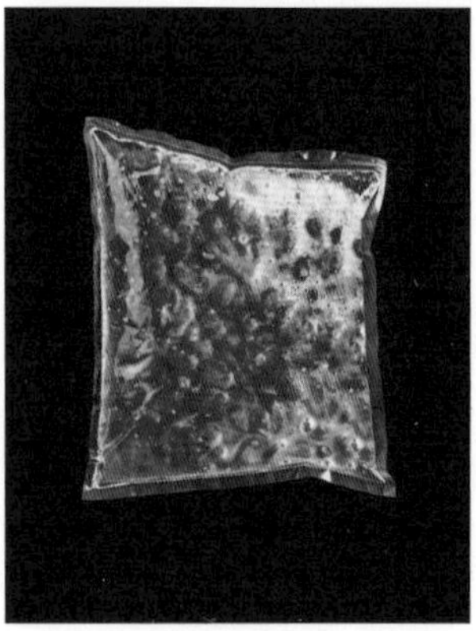

第 4 天

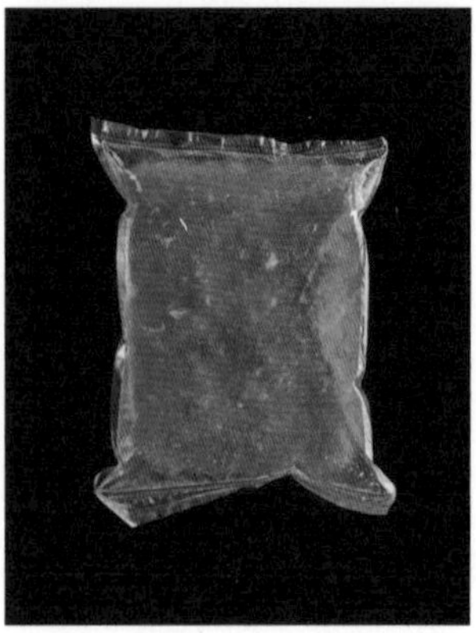

第 7 天

液，果肉软化明显，发酵就完成了。在28℃下，发酵完成需要5～6天时间，正常室温下可能需要再多发酵几天，无论如何，发酵几天后一定要开始品尝味道。如果你用的是真空密封袋，袋子因气体膨胀时，记得让它“打嗝儿”。剪开袋子一角，排出气体后，尝一尝味道，再真空封口。

如果番茄的味道达到了你的要求，就可以过筛了：在细孔筛上铺上纱布，放在碗上。把发酵过的番茄及其汁液倒入筛子里，用保鲜膜罩住，放入冰箱存放一夜。第二天，用手迅速轻敲几下筛子，把汤汁都震出来，但不要压果肉。

番茄汁和果肉可在冰箱中存放，但要分开放在不同的容器中，几天内食用完毕，否则会影响风味。为防止进一步发酵，你也可以将它们分别放入真空包装袋中进行冷冻，易拉塑料袋也可以，但要将袋内空气排除。

乳酸发酵番茄汁，第 1 天（罐子）

第 4 天

第 7 天

建议食用方法

乳酸番茄海鲜

几乎所有乳酸发酵产生的汁液都可以用来腌渍或加工海鲜，乳酸番茄汁也不例外。选择你喜欢的香草，莳萝、香葱、罗勒、紫苏均可，切碎后给乳酸番茄汁调味，调匀后加入两勺橄榄油，这道调味汁就做好了。喜欢的话，你还可以淋上一点酱油，让鲜味倍增，如果不加酱油，尝起来会更清爽。这种调味汁可以涂在生蚝、蛤蜊或新鲜的鲈鱼片、白梭吻鲈片上。

乳酸发酵产生的汁液不仅可以用作海鲜酱料，还是一种有效的烹调介质。可以试试用乳酸番茄汁来煮贻贝，代替通常使用的白葡萄酒，直接为贻贝增添酸咸可口的风味。

番茄汁渍菜

如果你想吃新鲜的泡菜，乳酸番茄汁能够为你提供及时的、可口的酸度。下次邀请朋友来家里烧烤或举行花园派对时，可以选几种你喜欢的蔬菜，比如胡萝卜、白萝卜、芹菜，切成小块后浇上乳酸番茄汁，撒上一撮盐，放入冰箱里腌渍至少2小时，如果可以，最好是一个晚上。渍好后，将汁水控干，味道清爽的泡菜就做好了。端出去给客人，让他们在你烹制正餐的时候津津有味地咀嚼。如果能让孩子们爱上这种新鲜泡菜，你就可以随时为他们准备零食了。

番茄酱

乳酸发酵后的番茄果肉，可以用来替代商店买来的即食番茄酱，虽然比后者更咸、更酸，但味道也更胜一筹。下次做肉酱意面时，碎番茄可以减少1/4的量，用乳酸发酵番茄果肉来代替。如果觉得太酸，可以放一勺蜂蜜来中和。

也可以用来给吐司调味。吐司片两面都涂上橄榄油，用平底锅烘烤，撒一撮盐调味。吐司还热的时候，在上面浇上一大勺乳酸番茄果肉，完美无缺的意式烤吐司就完成了。如果你喜欢，还可以撒上一些罗勒叶碎或帕尔玛干酪碎。想让它变得让人更有食欲，可以在上面铺一片火腿。

乳酸番茄糕

乳酸发酵后的番茄果肉，脱水后可以做成一种有嚼劲儿的美味零食。用料理机将果肉高速打碎，直至变得细腻柔滑，籽儿也要打碎，因为它能增加果胶，果胶是制作这类零食的基础。打碎的果泥细网过筛，薄薄地平铺在衬有硅胶垫的烤盘上。放入烤箱，低温烘烤（50℃左右）至变得柔韧。待其冷却后，再从硅胶垫上剥下。使用脱水机进行脱水也是可以的。即食或刷上一点蜂蜜再吃，味道都很好。

乳酸番茄汁与新鲜莳萝碎混合后是一道风味极佳的草本调味品，很适合海鲜。

乳酸发酵后的白芦笋口感爽脆，苦味、酸味、鲜味均衡，恰到好处。

乳酸发酵白芦笋

500克量

原料：

水

无碘盐

500克修剪整齐的白芦笋

1/2颗柠檬，切成0.5厘米厚的片

白芦笋是我们每年春天都会期待的美食，但它的应季时间很短，短到几乎刚出现在厨房，转眼就不见了。对芦笋进行发酵，给了它“再生”的机会，让我们在一年中较冷的月份也能供应。

这份食谱是NOMA餐厅的老朋友、无政府主义农场主瑟伦·维夫教会我们的。芦笋淡淡的苦味、柠檬里的柠檬酸和发酵过程中产生的乳酸相互作用，创造出一种类似于熟透西柚的味道，十分和谐。乳酸芦笋纵向切成两半，可作为肉制品的配菜；横向切成薄薄的硬币状，口感清脆爽口，可以放入任何一种沙拉里。

在NOMA餐厅，我们更喜欢用味道清淡的白芦笋，但绿芦笋发酵起来也不错。

这道食谱中，盐和水的用量取决于你使用的发酵容器的大小。对500克芦笋来说，2升的玻璃罐比较合适。为了确定合适的盐量和水量，要先把玻璃罐放在秤上，称出“皮重”（意为将放上容器后的数值调为0，以便在称重食材时去掉容器的重量）。笋尖朝上，竖着放入罐子里——要塞得稍微紧实一些。然后倒水，将芦笋全部没入为宜，此时要称一下芦笋和水的总重量。

乳酸发酵白芦笋，第 1 天

第 7 天

第 14 天

芦笋和水总重量的3%，即为所需盐量。将盐放入碗里，再将罐子里的水倒入碗内搅拌，直至盐分溶解。将盐水倒回罐子里，没过芦笋，再将柠檬片平铺在芦笋上。取一个装满水的易拉塑料袋压在最上面——其他能够塞入罐子里的干净物件也可以——保证芦笋能一直没在盐水里。盖上盖子，但不要盖得太严，给里面的气体留出排放空间。

把芦笋放在温暖的地方（21℃左右），发酵2周。几天后要开罐品尝，如果尝到了轻微的酸味——不是柠檬那种酸——那就进展得不错。芦笋的味道达到你的期望后，就可以密封好发酵容器，让芦笋继续泡在盐水里，放入冰箱保存。一般可以这样保存几个月。

建议食用方法

新式“嫩黄瓜”

读这本书的你有多喜欢腌嫩黄瓜，我们就有多喜欢乳酸发酵后的芦笋，它们都是味道爽利的清口小菜，也是酸溜可口的配菜。无论你晚餐吃的是千层面还是烤肋排，都可以配上点儿乳酸芦笋，再淋上些橄榄油。做汉堡的时候也可以用，将乳酸发酵后的芦笋切成薄片，放在煎好的肉饼上，再继续放其他的常规调料即可。相信我，你会掰着指头数新鲜白芦笋上市的日子的。

发酵罐里塞得稍微紧实一些，但也不要过满，以免芦笋表面划伤。

将盐尽可能均匀地撒在蓝莓上，避免因太多的混合动作破坏果肉。如果有些蓝莓上没能撒上盐，可能无法正常发酵。

乳酸发酵蓝莓

1000克量

原料：

1000克蓝莓

20克无碘盐

乳酸发酵蓝莓是本章中最简单的发酵食谱之一，用途十分广泛。蓝莓只需快速冲洗即可，无须做其他工作，一旦完成发酵，你会发现很多用途，而且操作简单：往酸奶麦片早餐里放一些；加到奶昔里；将发酵后的蓝莓果肉、汁液放进料理机打碎，做成咸甜可口的果泥，淋在冰激凌或鲜奶酪上。

发酵过的蓝莓易于冷冻和解冻，随取随用，很方便。

乳酸李子的详细制作说明（见第69页）可以作为本章所有乳酸发酵食谱的模板。开始做本节的食谱前，我们建议你先阅读乳酸李子那节内容。

真空包装袋发酵：将蓝莓和盐放入真空袋中，轻轻摇晃，令其充分混合。尽可能把蓝莓平铺在袋子里，打开真空封口机，用最大吸力将袋子抽成真空。动作要轻柔一些，这样蓝莓才能在发酵的过程中保持完好的形状。封口越往外越好，留出足够的空间，因为之后你会多次打开真空袋排除其中积累的气体，再重新进行密封。

玻璃罐或陶瓷罐发酵：把蓝莓和盐放入碗里，混合均匀，然后将它们转移到发酵容器中，务必把盐全数刮进容器，然后用重物压好（一个装满水的易拉塑料袋就行）。盖上盖子，但不要盖得太严，给里面的气体留出排放空间。

乳酸发酵蓝莓，第 1 天（真空包装袋）

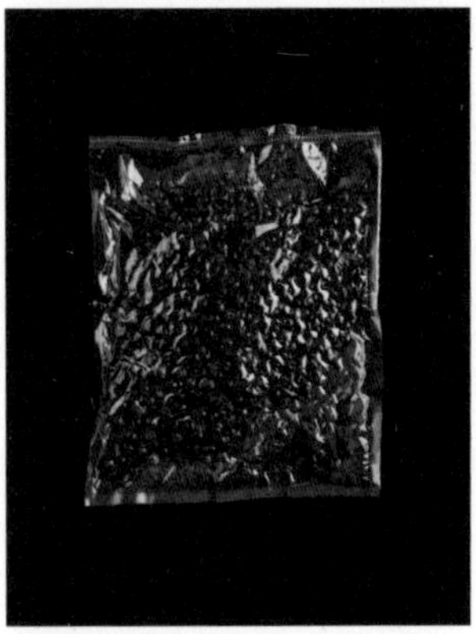

第 4 天

第 7 天

把蓝莓放在温暖的地方进行发酵，直至微微变酸，但仍保留着蓝莓的甜香果味，发酵就完成了。在28℃下，发酵完成需要4～5天时间，正常室温下可能需要再多发酵几天，无论如何，发酵几天后一定要开始品尝味道。如果用的是真空密封袋，袋子因气体膨胀时，记得让它“打嗝儿”。剪开袋子一角，排出气体后，尝一尝味道，再真空封口。

如果蓝莓的味道达到了你理想中的酸度，就可以将其从真空袋或发酵容器中取出了，动作要小心。取出后，细网过筛，滤出汁液。蓝莓果肉和汁液可在冰箱中存放，但要分开放在不同的容器中，几天内食用完毕，否则会影响风味。为防止进一步发酵，你也可以将它们分开放入真空包装袋中进行冷冻，易拉塑料袋也可以，但要将袋内空气排空。

建议食用方法

早餐浇头

在NOMA餐厅的美味厨房里，发酵蓝莓扮演着重要的角色。不过，大多数人还是将蓝莓看作甜品，或是早餐酸奶里的浇头，这一点毋庸置疑。发酵过的蓝莓能将简单的早餐变得更加精致美味。一大勺原味酸奶、一勺乳酸发酵蓝莓，再加上一点蜂蜜，你就可以轻松度过一上午了。

乳酸发酵蓝莓，第 1 天（罐子）

第 4 天

第 7 天

乳酸蓝莓调味酱

乳酸发酵后的蓝莓果肉放入料理机中，打到柔滑细腻后过筛，可以用作蔬菜和肉类的调味酱，口感爽利，风味极佳。下图中，我们往新鲜玉米上涂了蓝莓调味酱和一点黄油，形成了一幅壮观的景象，烤甜菜根也可以这么做。用在烤肋排或猪扒上也行，烤制之前或之后涂上蓝莓酱均可。制作烧烤酱的时候，也可以用蓝莓酱来代替番茄碎或番茄酱。

将乳酸发酵过的蓝莓果肉制成果酱，
涂抹在玉米上。

在丹麦，热带水果和辣椒很难买到，但只要有，其实我们很喜欢用它们做菜。

乳酸发酵杧果蜂蜜

700克量

原料:

375克水

20克无碘盐

375克蜂蜜

5克新鲜辣椒，切片

250克带皮杧果丁

蜂蜜多多少少带点儿惰性，也就是说，把蜂蜜放在橱柜里，它是永远不会变质的，但这也意味着它们永远无法在自然状态下发酵。蜂蜜中含有大量处于静止状态的细菌和霉菌，因为蜂蜜中的含糖量太高，阻止了其中的微生物活动。将蜂蜜稀释到乳酸菌能够生长的低含糖量，就可以解决这个问题。每次NOMA餐厅到了气候温暖的地区，我们就会使用这份食谱。在澳大利亚和墨西哥的快闪餐厅，我们的菜单上总是有乳酸杧果蜂蜜制作的甜品。

乳酸李子的详细制作说明（见第69页）可以作为本章所有乳酸发酵食谱的模板。开始做本节的食谱前，我们建议你先阅读乳酸李子那节内容。

把原料里的盐和水混合，直至盐分溶解。加入蜂蜜，再次混合均匀，直至蜂蜜完全溶于水。

真空包装袋发酵：将蜂蜜盐水、辣椒片、杧果丁一起放入真空袋中，用最大吸力将袋子抽成真空。封口越往外越好，留出足够的空间，因为之后你会多次打开真空袋排除其中积累的气体，再重新进行密封。轻轻揉推，让袋子里的食材均匀分布。

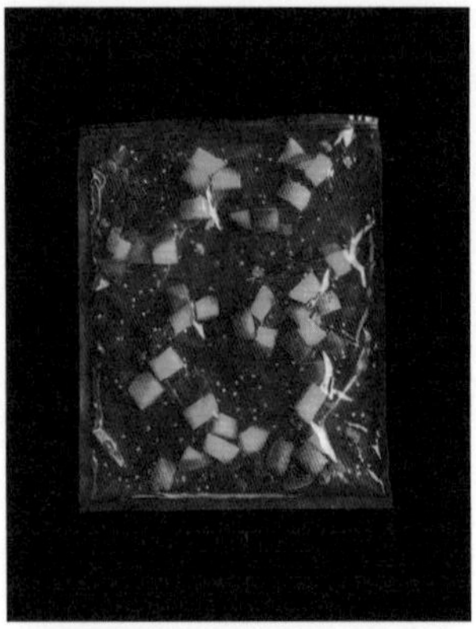

乳酸发酵杧果蜂蜜，第 1 天（真空包装袋）

第 4 天

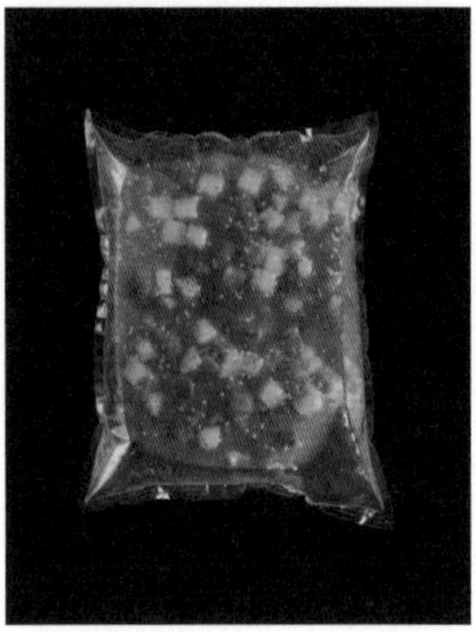

第 7 天

玻璃罐或陶瓷罐发酵：将蜂蜜盐水倒入发酵容器中，加入辣椒片和杧果丁，用勺子或小铲轻轻按压果肉。在溶液上面铺一层保鲜膜，要将边缘全部盖住，然后盖上盖子，但不要盖得太严，给里面的气体留出排放空间。

把杧果蜂蜜放在温暖的地方进行发酵，直至其微微变酸，散发出辣椒和杧果的热辣和香气，发酵就完成了。在28℃下，发酵完成需要4～5天时间，正常室温下可能需要再多发酵几天，无论如何，发酵几天后一定要开始品尝味道。如果你用的是真空密封袋，袋子因气体膨胀时，记得让它“打嗝儿”。剪开袋子一角，排出气体后，尝一尝味道，再真空封口。

杧果蜂蜜发酵到理想中的味道后，细网过筛，将蜂蜜液与杧果、辣椒分离。滤出的杧果和辣椒别扔，可以留作他用（比如做成香辣酱）。蜂蜜液放入冰箱保存，可以放几个星期，放入真空袋或真空的易拉塑料袋中冷冻，可以保存更久。

乳酸发酵杧果蜂蜜，第 1 天（罐子）

第 4 天

第 7 天

建议食用方法

代替食糖

很明显，乳酸发酵过的蜂蜜最常见的用法便是代替食糖，而且比食糖味道好，烹饪方法也更有意思。制作糖渍水果或果酱的时候加入乳酸发酵蜂蜜，完全能够替代食糖，而且有利于保持水果的原有特性。乳酸蜂蜜放进茶或咖啡里，也是一个十分美妙的用法，制作冰饮时尤其如此，冰凉的口感能令乳酸蜂蜜的风味完全展现出来。

蜂蜜炖梨

乳酸发酵过的蜂蜜几乎是所有水果的完美搭档，尤其是梨子。往宽底锅里倒入500毫升乳酸蜂蜜、500毫升白葡萄酒和1勺新鲜的迷迭香碎、1勺新鲜的百里香碎。取6颗果肉紧实完好的熟梨子，去皮后放入锅中，盖上盖子，小火慢炖。3到5分钟后，梨子会稍稍变软，关火，移锅，冷却到室温。炖过的梨子切片，搭配一大勺冰激凌，或是淋上几滴果醋搭配硬质奶酪食用，很少有人能够抵挡这种美味。

发酵乳酸绿醋栗是 NOMA 餐厅发酵事业的开始，是带着一抹酸的灵感之光。

乳酸发酵绿醋栗

1000克量

原料：

1000克成熟但紧实无破损的绿醋栗

20克无碘盐

醋栗虽然生长在世界各地的温带气候下，但在北欧很受欢迎。栽培品种各式各样，按照颜色划分，从宝石般的浅绿色到深红色，不一而足，均带有纵向的条纹图案。这一节的发酵食谱，我们使用的是稍稍有些生的绿醋栗，用手指掐的时候会觉得很硬的那种。使用红醋栗按照本节内容进行发酵也很棒，通常情况下，红醋栗会比绿醋栗更多汁、更甜，发酵速度也更快。

真空包装袋发酵：将醋栗和盐放入真空袋中，轻轻摇晃，令其充分混合。袋子要足够大，能将所有醋栗平铺在内，打开真空封口机，用最大吸力将袋子抽成真空。如果手法轻柔，醋栗在发酵过程中会保持完整的形状。封口越往外越好，留出足够的空间，因为之后你会多次打开真空袋排除其中积累的气体，再重新进行密封。

玻璃罐或陶瓷罐发酵：将盐和醋栗放入碗里，拌匀，然后将它们转移到发酵容器中，务必把盐全数刮进容器中，然后用重物压好（一个装满水的易拉塑料袋就行）。盖上盖子，但不要盖得太严，给里面的气体留出排放空间。

把醋栗放在温暖的地方进行发酵，直至其酸度达到你喜欢的程度，发酵就完成了。在28℃下，发酵完成需要5～6天时间，正常室温下可能需要再多发酵几天。最后的成品会是酸咸可口的味道，但无论如何，发酵几天后一定要开始品尝味道，以确保发酵正常进行。如果你用的是真空密封袋，袋子因气体膨胀

乳酸发酵醋栗，第 1 天（真空包装袋）

第 4 天

第 7 天

时，记得让它“打嗝儿”。剪开袋子一角，排除气体后，尝一尝味道，再真空封口。

醋栗的酸度达到你想要的程度后，将其从袋子或发酵容器中小心取出，细网过筛。醋栗汁和果肉可在冰箱中存放，但要分开放在不同的容器中，几天内食用完毕，否则会影响风味。为防止进一步发酵，你也可以将它们分开放入真空包装袋中进行冷冻，易拉塑料袋也可以，但要将袋内空气排除。

建议食用方法

醋栗开胃菜

将酸酸的发酵醋栗简单地对半切开，就成了一道清口小菜，可以在肥美可口的餐食（比如海鲜杂烩浓汤）之间穿插食用。然而，乳酸发酵过的醋栗也可以成为一道惊为天人的开胃菜的主角。取100克发酵后的醋栗果肉切碎，再取15克欧芹、15克龙蒿叶、1颗独头蒜切碎，各种食材混合后，再淋上一些橄榄油。如果需要，可以撒点盐调味。这种做法可以作为炖小排、烤鹌鹑或是烤芦笋、烤韭葱的浇头。

秘鲁腌鱼生调味汁

真空袋或玻璃罐发酵的醋栗汁是我们餐厅最喜欢的一款调味品。醋栗汁酸咸可口，带着清新的果香，可以凭一己之力将鲷鱼或海鲷这种肉质紧实的生鱼片变成美味的腌鱼生。如果想让这道餐点有所升华，可以制作一道leche de tigre（源自秘鲁的腌鱼生调味汁）。生岩虾去壳，按1：3的重量与乳酸醋栗汁混合，用手持型料理机打碎后过筛，将汁水滤出备用。随个人口味往汁水中加入适量葱花、哈瓦那辣椒碎，随后将调味汁淋在生鱼片上，静置5分钟，食用前撒上些新鲜的香菜碎即可。

酪乳醋栗酱

发酵过的醋栗籽儿很小，但很可口——即便经历了发酵过程，它们仍保有令人愉悦的口感，乳酸菌更是令这种口感锦上添花。想获取果实中的籽儿不是件容易的事，要把醋栗从一侧切开，将果肉在案板上轻轻按压，将籽儿挤出来。醋栗里面的种子没有几颗，但那种酸酸的口感与美妙的肌理结合起来着实惊艳，即便大费周章，也值了。将醋栗籽儿与一勺白脱牛奶、几粒胡椒碎混合，就成了一道能够解腻的、提升风味的酱料。可以用来搭配刚剥去壳的清蒸蛤蜊、生鱼片或是鱼子和接骨木花酸奶油（见第142页的食谱）薄煎饼。

乳酸发酵醋栗，第 1 天（罐子）

第 4 天

第 7 天

乳酸醋栗的籽儿和果肉一样美妙，值得你费一番力气。

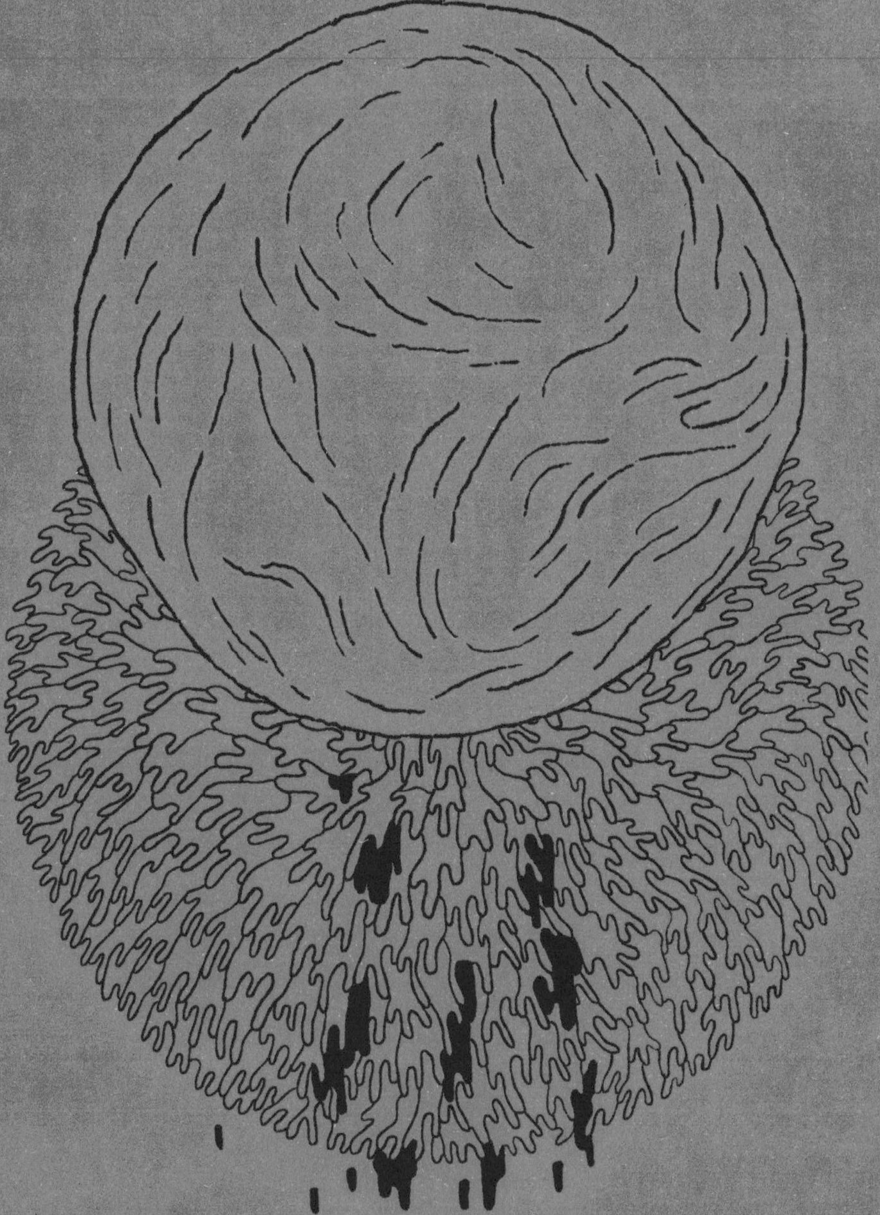

3

康普茶

—Kombucha—

古老酿造方式的新定义

我们开始花时间和精力在NOMA餐厅研究发酵时，把能读到的相关作品文献读了个遍。每当在书中读到不熟悉的术语，我们都会觉得兴奋。我们读到的发酵知识可能已经延续了几百年，但对我们这个小小角落来说，它们实际是全新的。比如，十年前的丹麦，几乎没有人喝康普茶。我们首次尝试制作康普茶时，不得不去克里斯钦自由城——哥本哈根一处被嬉皮士自称为“自治”的社区——做宣传，因为游客们会去那里买杂货。

康普茶是一种酸味的轻气泡发酵饮品，传统上由甜茶制成。一般认为，康普茶源自大约公元前200年的中国东北地区，相传由一位名叫“康普”（Kombu）的韩国医师传入日本。由此，“康普茶”（kombucha）应运而生。

历史上，康普茶曾流行于日本、韩国、越南、中国以及俄罗斯远东地区。然而，近几年，康普茶在北美和西欧引爆消费热潮，这要归功于巧妙的营销手段，以及公众对益生菌产品日益增长的兴趣。

康普茶诞生于古代中国。

NOMA餐厅也会自己酿造康普茶，和一些果汁搭配起来，能够制成气泡爽口、风味强劲的饮品，许多食客会以此来代替葡萄酒，有的即便选了葡萄酒，也还会再点一份康普茶果汁。康普茶极大地拓展了NOMA餐厅的饮品菜单。我们像研发一道新菜品一般探索康普茶的可能性，为了创造出美妙和谐的饮品，我们将康普茶与新鲜果汁、香料、油甚至昆虫搭配在一起进行研发。

几乎一切含有足够糖分的液体都可以发酵成康普茶。所以，虽然传统上习惯用甜茶来制作康普茶，但我们最喜欢的原料是草药茶或果汁，这类食材产生的圆润口感和醇厚的香气，是茶叶所不具备的。我们用过甘菊、柠檬马鞭草、接骨木花、藏红花和玫瑰，也用过苹果汁、樱桃汁、胡萝卜汁和芦笋，都制作出了很棒的康普茶。

我们所追求的康普茶与人们出于健康目的强迫自己喝的那

种“酸水儿”是完全不同的东西。说实话，我们觉得商店里卖的普通茶基康普茶有些无趣。茶香基本没有，喝进嘴里的只是一瓶平平无奇的饮料，不会有任何特别之处。

胡萝卜康普茶是我们最早的尝试之一，它让我们大开眼界，对康普茶有了深入的了解。胡萝卜康普茶尝起来像是冷掉的美味浓汤，仍有胡萝卜的香甜，又略带一丝酸味儿，已经转变成了一种全新的饮品，相对于食材原本的味道，既有补充，又不会掩盖，恰到好处。从那时起，我们就一直在坚持一项使命——尽可能地用不同食材酿造康普茶。其中的一些探索已然“偏离正轨”，比如我们曾尝试用乳制品、树液以及辣椒做的高汤来制作康普茶。

胡萝卜康普茶是NOMA餐厅最初涉足康普茶酿造的尝试之一。

我们还会用康普茶做菜。没错，康普茶是一种新时代的健康饮品，但如果你能跳出这个视角，就能够开拓出许多烹饪可能性。康普茶的发酵时间越长，味道就会越酸。发酵上一段时间，就可以作为腌泡汁或油醋汁的现成原料，也可以作为调味汁中葡萄酒或香槟的替代品，制造出有趣的风味变化。你还可以将康普茶倒入平底锅加热，将其还原成一种奇妙的糖浆——酸酸甜甜的浇头，很适合搭配蛋糕。

协同发酵

康普茶的制作，要归功于一群协同工作的微生物，它们会先将糖分转化成酒精，然后将酒精转化为醋酸（食醋里的酸就是醋酸）。微生物工作的同时，会形成一个肉眼可见的“筏”，通常被称作康普茶的“母亲”，但有时候也被混淆作“康普茶”。严格来讲，它被称作SCOBY（红茶菌母，细菌和酵母的共生培养基），所以，为了简化叙述，接下来的内容，我们会用“康普茶”来指代成品，用SCOBY来指代微生物培养基（也就是所谓的“母亲”）。

SCOBY 可以在发酵品商店中买到。

发酵康普茶的第 7 天，SCOBY 的形态。

根据发酵地点和批次的不同，制作康普茶的特定微生物群也会有所不同，但是，起主要作用的还是酵母菌（一种单细胞真菌）和醋酸菌（acetic acid bacteria）。酵母菌的菌种通常是酿酒酵母，但也包括很多变种。醋酸菌也可能是几种细菌的组合，但有代表性的一般是葡糖醋杆菌属或醋杆菌属，这类菌属会作用于整个发酵过程。

一旦被引入含糖液体中，SCOBY 中的酵母菌会启动一连串的发酵过程——消耗单糖、产生乙醇（葡萄酒、啤酒和白酒中的主要酒精类型）和少量二氧化碳。随后，与酵母菌共存的醋酸菌会利用周围环境中的氧气，令乙醇发酵，随之氧化成乙酸（也就是醋酸）。醋酸菌能够迅速将乙醇转化为酸类物质，这意味着，康普茶的酒精含量要比葡萄酒或啤酒低，但也并非完全不含酒精。康普茶的酒精含量一般为0.5% ～ 1%。啤酒的酒精含量约为5%，葡萄酒则为10% 以上。

以下是一个粗略的参考。

- 理想条件下，酵母菌通常会将2个单位的糖发酵成1个单位的乙醇。
- 醋酸菌能够将1个单位的乙醇转化为略低于1个单位的醋酸。

SCOBY 的关键作用，在于“共生”，这个词往往意味着协调合作，但实际上涵盖了多种不同的关系。“共生”（symbiosis）一词在希腊语中意为“在一起生存”，寄生物、致病菌和共生有机体（从另一种生物体中获益但不会造成伤害的有机体）都符合这个标准。寄生物会削弱甚至杀死寄主，这是一种极端。而在另一种极端情况下，共生关系能够令双方获益。醋酸菌就是酵母菌的共生体：作为细菌的醋酸菌能够从这种关系中获得更多益处，但又不会伤害到酵母菌。酵母菌对酸性环境有着相当程

本地薄荷佛手柑康普茶，NOMA 餐厅（澳大利亚），2016 年

这是一种用佛手柑调制而成的康普茶饮品，混合了澳大利亚本地的薄荷和鲜柑橘汁。

度的耐受性，不太会受醋酸菌这位同伴的干扰。

SCOBY 中的细菌和酵母菌共生在一个叫作“菌膜”的结构上（也就是我们之前提到的“筏”）。SCOBY 中的细菌不断繁殖，会在这个过程中分泌纤维素，形成一层轻盈的薄片，像黏糊糊的水母一样浮在液体表面。发酵的过程中，薄片不断生长，在液体表面扩散，直至发酵容器的边界，厚度也会有所增加。SCOBY 顶部的醋酸菌能够接触液体上面的空气，从而将乙醇转化为酸。

食醋的制酸过程与此非常相似，但有一个重要区别：食醋的发酵分两个阶段。在第一个阶段，酵母菌会把糖发酵成乙醇。不同种类的酵母菌对其自身产生的乙醇有不同程度的耐受性，一旦乙醇达到临界点，酵母菌就会死掉（有些食醋制造商还会主动使用巴氏杀菌法，将酵母菌杀死）。

在第二个阶段，醋酸菌会将乙醇发酵成酸。但如果这个过程中没有酵母菌的参与，醋酸菌最终会“耗尽燃料”，令发酵停止。如果选择的是一种能够“自行死掉”的酵母菌，或者在酵母菌产生适量乙醇后将其杀死，发酵的最终成品就是食醋，酿造者就是这样控制酿造过程和食醋酸度的。

另一方面，康普茶的制作是一个持久的发酵过程。酵母菌不停地将糖发酵成乙醇，醋酸菌也因此能够不停地将乙醇转化为醋酸。也就是说，食醋能在陈化数年甚至几十年后，依然保有些微的甜味儿，但康普茶会越变越酸，直到耗尽所有可用的糖分。即便你在适当的时机“收获”了康普茶，并将其存入冰箱，它也会继续酸化。

这就是为什么一些种类的康普茶商品尝起来会有一种过度发酵的味道，酸度也远远超过了提神的程度。制作精良的康普茶应该具有诱人的余甜，又有足够的酸度以保持活力。甜与酸之间达成的理想平衡状态，要归功于康普茶共生体系中的第三方：人类。康普茶究竟什么时候是完美的成熟状态？这取决于我们。

有趣的是，人类在发酵康普茶的细菌和酵母菌的进化史上也扮演了重要角色。微生物学诞生之前，人们只能借助视觉观察来分辨SCOBY的活性。如果一块SCOBY看起来饱满健康，会被认为是好兆头，受到康普茶制造商的青睐，他们会保存并繁殖这些样本，也会优先培植那些能够制造出这种SCOBY的细菌。虽然SCOBY里的微生物想要运作，菌膜垫并不是必需的，但人类的干预能够确保SCOBY的生存，从而制造出厚厚的“筏”。

甜蜜点[①]

接下来，我们看看康普茶的基本制作流程：

1. 首先，制作果汁、茶或其他浸泡物。令其变甜，冷却。
2. 加入之前制作的康普茶成品，以降低pH值（见第34页）。
3. 放入一整块SCOBY，或切一部分放入。一块浮于液体表面的SCOBY，其体积能够达到液体体积的25%以上即可。
4. 盖上盖子，开始发酵。发酵温度最好能比室温稍高一些。
5. 多进行品尝。当康普茶的甜味和酸味达到理想的平衡状态时，取出SCOBY保存起来，将康普茶过滤后冷藏。

由此，我们看到了这一章关于“平衡”和“时间”的讨论中最为突出的问题：制作康普茶时，究竟应该放多少糖？

对此，我们提出了参考标准：如果你把一块SCOBY放入只装有纯水的罐子里，它会“死掉”，因为罐子里没有“燃料”，也就是糖，没有糖的话SCOBY无法进行新陈代谢；相反，如果

① 原文为Sweet Spot，球具广告上常见的宣传语。每一支球杆的杆头，都有一个用于击球的最佳落点，能与球碰撞出最为“甜蜜”的美好感受。

你把SCOBY放入一罐已经饱和的糖溶液中，它也会“死掉”，因为糖浓度太高，微生物无法正常运作（这也是糖分很高的蜂蜜不会变质的原因）。

康普茶的甜度减弱时，酸度就会上升。

总而言之，康普茶中究竟需要多少糖？这个问题没有标准答案。但经过一系列实验和试错之后，我们得出了一个满意的数字。

白利糖度（Brix）是表示甜度的单位（°Bx），是溶解后的蔗糖占总混合液体的百分比（即糖的重量除以糖和水的总重量）。我们发现，如果康普茶起始的白利糖度太高（35°Bx，非常甜），其发酵成品的甜度和酸度都会很高，味道远不如适度的起始白利糖度。几经实验，我们将NOMA餐厅大多数康普茶食谱的起始白利糖度定在了12°Bx。

至于康普茶的发酵时间，将发酵过程看作一条曲线会很有帮助。刚开始，液体尝起来平平无奇，有些死气沉沉。比如，接骨木花的浸泡液一开始就像平淡的苏打汽水，但到了第7天，曲线达到了最高点——成为一种令人惊叹的气泡酒（不含酒精的那种），接骨木花那特别的花香会变得清晰浓郁，味道明亮可口，气泡十分丰富。但如果越过这个最高点，康普茶的风味就会稳步下降，直至产生令人难以忍受的酸味儿。

与其他发酵过程相比，康普茶的正确饮用或烹调时机显得尤为重要。在NOMA餐厅，我们经常会通过冷冻来阻止康普茶继续发酵，确保它们一直处于风味曲线的最高点。其实巴氏杀菌法也可以达到停止发酵的效果，但加热后，原本的发酵风味一定会遭到破坏和减弱。

细心照料 SCOBY

细心照料SCOBY，其实就是在批量制作康普茶的间隙为它准备一个适宜的存放环境。

康普茶的有趣功用与奇妙的发酵过程，和它们的美味一样令人心动。制作你自己的康普茶时，你会含情脉脉，就像那些即将拥有自己的酸酵头并因此而兴奋的人。

虽然没有专门的红茶菌母店，但SCOBY可以在很多网站上买到（见第448页），更不用说天然食品店和家庭手作店了。SCOBY通常是真空密封出售的，有时还会加入少量的发酵茶碱。健康的SCOBY看起来像坚硬的明胶，呈半透明的圆盘状。SCOBY的生长繁殖需要空气，所以，收到后要马上拆开，放入透气的容器中。

如果你不打算马上制作康普茶，就不能让SCOBY开始“工作”，只要令其保持真空密封状态即可，直至你想制作。准备浓度为20%的糖水（800克水，200克糖，煮沸后冷却），充分搅拌后倒入发酵容器中，放入全新的SCOBY，不要盖盖子。用透气的毛巾或纱布封口，再用橡皮筋固定。SCOBY包装里自带的液体中含有康普茶发酵所需的同类菌种，即酵母菌和醋酸菌，也应全数倒入发酵容器中，以提升菌群的活性。

另外，和酸酵头一样，SCOBY也需要在康普茶的制作过程中进行一些保养。如果你定期制作康普茶，就可以将SCOBY有规律地进行转移——从一个发酵容器中转移到下一个发酵容器，让它一直工作。但如果你收获了一批康普茶，又没有准备做新一批的康普茶，就得让SCOBY漂浮在大约两倍重量下的康普茶或糖水中。这样能够保存一段时间，但最终SCOBY会把所有的糖转化成酸，这时候你就需要把它转移到“新家”了。每隔2～3个星期，你就需要重复一次上述过程，制作新鲜的糖水并转移SCOBY（也可以把SCOBY放进冰箱保存，这样也可以减缓代谢速度，但我们更愿意在室温下保存它们，便于取用）。如果发现SCOBY表面变干，一定要舀一些糖水淋上去，维持表面的酸化环境。

启动环境（我们称其为“原料发酵”；见第33页）是另一个影响SCOBY寿命的重要因素。如果你将一块SCOBY直接放入变甜后的液体中（茶、果汁、牛奶等），可能会有野生酵母菌和细菌参与竞争，抢夺液体中的糖分，从而产生难闻的霉味儿。野生真菌更糟糕，比如能够制造水溶性毒素的曲霉。为了防止有害微生物的滋生，需要往发酵容器中添加一些之前发酵好的康普茶（如果是首次发酵，就去商店买一些现成的）。

往发酵混合液中添加总重量10%的康普茶，通常能将溶液的pH值降到5以下，这样的酸度就能够阻止其他微生物入侵了。另一方面，SCOBY不仅耐受低pH值的环境，还能在其中茁壮成长。这样的启动环境还能提升发酵溶液中的酵母菌和细菌数量，增强繁殖能力，这将是我们希望看到的。

有一点需要注意，在发酵的过程中，发酵液的味道会渗入SCOBY中，被带入下一批康普茶里。为了避免这样的结果，同一块SCOBY，尽量用来发酵相同或味道类似的食材。在NOMA餐厅，我们有一个SCOBY储存库，里面存有适用于发酵各式康普茶的SCOBY。

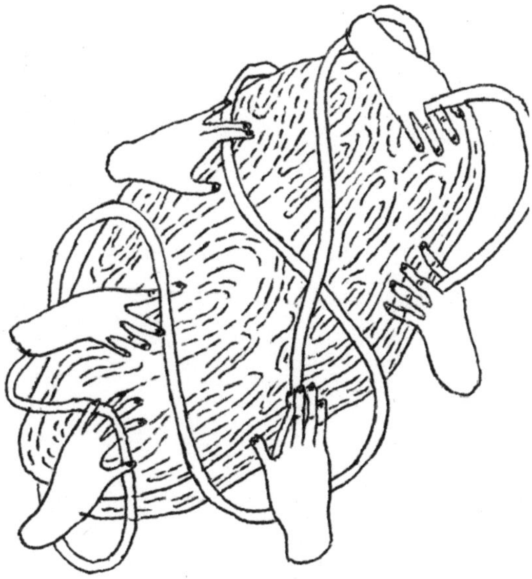

SCOBY是有机生物体群落，人类在其中起着重要的作用。

白利糖度测试仪和折射仪

白利糖度测试仪（Brix scale）以德国工程师阿道夫·布里克斯（Adolf Brix）的名字命名，他在19世纪早期发明了这种仪器，用于啤酒和葡萄酒制造业。白利糖度本身也并不是一种度量衡，而是一种与溶液比重相对应的标度。比重是溶液（比如糖水）的密度与正常水的密度之比。溶液中的糖越多，比重就越高。白利糖度测试仪能够将比重转化为甜度增量，让我们对一种液体的甜度进行数值评估。

我们来大概了解一下这种仪器：普通的糖水（糖与水的重量比为1:1）的白利糖度，测量结果为50°Bx；如果糖与水的重量比为2:1，测量结果为66.7°Bx。

你也可以使用折射仪来测量白利糖度。蔗糖溶于水后，会改变水对光线的折射。折射仪能够测量出折射光线角度的变化，将其与白利糖度结合起来。在NOMA餐厅，我们使用折射仪来密切跟踪发酵项目，确保不同批次发酵食品的一致性。但对你来说，折射仪不是必须准备的，这本书涉及的所有食谱，即便没有折射仪也都能完成。

这样的SCOBY储存库要如何创建呢？你想知道吗？好吧——SCOBY包装袋里的液体充满了能够发酵康普茶的有机生物体，可以凭空培育出一块新的SCOBY。不过，这种培育方法会非常慢。所以，如果你想得到新的SCOBY来制作各式口味的康普茶，最好通过“扦插”的方式——即从完整的SCOBY上切下一块，放入其他糖水发酵液中。或者，你也可以取一大块SCOBY放入中性的普通糖水中，令其保持活性，每次制作新的康普茶时，就可以将其取出，切一小块使用。

最好不要使用商店买来的康普茶容器来培育SCOBY，因为即便是号称活菌培养的容器也是密封的，缺氧环境不利于SCOBY的培育。如果不了解货架上的康普茶罐已经放了多久，就无法确定里面的微生物是否足够健康，是否足以培育出一块新的SCOBY。

最后，你的SCOBY很可能随时会“死掉”，要做好准备。你可能会觉得，许多食材如果做成康普茶都会很美味，其实不然，有些食材含有天然的抗真菌或抗细菌成分，会杀死SCOBY。我们第一次用黑蒜制作康普茶时，在正常环境下用了大约20天的时间，才让发酵液产生了恰到好处的酸度——相当于其他种类康普茶发酵时间的2倍以上。原因在于，我们忽略了大蒜的天然化学防御机制。大蒜中含有一种叫作“蒜素”（allicin）的巯基化合物，能带来蒜香，也能抵御真菌。

我们猜想，蒜瓣里的蒜素干扰了酵母菌在SCOBY中的活性。然而，幸运的是，还是有一部分酵母菌落地生根，顽强地繁殖。制作第二批黑蒜康普茶时，我们就从容多了，有了一块专门用于蒜素环境的完美SCOBY。发酵是一项不断进化的活动，参与其中，你会被迷住的。

折射仪通过测量光的折射角度来确定溶液的含糖量。

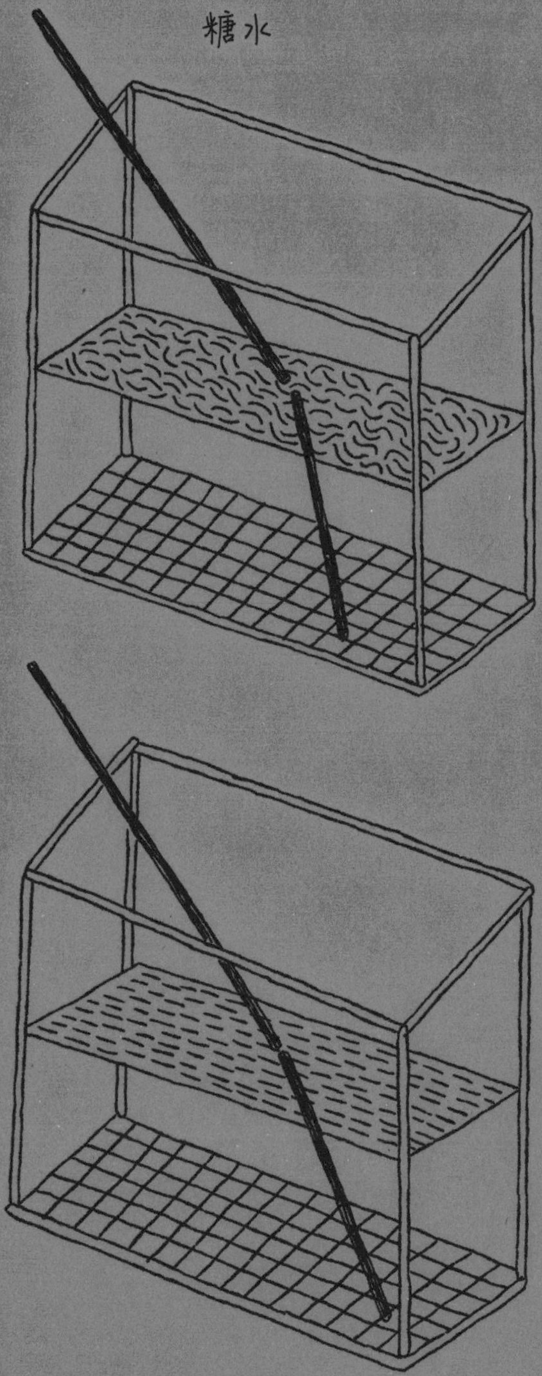
糖水
水

保存得当的 SCOBY 能用来发酵多个批次的柠檬马鞭草康普茶。

对页图注：新鲜的柠檬马鞭草有一种令人振奋的香气，气味浓郁，能充盈一整个房间。

柠檬马鞭草康普茶

2升量

原料：

240克糖

1760克水

20克脱水柠檬马鞭草

200克未经巴氏灭菌的康普茶（或是SCOBY包装袋里的发酵液）

1块SCOBY（购买来源见第448页）

我们即将通过一份食谱来详细讲解康普茶的制作流程，以下步骤也可以用来制作甜茶酿造的经典康普茶。甜茶康普茶与我们的食谱唯一的区别是，我们用的是草药浸泡液，而非茶叶浸泡液。如果你不喜欢柠檬马鞭草，换成其他的草药或茶叶也是可以的；并不会影响你对康普茶味道、甜度、酸度和发酵时间等各种因素的完美掌控。

受地理环境的影响，哥本哈根的自来水质地冷硬，富含矿物质，这会让康普茶的味道产生变化。所以，发酵时，我们使用的是经反渗透系统过滤的水。如果你生活的地方水质更软，就没有必要这样做了。不过，如果对水质有顾虑，最好还是过滤一下。

设备说明

康普茶的发酵不需要太多设备，但1个容量至少为2.5升的玻璃或塑料容器是必备的。不要使用金属材质的容器——金属会与康普茶里的酸性物质发生负面的反应，而且也没法看清里面的发酵状况。SCOBY需要氧气，所以还要避免使用细颈瓶，比如酸坛。口大而宽的罐头瓶就很好用；透明塑料桶和特百惠大塑料罐也都很合适。你还需要准备纱布或透气的厨房毛巾用来盖住容器口，以及固定用的大号橡皮筋。另外，这本书里涉及的任何敏感微生物，处理的时候都需要戴好橡胶或乳胶手套，SCOBY也一样。

柠檬马鞭草康普茶，第 1 天

第 4 天

第 7 天

详细操作说明

首先，用少量水将糖溶解（1：1的水糖比，就能将糖完全溶解，所以没有必要把所有的水都烧开。另外，须等到水冷却之后，再放入SCOBY——因为酵母菌和醋酸菌无法在高于60℃的温度下生存）。将所有的糖和240克水放入中号锅中煮沸。随后，将锅从火上移开，加入柠檬马鞭草，浸泡10分钟左右，在此过程中不要盖盖子。

浸泡好之后，加入剩余的1.52千克的水，用细孔筛或漏勺筛掉柠檬马鞭草，将浸泡液滤入干净的发酵容器中。

为了加快发酵进程并防止有害微生物的滋生，可以往容器中加入200克未经巴氏灭菌的康普茶（浸泡液重量的10%）。理想情况下，你可以使用之前发酵过的柠檬马鞭草（或味道互补的）康普茶进行原料发酵。但如果是第一次做，可以使用SCOBY包装袋里的发酵液。随后，用干净的勺子搅拌均匀。

戴上手套，小心地将SCOBY放入浸泡液中。一般来说，SCOBY会浮在液体表面，但如果沉下去了也不用太担心，一两天后也许就会浮上来。

用纱布或透气的厨房毛巾盖住发酵容器口，并用橡皮筋固定。果蝇很喜欢醋酸和酒精的味道，尤其会被你制作的康普茶吸引，所以，要想尽一切办法把它们隔在外面。

在发酵容器上贴上标签，记下康普茶的种类和发酵开始日期，便于跟踪发酵进度。

SCOBY在稍暖和一些的环境下效果最好。你可能会注意到，如果是在夏天酿造康普茶，发酵速度要比冬天快。在NOMA餐厅的发酵实验室，我们会把专门发酵康普茶的房间稳定在28℃的温度，以保持快速稳定的生产，但你不需要占用一整个房间制作康普茶。在室温下发酵就可以，只是会稍微慢一些。可以的话，把康普茶放置在温度稍高于室温的暖气片旁边或高架子上，也能加快发酵速度。

随着时间的推移，你会发现SCOBY在液体中糖的作用下显著变大。以大约每2天1次的频率打开盖布，好好检查一下SCOBY的状况。理想状态下，SCOBY会向容器边缘生长延伸，中心也会变厚。由于酵母菌在作用的过程中会释放二氧化碳，所以SCOBY表面可能会出现一些膨胀的现象。如果发现SCOBY表面变干，可以用长柄勺舀一些发酵液淋在上面，进行湿润。发酵液能让SCOBY表面酸化，防止霉菌的滋生。

想要确认康普茶的发酵进度有几种不同的方法，最简单的一种你早已掌握了：品尝。我们希望NOMA餐厅的康普茶能在保持其食材原有风味的同时还能产生复杂而又和谐的酸甜口感。简单来说，就是在风味曲线的最高值停止发酵工作。我们在餐厅酿造的康普茶想要达到理想中的味道，通常需要7～9天的发酵时间。如果你喜欢更酸一些，可以再多发酵1～2天。

在发酵实验室，为了测量出康普茶的酸度和甜度，保持不同批次产品的一致性，我们会使用一些仪器。折射仪能够帮助追踪发酵液中的含糖量。发酵刚开始的时候就要测量一次，记下含糖量，之后每一次测量，含糖量会逐渐减少，再逐一记下。酸度计或pH试纸则能够测量含酸量。柠檬马鞭草浸泡在糖水里，最初的pH值稍稍低于7，接近中性。加入之前制作的康普茶原料后，pH值会降到5左右。进一步发酵后，酸度逐渐提升，pH值会降至4～3.5。如果你已经“全副武装”了，接下来务必跟踪好康普茶的发酵进度，最终再测量一下成品的pH值和含糖量，这样一来，想保持不同批次成品的一致性就不是什么难事了。

瓶装康普茶

将康普茶装瓶能够延长其保质期，也能产生更多的碳酸气泡。在康普茶的味道达到要求的一两天前（这要求你有丰富的经验），滤出发酵液，将其转移到灭菌的卡扣玻璃瓶里（如果你有盖瓶器，常规的啤酒瓶也可以），放入冰箱里保存。即便在冰箱里，发酵液中残存的细菌和酵母菌也会继续工作。装瓶能够留住发酵过程中产生的气泡，其中的一些气泡会溶于液体。非密封条件下发酵的康普茶会产生轻微的气泡，装瓶后气泡会变多。有一点要注意，不能过早装瓶。如果康普茶中剩余的糖分过多，就会产生过量的二氧化碳，这可能会导致玻璃瓶炸裂。为了降低这种风险，一定要在康普茶接近成品状态之前进行装瓶——如果使用白利糖度测试仪进行测量，大约为 8°Bx。还有，装瓶的康普茶一定要放在冰箱里保存，几周内饮用完毕。

如果你的SCOBY上出现了彩色（比如粉色、绿色、黑色）的霉菌，可能是因为你的浸泡液一开始的酸度就不够（健康的SCOBY颜色不会有太明显的变化）。这种情况下还是放弃为妙，发酵液和SCOBY都丢掉，因为致病的霉菌会产生有害毒素，溶解在发酵液中。不必费力鉴别侵入的霉菌是好是坏，不值得冒这个风险。毕竟，想酿造康普茶，你还有的是机会。

如果康普茶的味道达到了你的预期，就可以戴上手套，把SCOBY取出来了。将SCOBY转移到大小合适的塑料或玻璃容器中，加入其体积3～4倍的成品康普茶。用纱布或透气的厨房毛巾盖住容器口，用橡皮筋固定。如果你打算在接下来的几天内再做一批，那就把SCOBY在室温下放着好了。如果短期内不会再使用，就将其放入冰箱，即用即取（更多关于SCOBY保存的内容，参考“细心照料SCOBY”，第116页）。

取出SCOBY后，用衬有纱布或漏勺的筛子过滤康普茶。然后，你就可以尽情享用了，也可以保存起来日后享用，或是用于其他食谱。康普茶可以放入冰箱里保存4～5天，再久的话可能会影响风味。如果一次做了很多用不完，可以放入密封的塑料容器或真空包装袋里冷冻起来。有一点要注意：康普茶放入容器或包装袋里之前，要先在冰箱里冷藏几个小时，以减缓发酵，否则容器或袋子可能会因为继续发酵而膨胀，甚至在液体冻结之前破裂。

想制作出一份能让你乐于带去公司或学校的康普茶，可能得多尝试几次。不过没关系！即便是过度发酵的康普茶，仍然可以用来制作糖浆。另外，你的SCOBY也可以再次利用，用于新一批康普茶的发酵。所以，不要放弃。

在康普茶达到理想酸度之前的几天，将其转移到卡扣玻璃瓶中。它会继续发酵，还会产生二氧化碳。

1. 水、SCOBY、柠檬马鞭草、糖以及康普茶成品。

2. 用与糖等量的水将糖溶解。

3. 将柠檬马鞭草放入糖水中，浸泡一会儿后，加入其余的水。

4. 细网过筛，将浸泡液滤入干净的容器中。

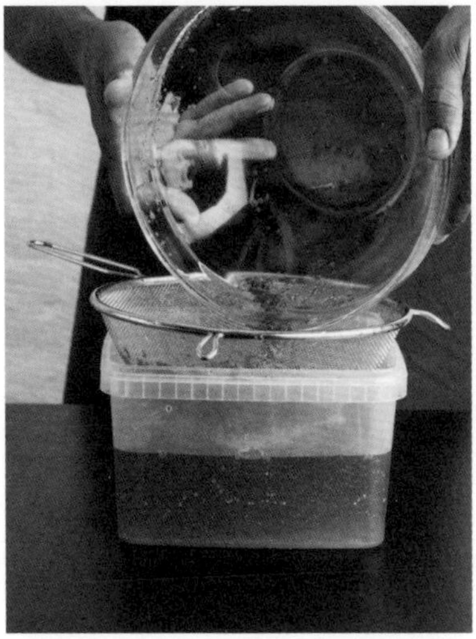

5. 倒入未经巴氏灭菌的康普茶成品。

6. 将SCOBY放入发酵容器，盖上盖子。

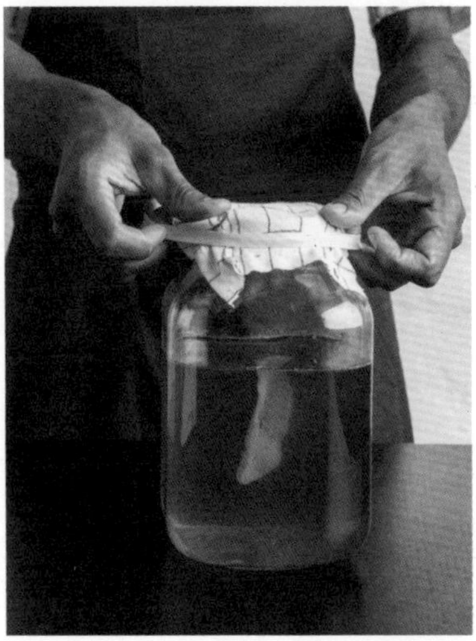

7. 用折射仪（或其他方法）测量含糖量，7天后再测一次。

8. 用pH试纸测量康普茶的酸度。当pH值位于4～3.5时，康普茶就基本发酵完成了。

9. 取出SCOBY。将康普茶过滤后装瓶。

将康普茶糖浆与口感温和的油混合，就成了一种制作便捷的油醋汁。

建议食用方法

康普茶糖浆

几乎所有康普茶都可以熬煮成美味且口感丰富的糖浆，但这种做法更适合那些过度发酵、味道过酸的康普茶。将大约450毫升的康普茶倒入中号炖锅中，中小火慢熬。让液体慢慢蒸发，直至变为原本体积的约1/4，锅中液体刚好能没过勺子背面。煮得越慢，效果越好——注意不要煮沸，如果将康普茶煮沸，会失去原有的芳香。

下次做煎饼的时候，就可以淋上一些糖浆了。这样做成的糖浆不会像枫糖浆那样甜，所以如果你喜欢甜食，可以再撒上一层糖粉。还可以做成甜品，往优质的冰激凌上淋一些柠檬马鞭草康普茶糖浆。如果能再撒上些新鲜的柠檬马鞭草碎，味道会更棒。

柠檬马鞭草康普茶油醋汁

将等量的温和油（比如初榨菜籽油或牛油果油）与柠檬马鞭草康普茶糖浆混合，就成了一种质感浓稠、味道酸甜、口感绵密的油醋汁。混合好之后，你需要品尝味道，看需要加入多少食盐，以平衡其中的酸味儿，酸咸适宜的油醋汁很适合为根茎类蔬菜调味。往盐烤甜菜根上淋一些，再配上新鲜的罗勒叶和开心果碎，一份上等的配菜就做好了。

用之前制作的康普茶成品进行原料发酵，既能降低发酵液的pH 值，又能增加有益细菌和酵母菌的起始数量。

玫瑰康普茶

2升量

原料：

240克糖

1760克水

200克野玫瑰花瓣

200克未经巴氏灭菌的康普茶（或是SCOBY包装袋里的发酵液）

1块SCOBY（购买来源见第448页）

在丹麦，野玫瑰随处可见。它们的花瓣松散娇小，不如人工栽培的杂交玫瑰那般美艳动人，但有着令人惊叹的香气和味道。这款康普茶能在保留甜美的玫瑰香味的同时又添加一份明亮的酸爽气息。如果弄不到野玫瑰，你也可以使用香气明显的、没喷洒过化学药剂（或是受过任何形式污染）的其他花瓣；花瓣的大小没有要求。

柠檬马鞭草康普茶的详细制作说明（见第123页）可以作为本章所有康普茶食谱的模板。开始做本节的食谱前，我们建议你先阅读柠檬马鞭草康普茶那节的内容。

将240克糖和240克水倒入中号锅中煮沸，充分搅拌，使糖溶解。把锅从火上移开，加入剩下的1.52千克水，使其快速冷却。

当糖水冷却到室温后，将其与玫瑰花瓣一同放入料理机中搅拌。花瓣无法完全打成泥，但会变得细碎。将玫瑰糖水转移到其他容器中，盖上盖子，放入冰箱冷藏，浸泡一夜。

第二天，玫瑰糖水细网过筛，将液体过滤到发酵容器中。倒入200克之前做好的、未经巴氏灭菌的康普茶。戴上手套，小心地将SCOBY放进去。用纱布或透气的厨房毛巾盖住发酵容器口，并用橡皮筋固定。在发酵容器上贴上标签，放在温暖的地方。

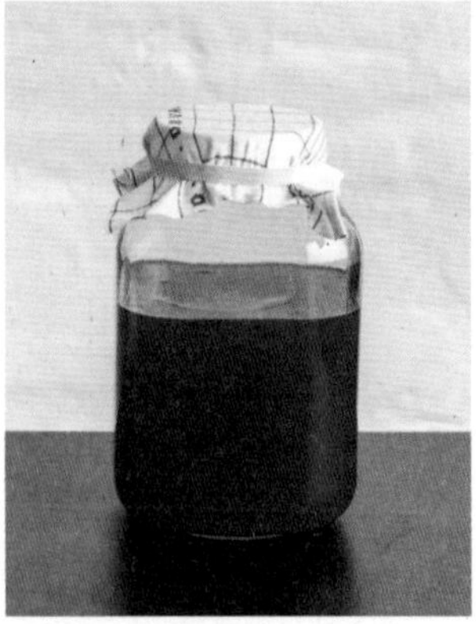

玫瑰康普茶，第 1 天

第 4 天

第 7 天

让康普茶自行发酵，每天跟踪发酵进度。务必确保SCOBY顶部的湿润，干燥时，可以舀一勺发酵液淋上去。康普茶发酵到理想的味道后——大概需要7～10天——把SCOBY转移到其他容器中保存，再将康普茶进行过滤。可以立即饮用，也可以冷藏、冷冻或装瓶。

建议食用方法

烤鸭蘸料——玫瑰李子酱

可以将玫瑰康普茶与花香味儿的酸李子酱混合在一起，做成烤鸭胸或烤哈罗米奶酪的蘸料。将等量的乳酸发酵李子果肉（见第69页）和玫瑰康普茶一同放入料理机中打碎，直至细腻柔滑——各200克就足够了（如果你手头没有乳酸发酵李子，可以使用商店买来的李子脯凑合一下，但用量要减半）。细网过筛后放入小碟，滴上几滴橄榄油，再撒一撮花椒碎，即可食用。

玫瑰杜松子鸡尾酒

在NOMA餐厅，我们会将果汁作为菜品的搭配来替代葡萄酒，各式康普茶是其中的最大特色，但这并不是说康普茶不能做成含有酒精的饮品。本周六的晚上，你可以试着取一把新鲜浆果加入50毫升的玫瑰康普茶中，再调入28毫升杜松子酒（伏特加也可以），最后滤入加了冰块的岩石杯中。

浆果玫瑰稀果酱

将500克康普茶与250克上等的应季浆果混合打碎。混合的时间越长，浆果释放的果胶越多，果泥也就越浓稠。做好后，可以将其作为可口的夏季提神甜品，而且无须过滤。如果用细网过筛，就得到了鲜甜而又充满活力的稀果酱，可以用来腌渍新鲜水果，或是淋在冰激凌、意式奶冻上食用。

用毛筛绢筛果泥，能够产生一种绵密奢华的口感。

苹果康普茶的制作方法是这本书里最简单且最实用的一种。

苹果康普茶

2升量

原料：

2000克未经过滤的苹果汁

200克未经巴氏灭菌的康普茶（或是SCOBY包装袋里的发酵液）

1块SCOBY（购买来源见第448页）

苹果汁最好自己榨，这样一来，你能使用本地品种创造出自己喜欢的口味。使用商店里卖的高质量、未经过滤的苹果汁也可以；农家小摊也经常会出售应季的鲜榨苹果汁。因为果汁本身就是甜的，所以这道食谱无须添加食糖。

柠檬马鞭草康普茶的详细制作说明（见第123页）可以作为本章所有康普茶食谱的模板。开始做本节的食谱前，我们建议你先阅读柠檬马鞭草康普茶那节的内容。

将苹果汁倒入发酵容器中，倒入200克之前做好的、未经巴氏灭菌的康普茶。戴上手套，小心地将SCOBY放进去。用纱布或透气的厨房毛巾盖住发酵容器口，并用橡皮筋固定。在发酵容器上贴上标签，放在温暖的地方。

让康普茶自行发酵，每天跟踪发酵进度。务必确保SCOBY顶部的湿润，干燥时，可以舀一勺发酵液淋上去。康普茶发酵到理想的味道后——大概需要7～10天——把SCOBY转移到其他容器中保存，再将康普茶进行过滤。可以立即饮用，也可以冷藏、冷冻或装瓶。

苹果康普茶，第 1 天

第 4 天

第 7 天

建议食用方法

苹果康普茶草药滋补特饮

将新鲜的药用草本植物与苹果康普茶用料理机混合打碎，能够平添一份优雅的芳香气息。哥本哈根人很幸运，因为他们散步时就能找到新鲜的绿枞针，用来制作味道轻盈爽口的松香味苹果滋补特饮（将25克新鲜的绿枞针与500克苹果康普茶放入料理机打碎，过滤后就可以饮用了）。也可以在当地市场找到许多可以搭配苹果康普茶的食材，比如，可以将半束罗勒或10克迷迭香叶与500克苹果康普茶一同放入立式料理机里打碎，细网过滤后即成为一款提神特饮，让人精神饱满，精力充沛。

苹果蔬菜泥

将煮熟的蔬菜和水果康普茶用料理机打成泥，是一个获取蔬菜纤维的好方法，而且十分美味（也能让你的孩子多吃些蔬菜）。苹果康普茶的好搭档包括菠菜、酸模、甘蓝和烤甜菜根（烤甜菜根也是玫瑰康普茶的好搭档）。由于蔬菜中富含纤维，在料理机中搅打的时候也很容易变得浓稠。康普茶和蔬菜的比例为4：1，搅打时间至少1分钟，细网过筛后就可以食用了。

将苹果康普茶与药用草本混合打碎（本书中，我们用的是绿枞针），即成为一份清新提神的滋补特饮。

接骨木花康普茶的味道，有一种斯堪的纳维亚夏季的气息。

接骨木花康普茶

2升量

原料：

240克糖

1760克水

300克新鲜的接骨木花

200克未经巴氏灭菌的康普茶（或是SCOBY包装袋里的发酵液）

1块SCOBY（购买来源见第448页）

接骨木花是斯堪的纳维亚夏季的一道标志性风味。那芳香四溢的娇小白花，每一年都会出现在NOMA餐厅的菜单上。在北半球温带区的许多国家，你都会发现这种盛放于夏初的美味食材，澳大利亚和南美洲的温带地区也是如此。

柠檬马鞭草康普茶的详细制作说明（见第123页）可以作为本章所有康普茶食谱的模板。开始做本节的食谱前，我们建议你先阅读柠檬马鞭草康普茶那节的内容。

将240克糖和240克水倒入中号锅中煮沸，充分搅拌，使糖溶解。与此同时，将接骨木花放入一个不会发生化学反应的耐热容器中。随后，将热糖水倒在花瓣上，然后倒入剩余的1.52千克的水，放至室温后盖上盖子，放入冰箱冷藏，浸泡一夜。

将液体过滤到发酵容器中，挤压滤出的接骨木花，以尽可能多地提取汁液。倒入200克之前做好的、未经巴氏灭菌的康普茶。戴上手套，小心地将SCOBY放进去。用纱布或透气的厨房毛巾盖住发酵容器口，并用橡皮筋固定。在发酵容器上贴上标签，放在温暖的地方。

让康普茶自行发酵，每天跟踪发酵进度。务必确保SCOBY顶部的湿润，干燥时，可以舀一勺发酵液淋上去。康普茶发酵到理想的味道后——需要7～10天——把SCOBY转移到其他容器中保存，再将康普茶进行过滤。可以立即饮用，也可以冷藏、冷冻或装瓶。

接骨木花康普茶，第 1 天

第 4 天

第 7 天

建议食用方法

接骨木花法式酸奶油

NOMA餐厅的菜单上，康普茶和奶制品的组合搭配随处可见，而且你会发现，即便是在家里，这样的搭配也很实用。将800克奶油与200克全脂牛奶、200克接骨木花康普茶混合在一起。盖上盖子，在室温下发酵2～3天。做好后，奶油会变得浓稠，接骨木花又为那可口的酸香增添了一股花香，就像蓬软的洗皮奶酪。

取一勺接骨木花法式酸奶油，放入一碗焯过水的新鲜去皮甜豌豆与之混合，可以作为户外午餐中清新爽口的前菜。还可以搭配爽脆的萝卜条，再撒上少许新鲜香草，比如柠檬百里香、柠檬马鞭草或细叶芹。

接骨木花康普茶与奶油、牛奶结合，即成为一道拥有独特花香的法式酸奶油。

咖啡康普茶以一种奇妙的方式让废弃咖啡渣获得“新生”。

咖啡康普茶

2升量

原料：

240克糖

1760克水

730克用过的咖啡渣或200克新鲜咖啡粉

200克未经巴氏灭菌的康普茶（或是SCOBY包装袋里的发酵液）

1块SCOBY（购买来源见第448页）

咖啡渣中其实含有大量没有用尽的味道，而咖啡康普茶给了它们第二次“生命”。如果你喜欢，也可以使用新鲜的、没有用过的咖啡粉，但务必大大减少使用量。要选用未经深度烘焙的咖啡，否则会很苦——轻度烘焙能让优质咖啡那丰富的果味呈现出来。

柠檬马鞭草康普茶的详细制作说明（见第123页）可以作为本章所有康普茶食谱的模板。开始做本节的食谱前，我们建议你先阅读柠檬马鞭草康普茶那节的内容。

将240克糖和240克水倒入中号锅中煮沸，充分搅拌，使糖溶解。与此同时，将咖啡渣放入一个不会发生化学反应的耐热容器中。随后，将热糖水倒在咖啡渣上，然后倒入剩余的1.52千克的水，放至室温后盖上盖子，放入冰箱冷藏，浸泡一夜。

第二天，用衬有纱布的细孔筛将液体过滤到发酵容器中，随后倒入200克之前做好的、未经巴氏灭菌的康普茶，搅拌均匀。戴上手套，小心地将SCOBY放进去。用纱布或透气的厨房毛巾盖住发酵容器口，并用橡皮筋固定。在发酵容器上贴上标签，放在温暖的地方。

让康普茶自行发酵，每天跟踪发酵进度。务必确保SCOBY顶部的湿润，干燥时，可以舀一勺发酵液淋上去。康普茶发酵到理想的味道后——大概需要7～10天——把SCOBY转移到其他容器中保存，再将康普茶进行过滤。可以立即饮用，也可以冷藏、冷冻或装瓶。

咖啡康普茶，第 1 天

第 4 天

第 7 天

建议食用方法

咖啡康普茶提拉米苏

下次举办晚宴时，可以做提拉米苏，用咖啡康普茶代替咖啡，浸泡手指饼。提拉米苏味道香甜，口感醇厚，与咖啡康普茶那充满活力与生机的风味相得益彰。

咖啡康普茶着色欧防风

如果你有一平底锅的去皮并切成四等份的欧防风，可以放到炉子上，放入黄油烧热至起泡，将它们慢慢烧成焦糖色。起锅前2分钟，放入鼠尾草和百里香各1小枝，火候稍稍调大，倒入大约120毫升咖啡康普茶，将锅底的焦糖色稀释。轻晃平底锅，直至香醇的蜜汁渐渐浓稠，开始黏在欧防风上。起锅前1分钟再加入1匙黄油，融化后为欧防风着色。装盘，最后撒上少许熏制盐。

平底锅煎制欧防风，用咖啡康普茶和黄油为其着色。

绕了一圈，将枫糖康普茶还原成一种（更好的）糖浆。

枫糖康普茶

2升量

原料：

360克纯枫糖浆

1640克水

200克未经巴氏灭菌的康普茶（或是SCOBY包装袋里的发酵液）

1块SCOBY（购买来源见第448页）

选用高质量的纯枫糖浆，不要随便去一家杂货店买那种添加了食用色素的玉米糖浆。原料足够好，做出的康普茶才会好。

柠檬马鞭草康普茶的详细制作说明（见第123页）可以作为本章所有康普茶食谱的模板。开始做本节的食谱前，我们建议你先阅读柠檬马鞭草康普茶那节的内容。

枫糖浆中的糖分已经溶解过了，所以没必要再次加热，但你得用水将其稀释到12°Bx的甜度。将准备好的枫糖浆、水以及200克未经巴氏灭菌的康普茶倒进发酵罐中，搅拌均匀。戴上手套，小心地将SCOBY放进去。用纱布或透气的厨房毛巾盖住发酵容器口，并用橡皮筋固定。在发酵容器上贴上标签，放在温暖的地方。

让康普茶自行发酵，每天跟踪发酵进度。务必确保SCOBY顶部的湿润，干燥时，可以舀一勺发酵液淋上去。康普茶发酵到理想的味道后——需要7～10天——把SCOBY转移到其他容器中保存，再将康普茶进行过滤。可以立即饮用，也可以冷藏、冷冻或装瓶。

枫糖康普茶，第 1 天

第 4 天

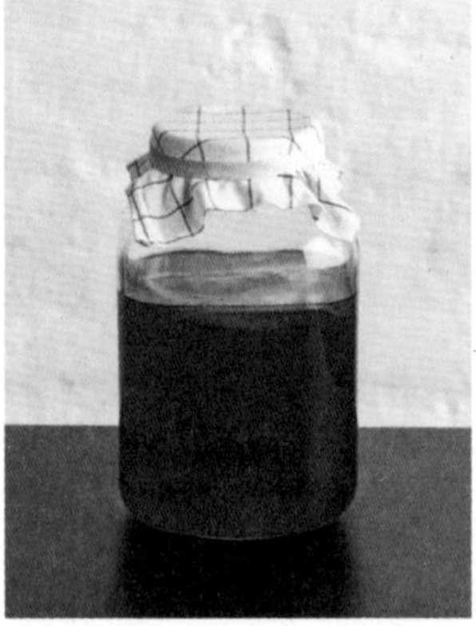

第 7 天

建议食用方法

法国四香粉鸡尾酒

一种圣诞节特饮。将25克法国四香粉放入500克枫糖康普茶中泡几天。

自制四香粉：将白胡椒粉、丁香、磨碎的肉豆蔻以及磨碎的生姜以2：1：1：1的比例放入烧干的锅中烘烤，烘烤完毕后倒入康普茶中。

冷泡茶至少要在冰箱里保存2天，饮用前需进行过滤。孩子们上床睡觉后，可以再加点儿咖啡利口酒进去，让节日更有气氛。

枫糖康普茶糖浆

将枫糖康普茶还原成酸甜可口的糖浆。

将1升枫糖康普茶倒入炖锅中，小火加热，慢慢蒸发，直至锅中液体刚好能没过勺子背面。不能操之过急——如果将茶水煮沸，会失去芳香微妙的口感。浓缩完成后，让糖浆冷却到室温，装进密封的容器中放入冰箱保存。枫糖康普茶糖浆和巧克力搭配在一起非常棒。你可以试着制作自己最喜欢的巧克力慕斯，给它淋上枫糖康普茶糖浆。

康普茶烧烤酱

枫糖康普茶糖浆（任何其他康普茶糖浆也都可以）能很好地应用在传统烧烤酱中。虽然许多烧烤酱的配方会利用苹果醋来提升酸度，但苹果醋本质上其实更接近甜味儿。用康普茶糖浆代替糖，你仍然能感觉到甜味儿，同时又能感受到更多的酸味儿，能为排骨或鸡腿等脂肪含量较高的食物解腻。

枫糖康普茶与经典四香粉混合而成的冷泡茶，是一款不含酒精的鸡尾酒。加入一些咖啡利口酒，就成了含酒精的特饮。

151

相较其他康普茶，由果泥制成的杧果康普茶拥有更好的质地。这份食谱使用的是肯特杧果，但不要局限于此，杧果有几十种，都能发酵出不同的独特风味。

杧果康普茶

2升量

原料：

170克糖

970克水

800克去皮杧果切丁

200克未经巴氏灭菌的康普茶（或是SCOBY包装袋里的发酵液）

1块SCOBY（购买来源见第448页）

书中的其他康普茶黏稠度都比较低，与水相差不大。我们为墨西哥图卢姆的快闪餐厅开发菜肴时，想在作为搭配的果汁中加入一些康普茶的口感——味道令人愉悦，而且拥有足够的流动性，能够继续发酵。如果果泥过于浓稠，微生物就会被堵住不动，无法工作。我们发现，将等量的杧果和水混合后搅打1分钟，就能获得我们想要的效果。

杧果泥是不透明的，这意味着无法用折射仪测出含糖量，所以，这次你真的得用舌头来进行判断了。一般来说，杧果越甜、越熟，效果就越好。

柠檬马鞭草康普茶的详细制作说明（见第123页）可以作为本章所有康普茶食谱的模板。开始做本节的食谱前，我们建议你先阅读柠檬马鞭草康普茶那节的内容。

将170克糖和170克水倒入中号锅中煮沸，充分搅拌，使糖溶解。随后将锅从火上移开，冷却至室温。

将杧果和剩下的水放进料理机里打1分钟，直至变成细滑绵密的果泥。你可能需要根据料理机的大小，分多次进行搅打。

杧果康普茶，第 1 天

第 4 天

第 7 天

用细网将杧果泥筛入发酵容器中，加入准备好的糖水和200克未经巴氏灭菌的康普茶，搅拌均匀。戴上手套，小心地将SCOBY放进去。用纱布或透气的厨房毛巾盖住发酵容器口，并用橡皮筋固定。在发酵容器上贴上标签，放在温暖的地方。

让康普茶自行发酵，每天跟踪发酵进度。杧果泥很可能会逐渐分离成两部分，下半部分是质地稀薄的液体，上半部分质地浓厚。这意味着SCOBY可能很难获得所需的氧气，但没关系。想要帮助微生物的“母亲”，你可以用勺子搅动上层浓厚的果泥，每天一次就好，不要过多干预。也可以舀一勺发酵液淋在SCOBY上，为它洗掉厚重的杧果泥。

康普茶发酵到理想的味道后——需要7～10天——把SCOBY转移到其他容器中保存，尽可能地将杧果泥刮掉。随后，用衬有纱布的细孔筛过滤康普茶。可以立即饮用，也可以冷藏、冷冻或装瓶。

建议食用方法

杧果冻汤

质地相对浓稠的康普茶，可以用来制作西班牙冻汤。取3颗牛排番茄切碎挤压，汁液滤出后与500毫升杧果康普茶混合，撒上一撮盐调味，就令冻汤拥有了别出心裁的味道。加入几种熟制蔬菜——比如烤芦笋片、芹菜丁、蚕豆或烤葱花——再放一勺石榴籽儿，增加清脆的口感。最后撒上烤欧芹叶和香菜叶。

杧果柠檬草油醋汁

相比起用药草茶或其他浸泡液制成的康普茶，菜果泥制成的康普茶不具备那么丰富的功用，但依然可以充分利用杧果康普茶那特别的黏度和甜度，制作出可口的菜肴。往500毫升杧果康普茶中放入一根柠檬草、一把香菜，搅拌后静置15分钟过滤。往滤过的汁液中加入适量辣椒油、一撮海盐，杧果柠檬草油醋汁就做好了，可以用来搭配整条的烤鱼或是烤蔬菜，比如白菜、牛油果。也可以作为烧烤酱料，涂在烤猪肩肉或扇贝上。

将新鲜香草和杧果康普茶混合，创造出更具特色的饮品（或冻汤）。

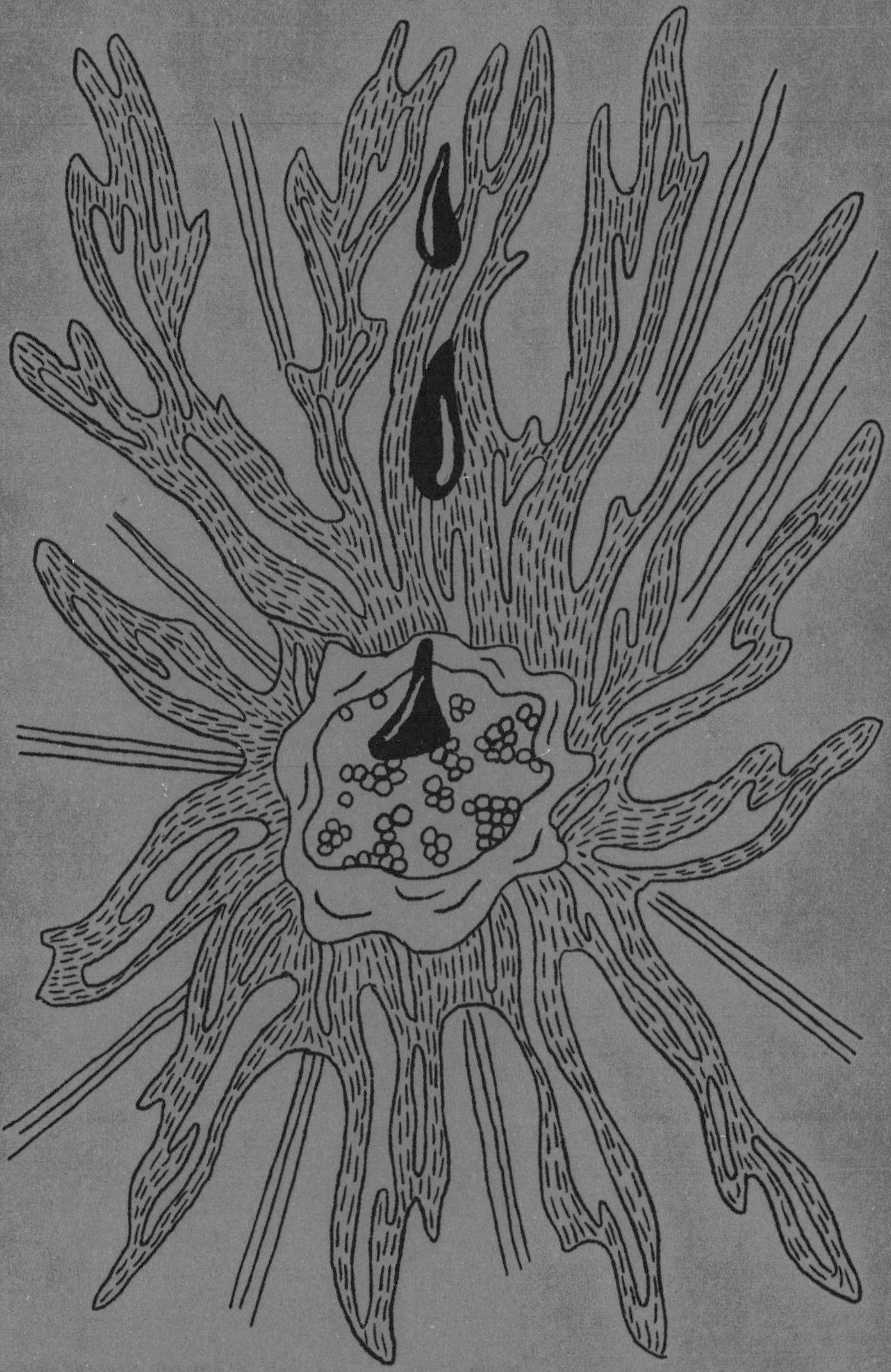

4

醋

—Vinegar—

醋几乎能提升一切食材的风味

在整个欧洲，或许也是整个西方世界，往食材里加一点醋可能是最为流行的一种烹饪方法，能够给你的食物提鲜。下次使用商店里买来的橘子果酱时，你可以往里面加一点醋和盐，让味道变得更有活力。如果你自制了冰激凌，加一点果醋也能带来意想不到的效果——但具体加哪种果醋，取决于你做的是什么冰激凌。几乎所有蔬菜和水果都能在醋的作用下提升风味。

NOMA餐厅刚开始营业时，醋几乎是我们唯一可以依赖的酸味调料。比如，把甜菜根和苹果搭配在一起的时候，我们发现两者之间需要一座桥梁——用一种带有酸度的果香来连接甜菜根的泥土气息和苹果的香甜。陈年的苹果醋就能胜任这项工作。

找到正确的乳酸发酵方法之前，NOMA餐厅制作的大多数腌菜使用的都是醋。在斯堪的纳维亚，可能是因为制作方法简单，醋腌菜随处可见：等量的水和醋、一点盐和糖混合，放入水果或蔬菜后等着就好了。如今，醋腌菜在NOMA餐厅发挥的作用不那么大了，但我们偶尔还是会用诸如蔬菜嫩茎、蘑菇和时令鲜花等食材制作一些醋腌菜。

接骨木花、玫瑰花瓣、款冬、黄春菊或蒲公英这类味道强劲的花朵食材，浸入苹果醋，至少要在冰箱里冷藏几个星期。渍好的花朵可以搭配各种菜肴，从烤骨髓到甜品均可。这样的配菜令人愉悦，醋吊出了花朵的色彩和香气，给甜咸的菜肴带来爽口的酸涩，即便配菜已经下肚，那抹酸香依然在味蕾上久久回荡。

同样的腌渍方法，也适用于新鲜的水果。杂货店里售卖的许多种类的果醋，都是用酸度适宜的醋浸渍水果制成的。

在NOMA餐厅，一道菜肴的酸度均衡是十分重要的，这也是我们将醋作为一种强大配料的原因。醋（vinegar）这个词源自拉丁语中的vinum acer，字面意思是“酸葡萄酒”，这当然只是表面含义。有一些陈年醋，比如意大利香醋，口感和甜度俱

醋渍 1 年的浆果和绿叶蔬菜，NOMA 餐厅，2016 年

这道清口菜肴包括：乳酸发酵的红醋栗和野樱桃，搭配南瓜醋腌渍的鸡油菌、玫瑰果醋腌渍的野玫瑰花瓣、苹果醋腌渍的接骨木花和款冬以及云杉醋腌渍的黑醋栗嫩芽。

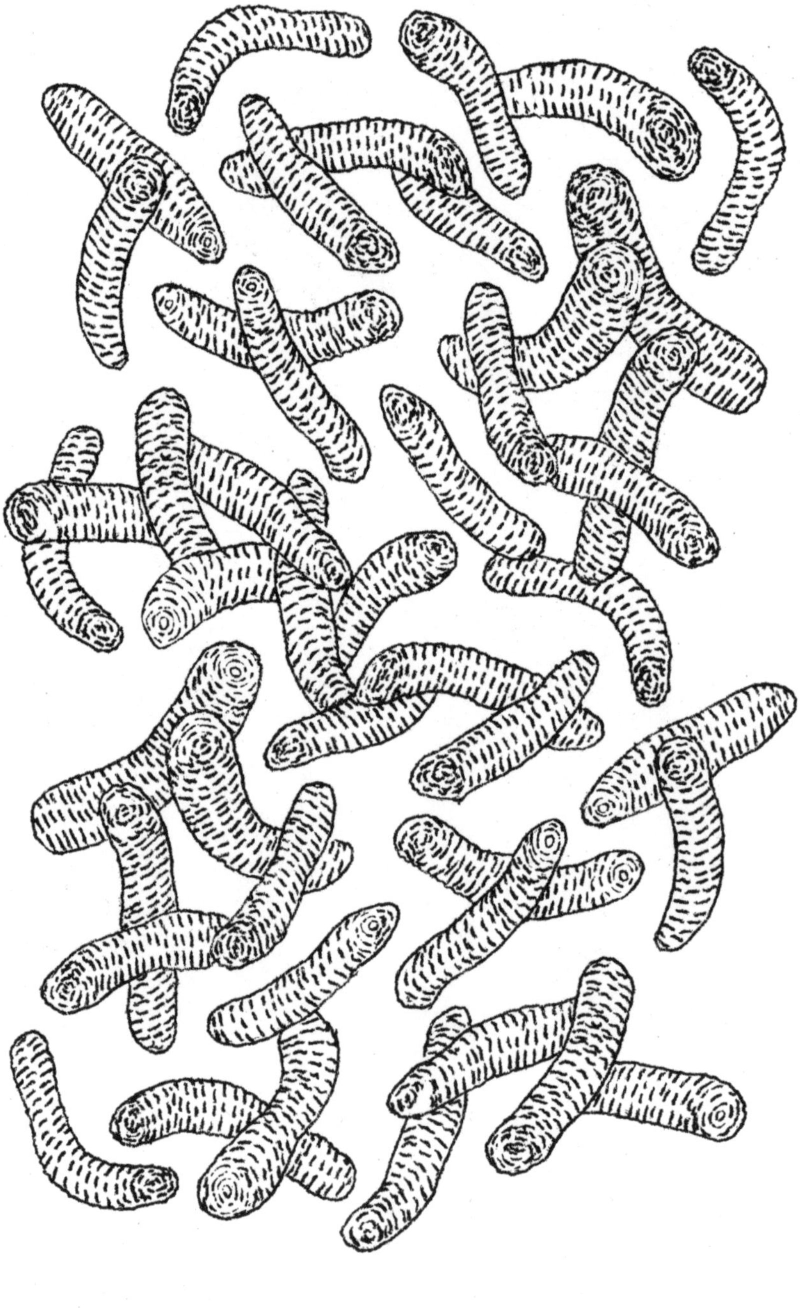

醋酸菌是一种杆状菌，需要在有氧环境下生存。虽然不能将水变成酒，但它们能将酒变成美味的醋。

佳；也有味道十分浓烈、酸度足以穿透任何食材的醋；另一方面，也有酸度极低（只有1%或2%）的醋，可以直接倒出来喝，或是用来做适宜搭配的酱汁。夏天，我们会用剩余的茴香叶做醋，成品就是上述第三种醋的完美例子。茴香叶醋那较低的酸度能让食材原本的味道散发出来，既不会抹杀茴香原本的风味，又能增添一层明亮的口感。

在一家商品齐全的超市里，你能找到几十种不同的醋，所以，即便本来不打算自己动手做，你也还是可以尝试一下我们在本章提及的各种食用方法。不过，如果你想多学些手艺，那就继续看吧！

时间的严峻考验

醋是厨房里的顶梁柱，无人不知无人不晓，熟悉到让许多人不知晓它也是一种发酵产品。

事实上，醋是由大量好氧菌（即接触空气才能正常工作的细菌）将酒精发酵成醋酸而制成的。这些醋酸菌种类繁多，无处不在，能通过空气传播，存在于大多数生物的表面，包括你的身上。

和康普茶一样，醋也是酵母菌和细菌共同作用的产物。首先，酵母菌将糖转化为酒精，再由醋酸菌将酒精转化为醋酸。二者的不同之处在于，食醋制造商通常会选择酒精耐受度在某一特定值的酵母菌，以保证酵母菌在消耗掉基液中所有糖分之前尽数死掉（他们有时也会通过加热酒精的方式杀死酵母菌）。另外，还有许多种酵母菌无法在醋酸环境中存活，一旦醋酸菌开始接手发酵工作，它们就会死掉。因此，康普茶的酸度会越来越高，直至所有可用的糖均转化为酒精（随后是酸），醋却能在达到一定酸度后保持稳定。

世界各地不同种类的醋就如生产出它们的文化一样，各具特色，通常都能反映出当地烈酒的风味。从东方到西方，我们能找到食醋的各式发酵原料，比如大米、高粱、小米、大麦、猕猴桃、苹果、蜂蜜、浆果、椰子，不一而足。大部分食醋发酵食材，其中的可发酵糖都是现成的，能够让酵母菌直接发挥作用。针对大米、大麦这样的谷物，酶类物质得先将其中的淀粉分解成可发酵的糖（想了解更多细节，可以参考第211页“曲”那一章）。

最早的醋源自已经发酵成酒精的产品，几乎可以肯定，这样的发现是一种意外。在微生物学出现之前，人们一直不清楚酒精为什么会变成醋。如果把葡萄酒露天放置，它就肯定会变成醋，就像太阳肯定会升起和落下。至于原因，则众说纷纭。

但是，这并不意味着人们不熟悉发酵过程。在整个人类文明进程中，人类一直在使用水果酿酒。伊朗的扎格罗斯山附近出土过一处可追溯到公元前6000年的新石器时代住宅，其厨房里碎裂的瓮片呈现出了黄红色的酒渍。几千年后，古埃及人开始用葡萄酿造含酒精的饮品。有证据表明，早在公元前3000年，埃及法老死后，陵墓里的陪葬品就有酒罐。考古学家检查了那些罐子，还发现了醋的残留物。

至少从公元前6000年起，人们就开始酿酒了，随后就是醋。

古人可能并不理解为什么水果能够变成酒以及酒为什么能变成醋，但他们熟悉其发生的过程。托勒密时代流传下来的埃及莎草纸上就有这样的记录——《安赫申的指示》（*The Instruction of Ankhsheshong*）——讲述了关于葡萄酒保存的提示：“只要不开盖，葡萄酒一定会熟成。”2000年后，醋的神秘面纱终于被揭开，这不仅仅是烹饪层面的一次飞跃，也颠覆了我们理解自然的方式。

直至18世纪中期，西方社会的主流观点都是“地球上的万物皆由四种基本元素组成：火、水、土以及空气”。现代化学的奠基人之一安托万·拉瓦锡首次提出，空气并非一种纯粹的、

安托万·拉瓦锡：现代化学的奠基人之一，也是最早理解酒变成醋的过程的人。

不变的物质，而是包括氧气（oxygen，由拉瓦锡从希腊语中创造出来，意为“成酸物质”）在内的各种成分的组合。拉瓦锡利用硫和磷等非金属物质进行了严格的实验，从而正确地推断出，当这些元素燃烧时，周围空气中的氧气被抽掉了，这样的化学反应还产生了酸性物质。通过对实验结果的推断，拉瓦锡得出结论：葡萄酒之所以会变成醋，是因为空气中的氧气，这样的“氧化作用”是通过醋酸菌来实现的。

这一认知上的飞跃席卷了整个欧洲，人们充分利用氧化的概念，推动了食醋生产的进步。食醋制造商通过增加葡萄酒与空气接触的表面积来加速食醋的发酵进程。德国的制造商还发明了所谓的“快速工艺”，将葡萄酒漏入松散的木屑中，同时用新鲜空气吹拂液体。数百年后，制醋的工匠仍在使用这种方法。

在NOMA餐厅，我们以自己的方式实践了同样的理念。我们使用普通的气泵——任何一家宠物店的水族馆区都能找到的那种——将空气输送到发酵液里，为醋酸菌提供充足的氧气，让它们快速工作。我们像对待宠物金鱼一样对待细菌，从而将发酵时间从几个月缩短到了几周。想了解更多深入的制作细节，可以参考佩里醋食谱（第173页）。

在NOMA餐厅有几种醋，我们采用的是传统的两步制醋法，即通过初级产品对酒精进行发酵，再通过我们的快速工艺，利用醋酸菌酿醋。

从开始到结束，两步制醋发酵法如下。

1. 给有甜度的水果或蔬菜接种酵母菌。

   令其发酵10～14天，或者发酵液的酒精含量达到6%～7%。
2. 含酒精的发酵液过滤后，以70℃加热，杀死残余的酵母菌。
3. 将液体倒入大号玻璃罐中，倒入一些先前制作的成品醋进行原料发酵（见第33页“原料发酵”相关内容）。
4. 将气泵固定在气石（一块具有渗透性的岩石或金属，能让空气通过小气泡进入）上，开启气泵。发酵10～14天，或直至所有的酒精都转化为酸。

这就是我们用梨、苹果和李子生产优质食醋的方法。不过，你也可以用无法发酵成酒精的食材来制作优质的食醋。芹菜、茴香这样的蔬菜含糖量太少，酵母菌无法发挥作用，无法制造足够的酒精，从而让醋酸菌起作用。即使酵母菌能将所有可用的糖转化为酒精，也需要很长时间，这使得液体很容易受有害微生物的侵害，为发酵品带来不良影响，甚至彻底毁掉。

为了让醋酸菌制造出酸度在5%～6%的醋，发酵液的总酒精含量需要达到6%～8%。水果或蔬菜的甜度如果小于14°Bx（更多信息见第118页关于白利糖度的内容），通常被认为没有足够的糖分，无法产生所需的酒精度，也无法留下口感平衡的食醋中那抹恰到好处的甜味儿。在这种情况下，我们会给醋酸菌喂食蒸馏乙醇，来弥补原本的缺陷。

乙醇（ethanol或ethyl alcohol）是在酒精性饮料中发现的。以纯乙醇形式出售时，乙醇有时被称作中性谷物酒精（neutral

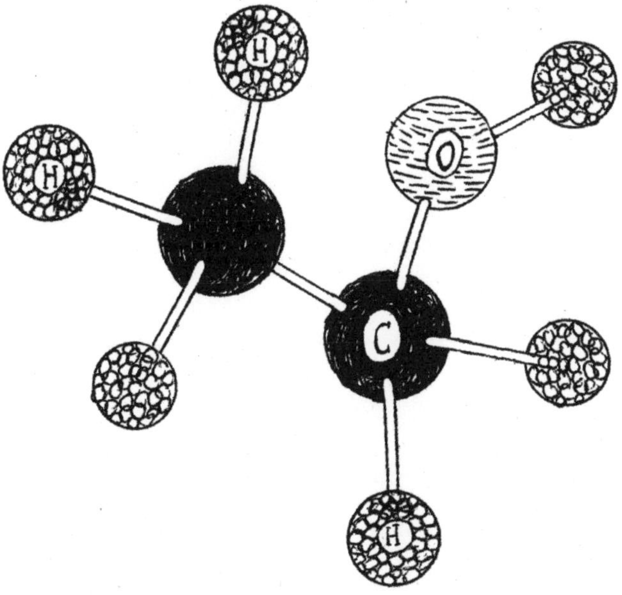

发酵过程中，乙醇（C_2H_5OH）
转化成了……

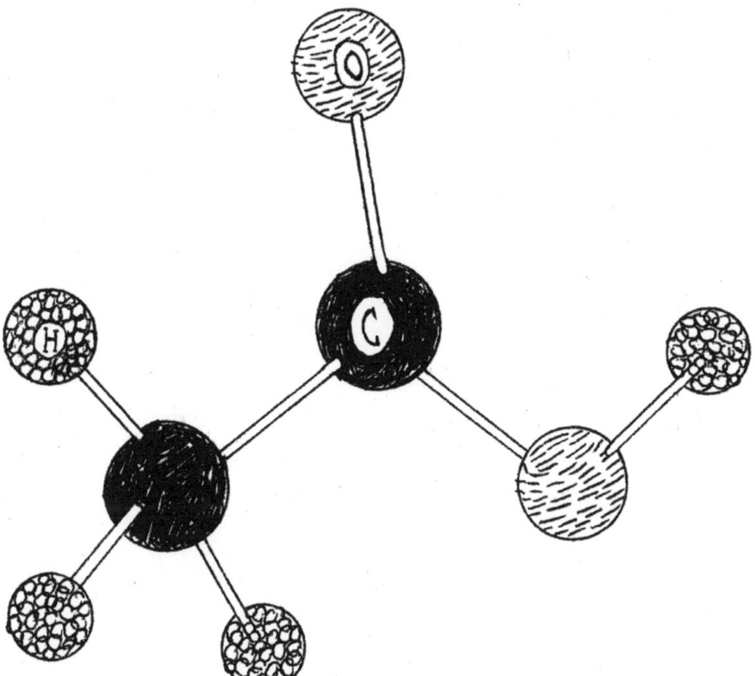

乙酸（CH_3OOH）

醋

grain spirit，NGS）或蒸馏酒精（rectified spirit）——是一种酒精含量高达96%的蒸馏产品（其余4%是水）。有一些瓶装酒品牌的酒精率接近这个比例，比如北美洲的Everclear和Gem Clear，欧洲的Primaspirit，它们都很适合用来制造食醋。不过，要避免使用变性乙醇或酒精度达到100%的乙醇。含有异丙醇、甲乙酮或任何乙醇、水以外成分的酒精，也不要使用，这样的产品不安全。如果找不到乙醇，度数稍低的酒也可以，比如伏特加，尽管你会需要更多的酒以达到标准的起始酒精含量。例如，一份食谱需要100克浓度为96%的乙醇，那么你需要130克浓度为75%（150度[①]）的伏特加，才能达到同样的酒精含量（参见第189页“如果弄不到乙醇，就用伏特加”）。

在水果或蔬菜汁中加入乙醇后，醋的制作过程实际上变成了一步发酵。不需要酵母菌在基液中进行繁殖以及制造酒精，醋酸菌就能展开无误的工作。果蔬汁里的糖分不会经历发酵过程，从而为最终的产品提供适口的甜度。通过这种方法，我们已经利用海藻高汤、胡萝卜、花椰菜、甜菜根、南瓜等食材成功做成了醋。

或许你会想到一个存在主义的问题：“为什么不直接在果蔬汁中加入醋酸，跳过整个发酵过程呢？”

在NOMA餐厅，我们一直都会在发酵过程中努力寻求丰富而迷人的味道，和许多烹饪过程一样，走捷径的所获终究会有所遗漏。纯乙醇发酵后稀释到约5%的醋酸含量，就得到了白醋。虽然白醋在某些菜肴中占据了一席之地，但相对来说味道还是有些刺激，而且没有特点。发酵过程中，醋酸菌在制造醋酸的同时还能产生葡萄糖酸、抗坏血酸等代谢物，从而使醋具备独特的品质和深度。此外，发酵过程中还会发生一些无法预测的

① 美制酒度（Degrees of proof US），一个酒精纯度相当于0.5%的酒精含量。

二次反应——有些会令味道变得更加柔和，有些则会产生新的味道。这些都是优质醋具备的特点。带来差别的，都是些“细枝末节”。

烈酒制醋

你可能还会问另一个问题：是否可以去掉食醋食谱中的新鲜果蔬？当然可以，为什么不行呢？你也可以直接将蒸馏酒精转化成醋，但记得先进行稀释，或蒸发掉一些酒精，高酒精含量会阻碍醋酸菌的作用。

稀释是使用烈酒制醋最为直接的方法，但务必小心，不能过度稀释。如果稀释成了淡味李子白兰地那种味道，还不如直接发酵一款没有味道的伏特加。另一方面，Gammel Dansk这种经典的丹麦苦味酒，里面有大量的植物成分，即便将其稀释到8%的酒精含量，也丝毫不会影响其原本的味道。

波旁威士忌或荷兰杜松子酒之类，为了保持精致可口的特性，最好能够将酒精去除，而非进行稀释。可以将酒倒入锅里点燃，直至火焰减弱。这个过程中会有许多液体蒸发掉，但剩下的就是几乎不含酒精的酒，而且味道仍会很浓烈，所以你需要加一些水来恢复平衡的口感。测量蒸发酒精后的酒的体积，再加入一些原酒，使酒精浓度提升到8%左右。从这时候开始，和任何食醋发酵的第二步一样，倒入一些未经巴氏灭菌的醋，进行原料发酵，给混合物准备好充足的空气，然后，耐心等待就好。

与类似的发酵工艺（如康普茶）不同的是，醋可以通过陈酿来提升味道和质感。因为一旦所有可用的酒精都被消耗掉，醋酸菌就会停止产生酸性物质，所以即便存放几十年，醋也不会变得更酸。陈年的醋可以经由容器进行陈化，在经年累月的蒸发和缓慢的美拉德反应①中不断提升风味（更多关于美拉德反应的详细内容见第405页“超慢烹饪”）。

在陈年醋中，最知名的当属意大利香醋，其销量占了全球食醋总销量的35%。

但是，除非你非常富有，而且十分挑剔，否则你一生中食用的大多数所谓“香醋”都不是真正的香醋，而是未经陈年的摩德纳香醋（Aceto Balsamico di Modena）——由红酒醋、熟制葡萄原汁以及焦糖混合制成。这是一个走捷径的完美例子，说明了用简单方法做事的代价。这款定价便宜的“香醋”，味道与传统陈年香醋有类似之处，但并不具备后者的很多独特品质，会欠缺黏稠度、层次丰富的鲜味以及木桶的味道。在木桶里陈酿，能为香醋注入焦糖、香草、烟熏、皮革等诸多层次的味道，具体是哪些味道，则取决于木材的种类。

传统香醋酿造法盛行于意大利北部的摩德纳、雷焦艾米利亚以及邻近地区。想要进行陈化，需要用到5～9个不同木材制成的桶，此处仅举几例：桑树、橡树、杜松、樱桃、栲树、刺槐。每种木材制成的桶容量不同，从66升到15升不等。起初，葡萄原汁需经过烹煮，令其焦糖化并浓缩成糖浆，随后注入大量不同种类的酵母菌，将其发酵成甜酒。由此，当地环境中的醋酸菌就开始发挥作用了，将甜酒渐渐酸化成醋。醋填满了最大号的木桶，在被转移到小号木桶之前，至少需要陈化一年。

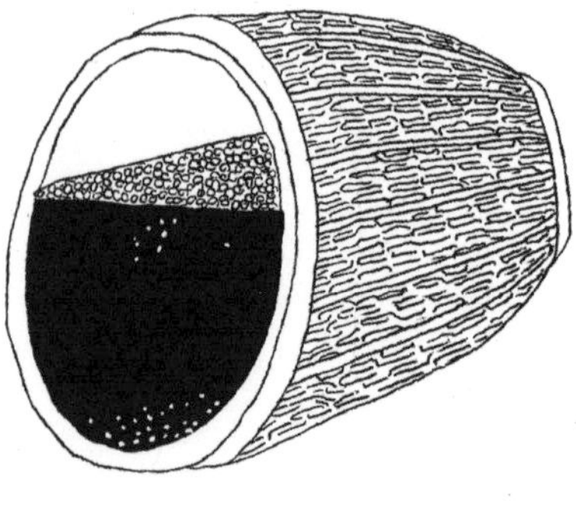

随着时间的推移，木桶中陈酿的醋会通过蒸发作用慢慢减少体积，在强化香味的同时产生新的风味。

① 一种化学机制，也叫“褐变反应”，能赋予食品独特的风味和色泽，咖啡豆烘焙的过程即经历了美拉德反应。

木头的材质类似于多孔结构，水和一部分醋酸能够通过木桶蒸发，而体积较大的芳香族化合物则无法散逸出去，只能不断积累，令醋的风味越发柔和纯正。随着时间推移而消失的那部分物质被称作“天使所享”（angel’s share，一个酿造威士忌时使用的术语），但这份神圣之物实际上是被遗弃之物。

大桶中的醋陈化之后，其体积只够装满一个小号木桶。大桶清空后，再次填满新鲜的酸葡萄原汁。醋不断地从大桶转移到小桶，再在小桶中继续“前进”。如果一瓶传统香醋上贴了DOP标签（Denomination of Origin of Production，法定产区保护，欧盟实施的一种保护措施），说明至少经历了12年的陈化期。历经12年，最小号木桶盛放的少量成品香醋终于开封，等待着慧眼识珠的顾客。

香醋的生产可谓大费周章。但只需3个月，你就会看到木桶中陈酿的醋发生的显著改变。使用本就具有类似香醋那丰富焦糖味的发酵原料，是弥补陈酿时间导致的差异的一个好方法。借此方法，我们在NOMA餐厅制作出了很棒的陈酿黑蒜醋。你也可以发挥创意，往喜欢的醋里加入干无花果或李子，浸泡一个月后过滤，再放入小木桶中陈酿。

丹麦的葡萄树很少，但有很多接骨木，所以当我们开始着手打造一款品质纯正的香醋时，我们使用了随处可见的本地食材。接骨木酒香醋是NOMA餐厅正在进行的一个长期项目，可以参阅第201页的食谱，看看我们是如何想到努力学习和应用遥远地域传统的。

制作佩里醋的第一步，是将梨子泥发酵成含酒精的梨酒。

佩里醋

约2升量

原料：

4000克成熟的甜梨子

1小包（约35毫升）液体季节酵母

（saison yeast）

未经巴氏灭菌的佩里醋，或苹果醋等

其他未经巴氏灭菌的口感温和的醋

为了让读者更好地理解食醋发酵的两个阶段，我们将从这个配方开始介绍，在此，我们首先会借助天然糖分的发酵来产生酒精，随后在醋酸菌的帮助下将酒精发酵成醋酸。

首先，酿造酒精。佩里（perry）意为梨酒，是一种气泡微酒精饮料，冷藏和煮热后饮用都很美味。梨子有几十个品种，每一种都能够生产出不同口感的梨酒和佩里醋。在选择梨子种类时，你应该秉持这样的原则：这种梨子榨汁后我会喜欢吗？如果会喜欢，那务必试试。

梨子表皮上有许多野生酵母菌，足以令梨子自然发酵，但自然发酵永远都存在风险，你无法判断发酵会发展成什么样，也难以把控时间。在某些情况下，自然发酵是很好的选择，但由于佩里醋在制作过程中需要进行二次发酵，我们需要更多的确定性，以保证其味道和酒精含量，所以一开始，我们选择使用酵母菌。佩里醋发酵可选择的酵母菌，和梨子一样种类丰富（如果你将发酵过程中的不同变量进行排列组合，就会感知到风味那超级丰富的可能性）。任何一家货品充足的自酿商店都能找到可以完美搭配梨子的酵母菌。但不要使用面包酵母，它会让你的梨酒带有烤面包味儿。在NOMA餐厅，我们喜欢用季节酵母，这实际上是能够一同工作的两种不同菌株[酒香酵母菌（Brettanomyces）和酿酒酵母菌（Saccharomyces）]的混合酵母菌。我们发现，季节酵母能在发酵过程中产生一股美妙的酒香，而且一丝苦味也没有。

设备说明

如果是首次发酵，你需要一个配有盖子、气闸和橡胶塞的食品级塑料桶，在任何一家自酿商店都能买到，大小适宜，其容量与所有配料的体积比约为100：85。你还需要一个苹果榨汁机或厨房用的漏勺来挤榨发酵液。你可以在同一个塑料桶中进行二次发酵，也可以将发酵物转移到容量较小的3升广口玻璃罐中进行。无论哪种方式，你都需要纱布或干净的厨房毛巾为发酵容器封口，并用橡皮筋固定。

这就是康佛伦斯梨，但相比品种的选择，梨子达到适宜的熟度和甜度更为重要。

我们的快速制醋法还需要一个气泵和一块气石，在自酿商店或宠物店都能买到。详细的使用信息见食谱。

最后，建议您对所有的设备进行彻底的清洁和消毒（见第36页）。

详细操作说明

想做成优质的梨酒，你需要又熟又甜的梨子。

松脆的安茹梨当点心来吃不错，但其糖分与纤维素的比例不够高，无法产生我们所期望的酒精量。博斯克梨和康佛伦斯梨这样的品种，熟成后会明显变甜，是绝佳的原材料。

利用酵母菌将水果中的糖分转化为酒精，是制作食醋的第一步。找一个桶，放入梨子后，桶中仍有15%的空余空间。5升就比较合适。

将梨子（不去籽亦可）切成容易处理的小块。用食品加工机将其打成粗果泥，不用打到完全顺滑的程度，看不到大块果肉即可。

将梨子果泥放入发酵桶，加入酵母菌后充分搅拌，确保酵母菌均匀分布。盖上桶盖，保证是密封状态，将气闸灌满水，插入橡胶塞里（如果你以前从未自己酿过东西，这个步骤可能有些难懂，你可以问问自酿商店里的店员，或上网看教程。做起来要比看起来容易得多）。

将桶放到比室温稍低一些的地方，18℃为宜。如果发酵温度过高，梨酒会有一股阴沉的霉味。发酵7～10天，具体天数取决于你想要保留多少甜味。让舌头决定一切。发酵过程中每天都要打开盖子搅拌，但要记得戴手套，或使用无菌的勺子。一开始的时候，桶里还没有果汁，只有梨子泥，你可以用勺子蘸一点儿品尝，以识别发酵进度。发酵过程中，盖子会胀起来，气闸偶尔也会发出咯咯声。这是酵母菌制造的二氧化碳引起的，是正常现象。我们不建议一直发酵，直至完成酒精发酵过程（14～16天），因为你会需要一些残存的糖分，以平衡醋酸的味道。如果发现自己的梨酒发酵过久，再加入一些新鲜的、滤净的梨汁稀释一下就好了。此时进行甜度调整要比之后再调整容易得多。

梨子完成发酵后，需要将发酵糊的汁液挤出来。在NOMA餐厅，我们使用苹果榨汁机来达成这一步——大体上说，就是一个有排孔的金属或木制滚筒，能用手摇柄将水果的汁液挤压出来。将发酵糊倒入一个布袋里，再将布袋放入滚筒中。转动手柄，汁液就会通过底部的出水孔流出。

如果你没有苹果榨汁机，可以往老式厨房用漏勺上衬一块纱布，将发酵糊倒上去挤压就可以了。会有些果肉穿过纱布和漏勺掉下去，再用细孔筛或纱布过滤一次就好，不用过于紧张，黏性不是你的敌人。浓稠一些的果汁能为梨酒带来更好的口感和质地。

现在，你有了梨酒。虽然这一章讲的是醋，但你可以将梨酒

佩里醋，第 1 天

第 7 天

第 14 天

冷藏后立即享用，加热后放入一些香料粉饮用也可以，装入卡扣玻璃瓶，放入冰箱里进一步发酵成起泡酒也是不错的。不过，如果选择继续下一个步骤，起泡酒就没办法做了，所以现在你要做出决定：要不要让你的梨酒变酸。

我们不希望酵母菌扰乱醋的味道，也不想让它们继续将糖发酵成酒精，所以我们会将其“杀掉”。过滤后的梨酒放入带有盖子的锅里，加热至大约70℃，以小火慢煮，保持热气腾腾的状态。盖上锅盖，以这个温度煮15分钟，间或开盖搅拌一下，随后关火，冷却至室温。

如果将梨酒倒入几个玻璃罐中，以纱布封口静置，最后也能成为醋。我们称这种方法为“长时间发酵法”——你需要等待3～4个月的时间，让汁液通过自然发酵法得到适当的酸化。

为了加快发酵速度，并更好地掌控发酵过程，我们做了两件事。第一步，我们会进行原料发酵（见第33页）：梨酒称重后，加入其重量20%的未经巴氏灭菌的梨子醋（一般的食醋也可以，未经巴氏灭菌即可）。打个比方，如果你最后得到了1.8千克的梨酒，那就加入360克的醋。

第二步，给发酵液充气。醋酸菌在有氧环境下才能正常工作，“长时间发酵法”有一个弊端，就是难以保证氧气的充足。所以，一开始就要选择合适的发酵容器，容器口与外界接触的表面积要足够大才行，但不要使用金属材质的容器。可以使用之前用来发酵梨酒的桶，也可以换成3升的广口罐子。将之前做好的成品佩里醋倒入容器，戴上手套，将气石放入发酵液中，要确保其处于容器底部。把软管抽出来，连接至容器外面的气泵，再用纱布或透气的厨房毛巾为容器封口，并用橡皮筋固定，但要小心，不要死死勒住软管，以免妨碍空气的流通。不过，醋味儿绝对会招来果蝇——在某些地方，它们也被叫作“醋蝇”——所以，一定要确保封口完好无损。如果软管处有缝隙，就用胶带封上。气泵通电后，就可以放任梨酒在室温下进行发酵了。

保持不间断的充气状态，一般需要10～14天时间完成发酵。发酵开始的几天后进行品尝。如果酒精的味道一直很明显，那就说明还需要继续发酵。你可以用酸度计或试纸进行测量——如果pH值为3.5～4，那就是刚刚好的酸度——但说实话，我们发现，品尝永远是最好的指导方法。糖分、黏度和味道都会影响舌头对酸度的感知，机械的测量方法不一定能带来最为理想的成品。

发酵完成后，将佩里醋过滤，倒入玻璃瓶，盖盖后存放在冰箱里，尽可能地保持新鲜的味道，不过，只要不接触空气，常温存放也可以，醋的味道依然能很好地保持稳定。如果你发现瓶底有沉淀物，可以在使用之前摇晃瓶身，但如果你喜欢清澈一些的醋，可以将醋轻轻地转移至另一个容器中，留下沉淀物（我们称其为“滗清”）。

1. 梨子切成小块，用料理机打成粗泥。

2. 将梨子泥放入发酵容器中，加入酵母菌，盖上盖子，放入气闸。

3. 发酵7～10天。

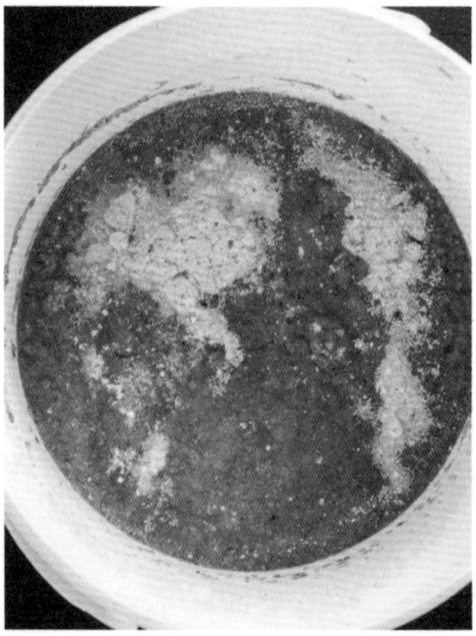

4. 挤压发酵糊，取得梨酒。

5. 将梨酒转移到新的容器，倒入未经巴氏灭菌的醋进行原料发酵，装好气石和气泵。

6. 发酵 10 ～ 14 天，直至达到适宜的酸度。完成后的醋过滤装瓶，放入冰箱存放。

建议食用方法

佩里醋油醋汁

佩里醋有一种淡淡的甜味儿，能做出我们这里最好的油醋汁。将上等的橄榄油、佩里醋以3：1的比例混合，放入一小团芥末，再加一些盐调味，油醋汁就做成了，可以用来佐新鲜的沙拉用蔬菜、焯熟的扁豆或轻微炒过的羽衣甘蓝。

梨子荷兰酱或荷兰汁

不同于普通的白葡萄酒醋，佩里醋没有那种刺激的口感，可以作为酱料（比如荷兰酱或荷兰汁）的基础食材单独使用。在许多经典食谱中，如果使用白葡萄酒醋，都需要加入白葡萄酒进行稀释。取250毫升佩里醋，放入一口小锅中加热，加入切碎的葱头和一小把胡椒。液体通过蒸发变为原本的2/3时，关火后过滤，放到双层蒸锅的上层，加入3个蛋黄，边蒸边搅拌，直至酱汁变得浓稠，能在搅拌勺上呈带状脱落。加入盐和少许辣椒粉调味，这道酱汁就做成了。

如果想让果味更加浓郁，可以提前将甜熟的梨子切丁，放入250毫升佩里醋中浸泡几个小时，随后将梨子丁滤除，剩下的醋用来还原这种酱汁，然后把梨子丁调入酱汁中。成品的酱汁味道浓郁强劲，可以搭配烤腹肉牛排，也可以淋在一碗轻煮豌豆上食用。

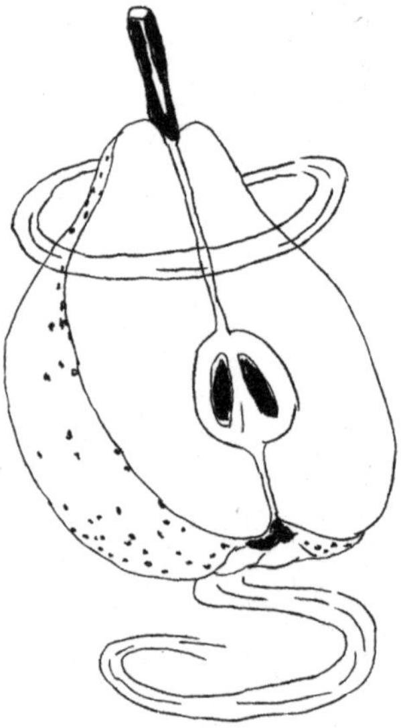

想得到更为精准的甜度，可以使用折射仪

如果你想进行更为精准的测量，可以使用折射仪。

正如康普茶那一章（第 118 页）提及的那样，折射仪能够通过测量含糖量造成的水中光线折射率计算出溶液的白利甜度。梨酒在发酵的过程中，酵母菌会不断将糖转化为酒精，甜度就会降低。如果想使用折射仪来测量出准确的读数，必须确保光线能够穿过液体。

在这种情况下，如果发酵容器中有大块的发酵水果，需要将其进行压榨，得到汁液后用衬有纱布的细孔筛滤除果肉。虽然滤出的汁液还是会有些浑浊，但也足以让你得出精确的读数。

发酵开始前，先看一下含糖量。发酵开始后，每一两天测量一次。梨酒发酵过程中，将你的测量值代入右边的表格，它将白利糖度的变化转化成了酒精含量的变化，给出了 20℃的温度条件下白利糖度对应的近似酒精含量值。如果梨酒的酒精含量达到了 6%～7%，就可以开始进行醋酸发酵了（值得注意的是，酿造商还会经常使用“密度测量法”，即与液体密度的变化相联系，来追踪发酵过程中含糖量的变化。不过，由于我们的发酵成品中含有水果纤维，往往难以得出精确的密度。密度测量法适用于几百毫升的大体积发酵，不适用于我们这种少量小体积的发酵实践，尤其是此书中介绍的很快得到成品的短期发酵）。

白利糖度的减少量（从起点开始）	**大概的酒精含量**
0	0
0.58	1
1.15	2
1.73	3
2.3	4
2.88	5
3.45	6
4.03	7
4.6	8
5.18	9
5.57	10
6.33	11
6.9	12
7.48	13
8.05	14
8.63	15
9.2	16
9.78	17
10.35	18
10.93	19
11.5	20

李子酒发酵成醋的过程。

李子醋

约2升量

原料：

4000克成熟的甜李子，洗净去核，每颗切成8块

1小包（约35毫升）液体季节酵母

未经巴氏灭菌的李子醋，或苹果醋等其他未经巴氏灭菌的口感温和的醋

这是另一种经由两个步骤制成的食醋：先将水果中的糖转化为酒精，再将酒精转化为醋酸。黑色、紫色或深红色的李子能生产出颜色最漂亮的醋，不同品种的李子混合，酿出的醋味道层次更加丰富。

佩里醋的详细制作说明（见第173页）可以作为这款醋的模板。开始操作这份食谱前，我们建议你先阅读佩里醋那节的内容。

相比梨子或苹果等梨果类水果，李子的含水量很高，能够自己液化，无须打碎成泥进行发酵。

切好的李子放入桶内，加入酵母菌后充分搅拌，确保酵母菌均匀分布。盖上桶盖，保证是密封状态，将气闸灌满水，插入橡胶塞里。

将李子放在凉爽的房间里进行发酵，每天搅拌一次，一般需要发酵8～10天，直至酒精味儿变得明显，且甜味儿没有完全消失。

借助苹果榨汁机或衬有纱布的漏勺挤压李子瓣，将汁液滤出；随后再过滤一次，李子酒就做好了。测量并记下李子酒的重量，然后将其倒入一口有盖子的锅里，加热至70℃——冒出热气，但不沸腾的状态，然后盖上锅盖，以这个温度慢炖15分钟后关火，冷却至室温。

将李子酒倒入二次发酵的容器中——可以继续使用发酵李

李子醋，第 1 天

第 7 天

第 14 天

子的桶，也可以使用3升的广口罐。倒入李子酒重量20%的未经巴氏灭菌的食醋。将气石放入发酵液中，确保其处于容器底部。将软管抽出来，连接至容器外面的气泵，再用纱布或透气的厨房毛巾为容器封口，并用橡皮筋固定。用胶带粘住软管处的缝隙，启动气泵。

李子醋通常需要发酵10～14天，在“到达终点”之前，务必多品尝味道。当发酵液中的酒精味消失，酸度和果味恰到好处时，李子醋就酿成了。用纱布过滤后，倒入玻璃瓶，盖盖后存放在冰箱里，尽可能地保持新鲜的味道，不过，只要不接触空气，常温存放也可以，醋的味道依然能很好地保持稳定。

建议使用方法

烤肉腌料

用李子醋做腌肉料的底料，效果非常好。将几块牛尾放入平底锅，大火煎烤，直至表面焦糖化。将等量的李子醋、牛肉高汤、牛肉鱼露（见第373页）和橄榄油混合。舀几勺配好的腌料放在一边备用，其余的装进塑料袋，将牛尾放入浸匀，再放进冰箱里冷藏2小时。随后，将牛尾放入烤盘，搭配常用的烤菜（比如芳香蔬菜和你最喜欢的草本植物），用锡箔紧紧盖住，低温（160℃）慢烤几个小时。肉质烤得软烂后，将骨头剔除，淋上事先留好的腌料为其调味。

这款腌料也可以腌制牛肉、猪小排。中火慢烤，直至外皮酥脆、内里软嫩。腌料会为肉质注入酸鲜的味道，既沿袭了传统烤肉的美妙之处，又去除了传统酱料的黏稠感和甜味儿。

紫甘蓝圣诞沙拉

在斯堪的纳维亚，圣诞节前后的寒冷日子里，每个人心里都惦记着紫甘蓝。取一棵紫甘蓝，去茎后切丝，越细越好，用适量鸭脂（一棵甘蓝大概需要100克鸭脂）快炒。加入李子醋（一棵甘蓝大概需要200毫升），盖上锅盖，慢炖2小时，间或开盖翻炒搅动。汤汁慢慢减少，但又不至于烧干，要与炖软的甘蓝融为一体，像糖渍水果般浓郁黏稠。炖好后用盐调味，就可以上桌了。如果想让沙拉的鲜味更上一层楼，炖的时候可以再淋几勺烤鸡翅鱼露（见第389页）。

冬季的斯堪的纳维亚，紫甘蓝是餐桌上常见的食材。我们喜欢用李子醋和烤鸡翅鱼露慢慢炖煮紫甘蓝。

芹菜汁能发酵成一款令人惊艳的，既新鲜又带有植物香气的醋。

对页图注：参照试剂盒检测醋的 pH 值。

芹菜醋

约2.5升量

原料：

3000克芹菜，只保留茎部，洗去沙粒

未经巴氏灭菌的芹菜醋，或苹果醋等其他未经巴氏灭菌的口感温和的醋

96%浓度的乙醇（中性谷物酒精）

第一次尝到芹菜醋时，你会发出疑问：没有它的那些年里我是怎么生活的？芹菜醋是一款万能的调味品，功能强大到令人惊讶。那清新可口的绿叶蔬菜口感，非常适合搭配蔬菜沙拉，或是为西班牙冻汤调味，搭配核桃油后佐苹果片食用也不错。

不同于佩里醋（第173页）和李子醋（第183页）所采用的两步发酵法，芹菜醋的制作过程中无须自己发酵出酒精，取而代之的是我们会往蔬菜汁中直接加入乙醇，为醋酸菌提供燃料。不过，佩里醋的详细制作说明还是能提供有用的信息，在开始尝试这份食谱之前，或许值得一读。

设备说明

你需要准备一个榨汁机，一个食品级塑料桶或广口罐（容量至少3升），一个气泵、一块气石。还有纱布或透气的厨房毛巾以及能用来固定发酵容器口的大号橡皮筋。另外，我们建议你在操作过程中戴好无菌手套，并对所有设备进行彻底的清洁和消毒（见第36页）。

详细操作说明

芹菜榨汁（破壁刀片很容易被芹菜里的纤维挂住，榨汁过

芹菜醋，第 1 天

第 7 天

第 14 天

程中可能需要清理一两次榨汁机）。细孔筛过滤芹菜汁。称重后倒入发酵容器中。

加入芹菜汁重量20%的未经巴氏灭菌的食醋。打个比方，如果你榨了2000克芹菜汁，就加入400克未经巴氏灭菌的食醋进行原料发酵。

接下来，你需要往芹菜汁里添加乙醇，为醋酸菌提供燃料。乙醇的重量为芹菜汁与用作原料发酵的食醋总重量的8%。打个比方，如果芹菜汁和食醋的总重量为2400克，你就需要192克96%浓度的乙醇，将其倒入发酵容器中。

到这一步，发酵基液就准备好了，后续的设置与佩里醋一样。芹菜醋这种一步法制成的食醋，其发酵过程得尽可能快，以保证汁液的品质和风味的完整性。不要让其处于长时间的被动发酵状态。

将气石放入发酵液中，要确保其处于容器底部。把软管抽出来，连接至容器外面的气泵，再用纱布或透气的厨房毛巾为容器封口，并用橡皮筋固定。用胶带封住软管处的缝隙，开启气泵。如果你发现发酵容器顶部充满了气泡，可能是气泵"工作太努力"了。你可以在软管中置入一个小小的塑料气阀，以调节气体的流动量，或者干脆一开始就选用容量更大的发酵容器。另外，如果容器口的气泡过多，就关掉气泵，将气泡搅回发酵液中。但也不用太担心，气泡量会在发酵过程中的最初几天达到峰值，而后就会消退。

你会发现，一步发酵法制成的食醋，味道要比两步法制成的更为浓烈。无水乙醇在完全发酵前，味道一直很明显。在发酵接近尾声的时候，你可能会闻到轻微的油漆或洗甲水的味道。经过一段时间的放置和通风，这些味道就会消散。

在芹菜醋的制作过程中，你还会发现，绿色蔬菜中那些充满生机的叶绿素会褪色，因为醋酸会使色素分子退化，从而改

如果弄不到乙醇，就用伏特加

如果弄不到96%浓度的乙醇，可以使用中性谷物酒精，比如伏特加。不过，由于伏特加的酒精含量要低得多（80度，或者说40%酒精含量，远不到96%），考虑到额外的水分，必须对食谱做出调整。首先，增加原料发酵使用的食醋，从汁液总重量的20%增加到23.4%。打个比方，在芹菜醋这份食谱中，如果芹菜汁为2000克，那就加468克食醋。

其次，烈酒的使用量也要增加，以弥补酒精含量的差异：从8%增加到20%。例如，如果芹菜汁和食醋的总重量为2468克，那就加494克伏特加。

你要知道，加入这些额外的液体后，蔬菜汁会被稀释，味道也会变淡。最后的芹菜醋成品，味道自然也会变淡，但芹菜的味道还是很有识别性。

（所有优秀的实验家都会想尝试更可口的酒类，你也一样。大可以放手去做，但还是建议先用伏特加试试）。

变颜色。不要因为醋变成了暗淡的橄榄色而烦恼，最后的味道会弥补这一缺憾。

芹菜醋通常需要发酵10～14天，直至发酵液中的酒精味尽数消失，酸度和新鲜芹菜的香气恰到好处。用纱布过滤后，倒入玻璃瓶，盖盖后存放在冰箱里，尽可能地保持新鲜的味道。不过，只要不接触空气，常温存放也可以，醋的味道依然能很好地保持稳定。如果瓶底有沉淀物，食用前摇一摇即可；你也可以将醋轻轻地转移到一个新的容器中，留下沉淀物（我们称其为“滗清”）。

建议食用方法

黄瓜冷汤

取几根英国黄瓜，切成小块，撒入少许盐和几茶匙蚱蜢鱼露（见393页）调味后搅打成泥，直至变得细腻柔滑。细网过筛后，加入150毫升芹菜醋，为黄瓜泥增添清新活泼的酸味。给汤做个冰浴，然后直接享用。也可以将你喜欢的夏季蔬菜切丁后加入，成就一道清爽可口的开胃菜。

芹菜香草醋佐新鲜奶酪

芹菜醋拥有明快的蔬菜香气，是调味醋的完美基底。取500毫升芹菜醋，与100克茴香叶、欧芹或任何你喜欢的香草混合，浸渍大约5分钟，过滤后就得到了充满活力的、带有纯净新鲜香草味道的草本醋。你可以往一碗新鲜的意大利乳清干酪或马苏里拉奶酪中调入橄榄油、海盐和红辣椒片，食用前再淋上些芹菜香草醋。

冬南瓜汁只有微微的甜度，没有足够发酵成所需酒精的糖分。
加入中性谷物酒精可以解决这个问题，令其成功发酵成醋。

冬南瓜醋

约2升量

原料：

4000克冬南瓜

未经巴氏灭菌的冬南瓜醋，或苹果醋等其他未经巴氏灭菌的口感温和的醋

96%浓度的乙醇（中性谷物酒精）

这种醋是目前为止我们在NOMA餐厅使用的所有发酵食谱中适应性最强的。它具备很棒的酸味儿，但又没有明显的刺激性——冬南瓜那奶油般的甜蜜味道削弱了酸味带来的刺激感。实际上，冬南瓜醋可以单独作为酱料使用。

芹菜醋的详细制作说明（见第187页）可以作为这款醋的模板。开始操作这份食谱前，建议你先阅读那节内容。佩里醋的详细制作说明（第173页）包含了本章所有食醋配方的有用信息，也值得一读。

冬南瓜洗净，对半切开后去籽，切成小块，无须去皮。戴好手套，将南瓜块放入榨汁机打碎。细网过筛，将汁液滤出，称重后倒入发酵容器中。

加入南瓜汁重量20%的未经巴氏灭菌的食醋进行原料发酵。再加入南瓜汁和食醋总重量8%的乙醇（如果弄不到无水乙醇，则依据第189页的说明调整你的配方，使用80度烈性酒，比如伏特加）。

将气石放入发酵液中，要确保其处于容器底部。把软管从容器口抽出来，连接至容器外面的气泵，再用纱布或透气的厨房毛巾为容器封口，并用橡皮筋固定。用胶带封住软管处的缝隙，开启气泵。

冬南瓜醋通常需要发酵10～14天，发酵的最后阶段，要经常品尝。如果最初的几天产生了大量气泡，可以将气泵的动力

冬南瓜醋，第 1 天

第 7 天

第 14 天

调低一点，或将气泡搅回发酵液中。如果发酵液不再尝出酒精的味道，酸度也恰到好处、令人愉悦，就说明发酵完成了。用纱布过滤后，倒入玻璃瓶，盖盖后存放在冰箱里，尽可能地保持新鲜的味道。不过，只要不接触空气，常温存放也可以，醋的味道依然能很好地保持稳定。随着时间的推移，冬南瓜醋那明亮的橙黄色会逐渐变淡。

其他可以使用快速制醋法的食材（食材汁液+乙醇+原料发酵醋）如下。

- 甜菜根
- 胡萝卜
- 黄瓜
- 昆布鲣鱼汤
- 白芦笋
- 灯笼椒
- 花椰菜
- 茴香
- 榅桲
- 黑醋栗
- 块根芹
- 豆薯
- 红薯

建议食用方法

慢煎胡萝卜

找一些外观好看的胡萝卜——不要那种仓库里存放的形状怪异的巨型胡萝卜。削皮后，按照个人喜好切成细条或滚刀块，不切也可以。切一大块黄油放入平底锅，倒入胡萝卜小火慢煎，直至煎制的那一面变成焦糖色，与此同时，黄油慢慢起了气泡，随即将胡萝卜翻个面。煎制时间为30～50分钟（取决于你对“小火”的定义），每6～7分钟翻一次面。如果煎制手法正确，胡萝卜会完全呈现出焦糖的颜色与质地，让人想起金提子干。煎制完成后，将火调大一些，撒上一撮盐和冬南瓜醋（1匙醋搭配2～3

根胡萝卜）。冬南瓜醋要适量，能微微浸入胡萝卜表皮、带来恰到好处的酸度和风味即可。这种食用方法也适用于其他蔬菜，比如欧防风、芜菁、芜菁甘蓝、南瓜以及一切需要慢慢烹制的食材。

用冬南瓜醋给慢煎胡萝卜去釉

快手腌菜

这份食谱，你可以随个人喜好使用任何口感爽脆的水果或蔬菜。在此，我们以黄瓜为例进行介绍。黄瓜切成3毫米薄片后装碗，撒入少许盐调味，腌制约10分钟后，淋上冬南瓜醋，拌匀，令调味料均匀分布。如果喜欢的话，你也可以放入一些红辣椒片，以增加热辣的口感。你可以在晚饭前1小时准备这道菜，坐下来吃饭的时候，刚好腌制完成。

我们还喜欢用冬南瓜醋腌制鸡油菌。煎锅里倒入尽可能少的油，鸡油菌洗净后下锅轻炒，炒熟但又没变得软趴趴即可出锅装盘。冷却至室温后，将鸡油菌转移到玻璃罐中，再倒入2倍于鸡油菌体积的冬南瓜醋（鸡油菌会吸收许多醋汁），盖上盖子，密封好，第2天就可以吃了，十分美味，而且可以在冰箱里保存数月。如果你的罐装工艺再进一步，用沸水给玻璃罐灭菌，腌菜能保存更久——在阴凉处存放6～12个月。鸡油菌腌菜可以佐烤鸡或烤鱼，是完美的配菜，腌好后当作礼物送人也不错。

把鸡油菌放在冬南瓜醋里浸泡1天（最长可浸泡1年），可以做成很棒的腌菜。

油煎虾

煎虾仁的时候，可以在虾仁变得不透明时按1∶1的比例淋入等量的冬南瓜醋和鲜虾鱼露［如果你还没抽出时间来做玫瑰鲜虾鱼露（见第381页），可以按1∶1的比例将伍斯特酱和鱼露调配在一起作为替代］。冬南瓜醋与鲜虾鱼露能够稀释煎制时锅底产生的结块，为虾仁裹上一层焦糖色，成就一道佳肴。

威士忌发酵成醋之前，需要蒸发掉一部分酒精。

威士忌醋

约2升量

原料：

2份80度威士忌，分别为1500克、350克

400克未经巴氏灭菌的苹果醋

水

这是本章涉及的第三种制醋方法，我们从酒精基液开始，将酒精含量从40%降至8%左右，通过燃烧烈酒中几乎所有的酒精来达到这一目的，然后添加新的烈酒，使酒精含量再次上升。这里有一个窍门，那就是寻找一种即便经过了烹煮和稀释依然能够保持美味的烈酒。

在悉尼设立快闪餐厅之前，我们就尝试了威士忌醋，以便更好地了解澳大利亚的威士忌酿造传统。当时，我们没有把这种醋使用在任何的菜肴中，而这正是NOMA餐厅菜单研发的本质，但我们喜欢这种醋，认可它的价值，它值得收录在这本书里。威士忌醋比这本书里提到的其他醋更有冲劲儿，非常适合搭配味道鲜美的肉类食材，如果能通过提升一点甜度来抵消酸度，效果会更好。

佩里醋的详细制作说明（见第173页）可以作为本章所有食醋的模板。开始操作这份食谱前，我们建议你先阅读佩里醋那节的内容。

设备说明

你需要一个容量至少3升的食品级塑料桶或广口罐，一个气泵、一块气石。还需要纱布或透气的厨房毛巾以及能用来固定发酵容器口的大号橡皮筋。另外，我们建议你在操作

威士忌醋，第 1 天

第 7 天

第 12 天

过程中戴好无菌手套，并对所有设备进行彻底的清洁和消毒（见第36 页）。

详细操作说明

取一口大号带盖子的双耳锅，中火预热。一定要选用尽可能深的锅，因为威士忌在加热时会沸溢，无论如何都要避免这种情况发生。锅不能冒烟，但温度要很高，以确保威士忌中的酒精迅速蒸发。确保灶台上方没有易燃物品，附近没有热敏式火灾报警器。

锅的温度上升后，小心且迅速地倒入约500克威士忌。威士忌会瞬间沸腾，可能还会立即燃烧起来，如果没有，那就用烤炉点火器或长火柴将其点燃。操作时请务必小心，因为点燃的酒精会导致严重烧伤，火焰会蹿得老高，但又很难看清楚。如果在操作过程中因火焰的尺寸感到紧张，就关火，紧紧地盖上锅盖，压灭火焰。

火焰平息后，再倒入500克威士忌。重复上述步骤，直至消耗掉1500克威士忌中的全部酒精。关火，将锅移到一边。威士忌的体积将大大减少，超过40%都被燃烧掉了（需要注意的是，想百分之百地消耗掉所有酒精是非常困难的，但我们的要求没那么严格，按照步骤做就能达到目的）。现在，威士忌在酒桶陈酿的过程中遗留下来的厚重味道尽数浓缩在了烹煮后的基液中。

加入足够多的水，使基液的总重量达到1250克。然后再加入另一份350克未经处理的威士忌以及400克未经巴氏灭菌的苹果醋，得到最后的发酵基液——酒精总含量约为8%，醋酸菌含量足以启动酸化反应。

将基液转移到发酵容器中。与水果或蔬菜的发酵过程不同，使用威士忌进行发酵，意味着在漫长的被动发酵过程中，你不

将酒精蒸发掉的威士忌与未经处理的威士忌、苹果醋混合，即可开始发酵。

会面临风味变化的风险。所以，封口方式简单一些即可，用纱布盖住，再用橡皮筋固定，室温下放置3～4个月，醋就做成了。

为了获得更可靠、更快的结果，可以往发酵容器中放一块气石，令其处于容器底部，将软管从顶部抽出来，与气泵连接。再用纱布或透气的厨房毛巾盖住容器，并用橡皮筋固定。用胶带封住软管处的缝隙，开启气泵。

与其他醋相比，威士忌混合基液的发酵时间要短一些，使用气泵的情况下，一般8～12天就完成了，一定要在发酵的最后阶段经常品尝。威士忌中不含糖分，如果不早一些结束发酵，会导致成品醋缺乏甘甜感。在具备良好平衡性的威士忌醋中，残留下来的酒精成分不会很明显，口感温和柔润。

这款醋没有必要过滤，除非你发现了沉淀物。倒入玻璃瓶，盖盖后存放在冰箱里，尽可能地保持新鲜的味道，不过，只要不接触空气，常温存放也可以，醋的味道依然能很好地保持稳定。

牛肉鱼露和威士忌醋混合，是NOMA餐厅版的越南酸甜汁。

建议食用方法

威士忌醋调味汁

越南的传统蘸料酸甜汁（nuoc cham，由鱼露、青柠汁和糖调成）是一种酸、甜、臭完美融合的调味汁，我们可以尝试用自己的发酵产品来模仿它的味道。将威士忌醋与蜂蜜以4：1的比例混合，再放入一点牛肉鱼露（见第373页）调味，这种调味汁就做成了，可以作为红肉（比如鸭肉、鹌鹑、熟成牛肉）与熟制、生制绿叶蔬菜或根茎菜的完美蘸汁。

丹麦苦味酒醋

约2升量

原料：

400克丹麦苦味酒（Gammel Dansk）

1185克水

350克未经巴氏灭菌的苹果醋

丹麦苦味酒是丹麦的传统草本利口酒。在NOMA餐厅，我们会用这种酒做甜品，也经常会往酒吧间放那么一两瓶，让那些喜欢在晚餐后喝一杯苦味酒的客人提提神。丹麦苦味酒的酒精含量比威士忌等烈酒要低。因此，我们会通过简单的稀释法，将其酒精含量直接降低至一个适合食醋制作的百分比。这种酒的味道很浓烈，即便加了水稀释，也不会影响到它原本的风味。

佩里醋的详细制作说明（见第173页）涵盖了本章所有食醋制作过程中涉及的有用信息。开始按照这份食谱操作前，我们建议你先阅读佩里醋那节的内容。

往发酵容器中加入丹麦苦味酒、水和苹果醋，搅拌，令其充分混合。将气石放入发酵液中，确保其处于容器底部，将软管从顶部抽出，连接至气泵，用纱布或透气的厨房毛巾盖住容器口，并用橡皮筋固定，再用胶带封住软管处的缝隙，开启气泵。

丹麦苦味酒一般需要发酵8～12天，或直至其充分酸化。这款醋没有必要过滤，除非你发现了沉淀物。倒入玻璃瓶，盖盖后存放在冰箱里，尽可能地保持新鲜的味道，不过，只要不接触空气，常温存放也可以，其味道依然能很好地保持稳定。

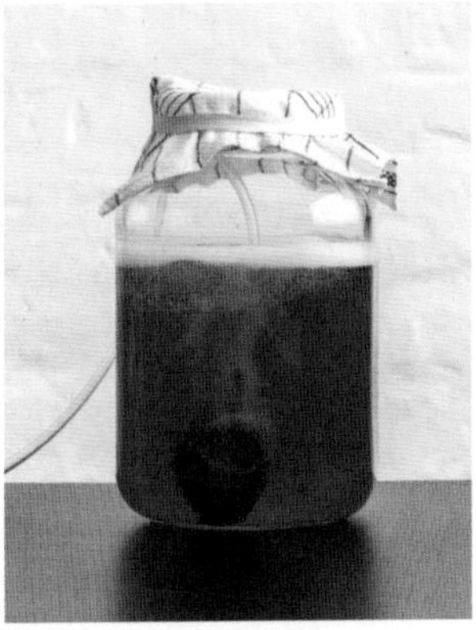

丹麦苦味酒醋，第 1 天

第 7 天

第 12 天

建议食用方法

苦味提味汁

丹麦苦味酒醋味道相当浓烈，但其苦味与酸味的调和非常有趣，因为这两种属性能够很好地结合在一起，而且能够相互弱化，令彼此变得柔和。这种醋，你可能不会把它作为调味品给孩子吃，但你可以往孩子的食物里偷偷放上那么一勺，能够带来意想不到的提升，制造层次丰富的味道和冲击感。下次做勃艮第炖牛肉的时候，你也可以淋上几滴丹麦苦味酒醋——用量只要让你能稍稍感觉到它就可以了——能够为炖肉带来口感上的精妙提升，变得醇厚可口。少量的丹麦苦味酒醋也能够提升沃尔多夫沙拉的口感，或搭配蛋黄酱或法式酸奶油制成的奶油味浓厚的调味品。

在接骨木花酒中加入新鲜的接骨木果，能够在多年的陈化过程中提升风味。接骨木果含有轻微的毒性，如果生吃，会导致胃部不适，经过烹饪或发酵后，则能够安心食用。

接骨木酒香醋

约5升量（陈化前）

原料：

1150克糖

2份水，分别为1150克、1700克

500克接骨木花，去茎

1小包（约35毫升）液体季节酵母

1000克未经巴氏灭菌的苹果醋

600克熟接骨木果，去茎

没有什么比接骨木花更能代表斯堪的纳维亚的风味。在NOMA餐厅，也几乎没有比接骨木花功用还强大的食材。想象一下25位厨师围坐在长桌旁，在装满灌木树枝的垃圾袋里翻来翻去、不断摘下小小花朵的场景，每一天，他们都要摘够60千克接骨木花，为了避免过敏，他们还必须加快速度。

接骨木醋成为我们厨房的主打产品已经有一段时间了，而接骨木酒香醋的开发仍在进行中。经过10年的陈化后它会演化成什么样的风味，没有人知道。如果你想加入我们的实验，那就看看这份食谱吧。

设备说明

你需要一个5升容量、配有密封盖子和橡胶塞的食品级塑料桶，还有一个用于第一阶段发酵，即接骨木花酒发酵的气闸。二次发酵时，可以重新利用之前的发酵容器，换成5升容量的广口罐也可以。你还需要一个5升容量的木桶，用作香醋的陈化容器；如果你打算陈化很久，还需要更多的小号木桶。可以准备一个折射仪，没有也无妨。最后，我们建议您在操作过程中戴好无菌手套，并对您的所有设备进行彻底清洁和消毒（见第36页）。

香醋一般不会常备在NOMA餐厅的食品储藏室里，但它是

接骨木酒香醋，第 1 天

第 7 天

第 14 天

美食的重要支柱，也是世界各地厨房里深受欢迎的食材。香醋的制造过程涉及发酵和陈酿领域中最迷人的一些层面，所以，我们为属于自己的香醋版本开发了这份食谱。

详细操作说明

接骨木酒香醋这一需要经年累月制作过程的美味，起始于接骨木花糖水的制作。将糖和1150克水放入一口大锅中煮沸，其间不停搅拌，糖充分溶解后关火。糖水即将沸腾的同时，将接骨木花放入一个干净的耐热容器里。将糖水倒在接骨木花上，冷却至室温。撕几张塑料保鲜膜，直接盖在溶液表面——接骨木花容易浮起来，保鲜膜能让它们维持在水面以下——然后放入冰箱，盖上盖子，浸渍2周。

2周后，用细孔筛将糖水滤入5升的塑料桶里，过滤时挤压接骨木花，以获取最大的采出量。倒入1700克水，将白利糖度降至30°Bx（原本的白利糖度为50°Bx）。如果你有折射仪，这时候就能精准测量白利糖度，以确定第一次发酵的参考点。将酵母加入稀释后的接骨木花糖水中，用干净的勺子搅拌。盖紧桶盖，确保不漏气，然后将气闸灌水，插入橡胶塞中。

将塑料桶挪至比室温稍低的地方——18℃是理想的温度——任其发酵2～3周。我们想让接骨木酒中留有丰富的甜味，所以酒精度达到8%～10%就可以了。如果你有折射仪，并且发酵初始时测量了白利糖度，那就在发酵14天后再测一下。可以利用第181页的表格，将白利糖度变化换算成酒精度。

酒精量达到要求之后，倒入苹果醋进行原料发酵，再将接骨木果倒进去。将盖子和气闸取下，用纱布罩住桶盖，并用橡皮筋固定。在室温下发酵3～4个月，由于接骨木果会浮起来，所以每隔几天用干净的勺子搅拌一下。这是一种酸化效果很好

加入液体季节酵母，让接骨木花糖浆中的糖开始发酵。

在木桶里陈化的接骨木醋能够产生微妙而复杂的口感。陈化的时间越长，味道越好。

陈化桶的选择

搜寻陈化桶的过程非常有趣。想要陈化香醋，你需要一个木桶，因为随着时间的推移，木头的多孔性会让醋里的水分不断蒸发。传统上，木桶的桶口并非用塞子堵上的，而是用布罩上的，以加速蒸发，同时又不会让任何东西进入。木桶内部通常会先用明火烧焦，以激发木桶原本的味道，以挥发性化合物的形式（比如香草醛、鞣酸和萜烯）渗透到香醋之中。

制作木桶的木材种类由你自己决定——每一种木材都有自己的特色。至于容量，从5升一直到1升的规格都不难找到。

目前，我们的接骨木酒香醋正在布赫拉迪苏格兰威士忌橡木桶中陈化。酿过酒的木桶（从红酒桶、波旁威士忌桶到雪莉桶威士忌桶）能给你的醋带来一种特殊的风味。不管是使用酿过酒的木桶还是全新的木桶，在倒入醋进行陈化之前，都要先往木桶里灌满水浸泡一天，令木头膨胀，保证木桶的水密性。

的醋，但发酵速度很慢。在NOMA餐厅，我们一直都是这么制作的，如果你想加快酸化速度，可以使用气泵和气石，照前文所述方法操作即可。

当醋发酵到你喜欢的程度时，细网过筛，过滤时挤压接骨木果，以获取最大的采出量，随后再用纱布过滤一次。用漏斗将醋转移到木桶里，罩上桶口。将桶放在凉爽的房间或地下室里，理想温度在18℃左右。环境的湿度会影响桶内的蒸发速率。房间越干燥，蒸发速度越快。我们的目的是让醋陈化，蒸发速率适中即可，所以不要让发酵环境过于干燥。

传统香醋至少要陈化12年，但仅仅1年之后，你就能尝到明显的风味变化。如果你打算长年陈化，可以在12个月后倒一些出来，放进一个小号桶中以备日常取用。随着时间的推移，醋的体积会因蒸发作用而减少。通过每年换一个尺寸更小的桶，能够最大限度利用醋与木材的接触面积，从而令木桶自带的风味更好地渗入。蒸发后剩余的醋有多少，就选用多大容量的木桶。在NOMA餐厅，我们打算在长时间的陈化过程中丰富接骨木酒香醋的风味，所以我们在木桶选用上采取了这种做法。

黑蒜香醋

约5升量（陈化前）

原料：

500克黑蒜（详见第417页）

3375克水

1125克糖

1包（40毫升）霞多丽酒酵母

未经巴氏灭菌的苹果醋

在NOMA餐厅，我们一直在探索利用发酵来减少各种食物浪费的方法。黑蒜香醋的最初版本，使用的是我们之前用黑蒜瓣制作一种果泥干时留下的大量黑蒜皮。后来，我们对这份食谱做了调整，改用带皮的整头黑蒜。接骨木酒香醋的详细制作说明（见第201页）可以作为黑蒜香醋的模板。开始操作这份食谱前，我们建议你先阅读接骨木酒香醋那节的内容。

将带皮的黑蒜头侧向对半切开，再将每一半垂直切成4份。水和糖倒入一口大锅，小火慢煮，不断搅拌，使糖充分溶解。加入蒜，将火调小到液体不冒热气的程度，然后盖上盖子，这样慢煮1个小时后关火，将锅移到一边，冷却至室温。冷却后，将黑蒜高汤放入冰箱，浸泡一晚，不要把锅盖拿掉。

用漏勺将黑蒜高汤滤到一个碗里，其间用长柄勺不断挤压，以得到尽可能多的发酵基液，同时又不会将黑蒜肉挤到碗里。漏勺滤过的高汤，再用衬有纱布的筛子过滤一遍。随后，往高汤里加入霞多丽酒酵母，用干净的勺子充分搅拌，再将基液转移到发酵容器中。盖紧容器盖，确保不漏气，将气闸注满水，插入橡胶塞中。

在凉爽的房间里发酵2～3周，黑蒜酒就酿好了。酿好后的黑蒜酒会有很明显的酒精味儿，也会残留大量的甜味儿。

用衬有纱布的细孔筛过滤黑蒜酒，然后将其转移到二次发酵的容器中。可以继续使用黑蒜酒的发酵容器，也可以使用5升容量的广口罐。黑蒜酒称重，倒入其重量20%的未经巴氏灭菌的苹果醋，进行原料发酵。将气石放入发酵液中，确保其处于容器底部，将软管从顶部抽出，连接至气泵，用纱布或透气的厨房毛巾盖住容器口，并用橡皮筋固定，再用胶带封住软管处的缝隙，开启气泵。

室温下，黑蒜酒一般需要发酵14天。发酵过程中要进行品尝，确保发酵液中产生了足够的醋酸。发酵完毕后，将醋过滤，随后转移到木桶中进行陈化和蒸发。将酒桶放在凉爽的房间或地下室里，理想温度约为18℃。这种醋可以长年陈化，其品质会不断得到提升。短短1年后，你就会留意到巨大的变化，但如果你想让它陈化得更久，就得不断地将其转移至容量更小的木桶里。最后，你的耐心一定会得到回报。

黑蒜香醋，第1天

第7天

第14天

建议食用方法

代替中国陈醋

无论是新酿成的还是陈化后的黑蒜香醋，都可以作为替代品用在任何会用到中国陈醋的菜肴里。一小碟黑蒜香醋，淋上一滴芝麻油和一点辣椒油，就成了饺子或小笼包的完美蘸料。白菜或芥蓝等清脆的蔬菜刚刚蒸熟、尚且滚烫的时候淋上点儿黑蒜香醋，撒上些日式香松（烤海带、柴鱼片和芝麻做成的日式干料），也是极佳的搭配。

黑蒜香醋黑麦味噌酱

黑蒜香醋的另一种食用方法，是对中国黑豆蒜汁的重新诠释。我们将使用书中另一种发酵产品黑麦面包味噌（第307页）来代替脱水的发酵中国黑豆（豆豉）。用研钵和杵将100克黑麦面包味噌磨碎，直至其变得细滑，随后加入50克黑蒜香醋，继续搅拌，直至二者很好地混合在一起（理想情况下，你的醋已经在木桶里进行了陈化，拥有了更为黏稠的质地。但如果你没那么多耐心，等不了1年的陈化时间，在将黑蒜醋和黑麦面包味噌混合之前，只要将醋倒入平底锅里煮至原来的1/3即可）。黑蒜香醋与黑麦面包味噌碎混合后，撒盐调味，最后放入磨碎的新鲜山葵，以代替辣椒油的热辣口感。这款酱料与你习惯食用的大不相同，但它模拟了发酵黑豆中那股甜甜的麦芽味儿，这多亏了黑麦面包味噌和黑蒜制作过程中缓慢的焦糖化反应。无论是用作蘸料，还是直接厚涂，这款酱料都是红肉的完美伴侣。如果你的发酵黑豆没有那股独特的臭味儿，加几滴鱿鱼鱼露（见第385页），别犹豫。

将黑麦面包味噌和黑蒜香醋混合，成为一种味道强劲、鲜味十足的蘸汁或调味酱。

5

曲

—Koji—

会魔法的霉菌

“一切足够先进的技术，都与魔法无异。”亚瑟·查尔斯·克拉克爵士如是说。世界上最为卓越的一些技术都基于生物学系统，在漫长的岁月中建立，在命运和偶然之下漫无目的地自我完善。自然界是无穷无尽的奇迹之源，它变化多端，是取之不尽的发现之井。

我们发现，曲（koji）也是一种魔法——实际上，它是最棒的一种魔法，因为任何人都能运用。想要亲身体验日本曲的奇妙之处，放进嘴里尝一尝就可以了。

曲这个术语来自日本，指的是接种了米曲霉的大米或大麦。米曲霉是一种真菌，确切地说，是一种孢子霉菌，生长在温暖潮湿环境下的熟谷物上（在说英语的国家，koji一词还可指代经过接种的谷物、霉菌以及真菌孢子）。

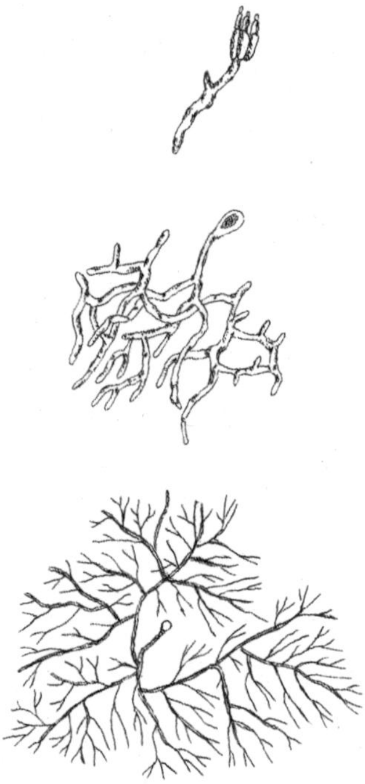

米曲霉菌能在生长的过程中扩展成一张肉眼可见的网。

在适当的条件下，当米曲霉微小的孢子落在合适的基质上，比如煮熟的大麦或大米，孢子会萌发出菌丝——杈状的真菌细胞，类似纤细的白色植物根茎。真菌细胞不断繁殖，菌丝会深入到谷粒中，在生长的过程中不断扩展自己的卷须，形成一个网格，即菌丝体。一开始的时候只有几片白色绒状物，之后会在2天的时间里长成细密的白色菌垫，能够完全包裹住谷粒。最后形成的霉变谷块就是曲。最初的24小时后，谷物基质会释放出醉人的酒香味，还有百香果和杏子的香气。48小时后，曲会变甜，果香浓郁、鲜气扑鼻。

为曲带来独特风味和香气的化学物质，是菌丝在谷物生长时释放的酶，它们能将谷物基质的外部消化掉并吸收营养物质，从而加速新陈代谢。真菌能够产生许多酶类物质，从而分解淀粉（淀粉酶，amylase）、蛋白质（蛋白酶，protease）和脂肪（脂肪酶，lipase），分解后的产物分别为单糖、氨基酸和脂肪酸的基本构成要素（如果某个词的后缀是“-ase”，那它就是酶类物质；单词的前缀则描述了其施加作用的物质）。

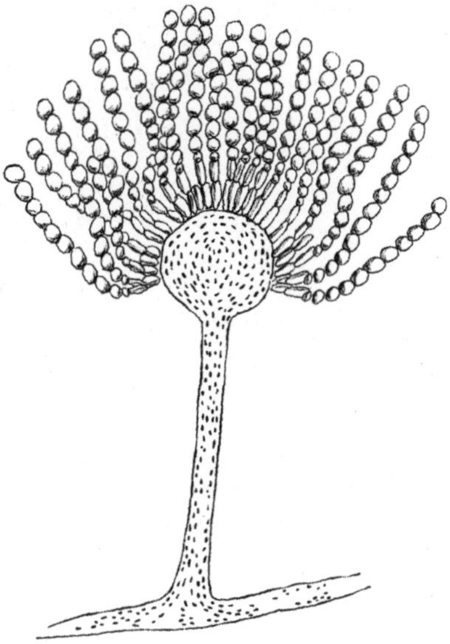

米曲霉，会魔法的霉菌。

一旦开始涉猎发酵领域，你很快就会闯入曲的世界。想碰不到都不可能，就像不可能去了巴黎却没看到埃菲尔铁塔。不过，曲真正进入西方烹饪界，也只有5～10年的时间。对NOMA餐厅的我们来说，2010年的一次日本之旅让我们大开眼界，看到了曲各种各样的可能性。

味之素（Ajinomoto）是一家生产各式调味品的公司，其产品涵盖了世界上流行的大多数味精产品。与此同时，味之素还在东京经营着一个名为“鲜味信息中心”（Umami Information Center）的研究机构，认真进行研究工作，探索“鲜味”及其用途；我们虽然早在哥本哈根尝试过曲，然而鲜味信息中心之旅结束后，我们回到NOMA餐厅，才真正开始专注于鲜味的提升工作。我们在实验厨房和发酵实验室花了几周时间，没有开发出具体的菜肴，只是专注于如何从本地食物中提取鲜味。很快我们就发现，曲将成为我们打开“第五种口味”的密钥。

有很多食材，其本身就是完美的主角；另有许多食材，更适合作为烹饪配角而存在。只有一小部分食材能扮演好两种角

对页图注：

澳洲旭蟹高汤浸生澳洲坚果片，NOMA 餐厅（澳大利亚），2016 年

将生澳洲坚果片浸在冰凉澄澈的澳洲旭蟹高汤里，多放些乳酸曲汁和玫瑰油调味。

色。比如，鸡蛋本身很美味，而作为配料时，其用途也很广泛。曲也属于最后这一类。

多亏了曲，如果没有它，某种程度上说，我们可能依然得长时间地熬制肉类高汤、利用传统的还原法制作酱汁。在欧洲，制作酱汁的传统方法是，先将骨头——鱼骨、牛骨、猪骨、龙虾壳等——熬煮几个小时，熬至浓稠后加入黄油。曲使得这一过程得到了简化——往轻微炖煮过的肉汤里加入曲，酱汁就做成了，味道同样丰富、充满层次感，而且去除了动物胶质和奶制品的油腻沉闷。曲帮助我们发现了诸多食材的精妙之处，既突出了食材的天然气质，又不会用力过猛，就像往一扇吱吱作响的门上喷润滑剂，用量务必适宜，太厚就不好了。

曲好似巫师的魔杖，能够改变其他的食材，将它们芬芳鲜美的一面呈现出来。在NOMA餐厅，曲是我们制作豌豆味噌和酱油的重要原料。此外，在肉类鱼露和鱼类发酵产品的制作中，曲虽并非必需品，我们还是加了一些，不仅仅是为了提升风味，也是想利用曲产生的酶类物质。添加曲能加速发酵过程，使蛋白质和淀粉的分解更加高效。使用得越多你越会发现，曲好似一把不可或缺的瑞士军刀，能在各种意想不到的地方派上用场。

米曲霉热爱谷类

许多野生霉菌都是不折不扣的“投机分子”，会抓住一切机会散落它们的孢子，但米曲霉却是比较挑剔的一种。在NOMA餐厅，我们尝试过将米曲霉接种在各式蔬菜和水果上——从穗醋栗到胡萝卜——但效果都不太理想。米曲霉只爱谷物。

所谓的“谷物”，就是草的种子。在自然界，繁殖的成功往往是一系列的权衡取舍。把时间和精力一次性投入到一个后代身上，还是努力繁育多个后代并寄希望于其中的一部分能够存活到成熟？打个比方：牛油果树需要很长时间才能成熟并结出

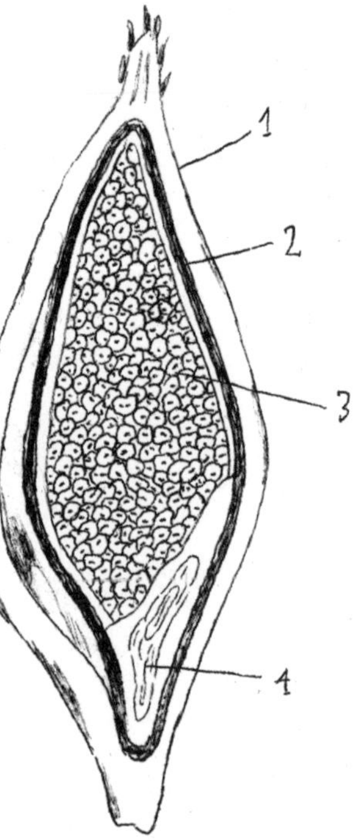

一粒大麦的结构

1. 外壳（外皮）
2. 麸皮
3. 淀粉质胚乳
4. 胚芽（胚胎）

果实，可想而知，它的“生产”需要相当多的能量。牛油果树的种子又大又结实——在把后代们送来这个世界之前，牛油果树会给它们准备一顿美味的午餐；另一方面，草本植物更为朴素。它们为后代提供的食物少之又少，仅够一开始的生存，但草本植物能产生大量的种子。它们为后代提供的能量，以包裹在保护性外皮或外壳里的淀粉（长而复杂的糖链）的形式存在。大麦这种草本植物的种子一旦发芽，芽苗儿就会开始产生淀粉酶，将淀粉分解成结构更为简单的麦芽糖，为其新陈代谢提供燃料，直至能够进行光合作用，为自己提供食物。

世界上最早酿造啤酒的是古巴比伦人和古埃及人，他们注意到，谷物天生具有将淀粉分解成糖、进而产生麦芽的能力[二糖“麦芽糖”（maltose）即因此而得名]。麦芽制造商会将谷物暴露在潮湿环境中，令其发芽，然后通过烘烤和干燥过程终止嫩芽的生命周期。随后，将麦芽和热水混合。到这一步，酵母菌开始发挥作用，将分解后的糖分发酵成酒精，就得到了啤酒或制作威士忌的麦芽浆。米曲霉的作用过程与麦芽制作过程一样。米曲霉能作用于未发芽的熟制谷粒，打破谷粒中淀粉的结构，将其分解。不过，麦芽制作过程专注于谷物中的淀粉，米曲霉还会分解谷粒外部那些富含营养物质的蛋白质外壳。

正如淀粉由单链糖组成，蛋白质是由氨基酸组成的。一旦游离开来，许多氨基酸分子会停留在我们的舌头上，传达出“鲜”这种味道。曲能分解蛋白质（以及少量的脂肪），这造就了其提升鲜味的非凡能力。甜美的味道虽然重要，但并非无所不能。

不仅仅是大米

1729年，意大利牧师、生物学家皮耶尔·安东尼奥·米凯利首次对曲霉属真菌进行了分类。在他看来，这种霉菌的杆和孢子的形状会让人联想到洒水器（aspergillum）——天主教仪式上用来进行洒圣水仪式的器具，曲霉属真菌（*Aspergillus*）由此得名。米曲霉（*Aspergillus Oryzae*）的物种名“*oryzae*”则源自拉丁语中的“水稻”一词，但这层含义只是曲的故事的一小部分。

在古代日本，大米是贵族才能享用的食物。大多数人都吃不起大米，包括农人，他们只是种植大米，然后将其作为税金，交给封建领主。农人的日常饮食更多是大麦等谷物，因此，日本的大部分曲都是用大米以外的谷物制作的。

随着时间的推移，经济形势与社会阶层不断发生变化，用大麦曲制成的味噌之类的产品已经过时了。在现如今的日本，米曲成为更常见也更受欢迎的商品。而在NOMA餐厅，我们选择用珍珠大麦来制作曲。

大麦是古代文明时期的一种基本农作物，也是我们首选的种曲基质。

起初，我们之所以使用大麦，是基于地域因素的考虑。这种霉菌有着惊人的效果，同时又适宜在我们这里繁育。鉴于北欧地区有着悠久的啤酒生产历史，我们自然选择了大麦。多年以后，在2015年，我们团队的所有人来到日本，开了一家快闪餐厅，首次尝试了在大米上种曲。但很快，我们又改回了大麦，因为我们更喜欢大麦的味道。米曲霉生长在不同的谷物上时，会做出完全不同的反应，产生不同的代谢物，从而影响可利用的营养物质的含量。相较于大麦，大米的淀粉含量更高。因此对我们来说，大米过于甜了。

此外，在进行二次发酵时，比如我们将曲进行乳酸发酵、制成酸浆的时候，多余的糖分会给发酵液带来过重的味道，产生异味。

我们也用许多其他谷物进行过尝试，最后还是选择了大麦，但你不要被我们的选择影响，尽量多尝试其他培养基质。在NOMA餐厅，我们给很多谷物接种过米曲霉，从小米到新鲜的坚果。黑麦曲的质感和味道很特别，让我们联想到帕尔玛奶酪；柯尼尼（Konini，一种传统的紫色小麦品种）种曲之后，会产生浓烈的坚果味儿；小麦曲则带有淡淡的面包味和花果香。

这些谷物在煮熟和接种之前都需要进行碾磨。还记得吧？谷粒中的淀粉是包裹在具有保护功能的外壳里的，想让菌丝穿过外壳达到淀粉层有些困难，但并非做不到。如果去掉了外壳、麸皮和胚芽之后，曲会生长得更好。通过日本米酒的分级制度，你就能够理解这一点。在接种真菌孢子之前，米酒酿造商会先给稻米打磨去壳——打磨得越精细，酿成的米酒就越贵。我们从日本带回了一台体积不大的谷粒抛光机，专门用来帮我们打磨谷物，获得用以制曲的内层谷粒。

如果你想要尝试抛光并发酵不同类型的谷物，记住一点：谷粒中的蛋白质处于谷粒的外层区域，就在麸皮的下方。过度的抛光会磨掉蛋白质层，而蛋白质层恰恰是曲那独特风味的来源，也是一些二级发酵物中鲜味的来源。这种味道对米酒来说往往是不可取的，但在曲的制作中必不可少。换句话说，去掉麸皮的同时，你得保证不破坏蛋白质外壳。

多种多样的曲

古代中国和日本的厨师，是最早懂得如何驾驭和使用曲的人。2500多年以前，一些大胆的中国厨师鼓起勇气，决定尝一尝业已发霉、等待丢弃的熟制谷物，结果发现这种食物竟然带有一股鲜明的热带水果味儿，气味香甜，口感丰富。当然，真正的发现过程不会像我们说的这般安全和简单。米曲霉有超过250种近亲真菌，其中的许多种都会产生一种叫作黄曲霉素的强致癌毒物，对免疫系统弱的人来说是致命的。但米曲霉不一样。许多研究都表明，曲中不含黄曲霉素，可以安全食用。但你要知道，米曲霉由一种更为古老的黑曲霉演化而来，其被驯化的方式，类似于狗由狼驯化而来。它本是一种可能有害的微生物，经过一代一代缓慢且有选择性的演化，变得有益且温顺。

《周礼》是公元前300年左右出现的一部中国治国方案著作，首次以文字形式记载了曲的相关内容，在这部作品中，“霉菌”被称作“曲”（qu）。在接下来的几个世纪间，有文字记录表明，“曲”成了中国的一种主要日用品。在大约300年后，谷物酒和大豆酱的酿造说明出现在中国的官方文件中，此后，相关的制作知识不断积累。公元8世纪，曲传到了日本。

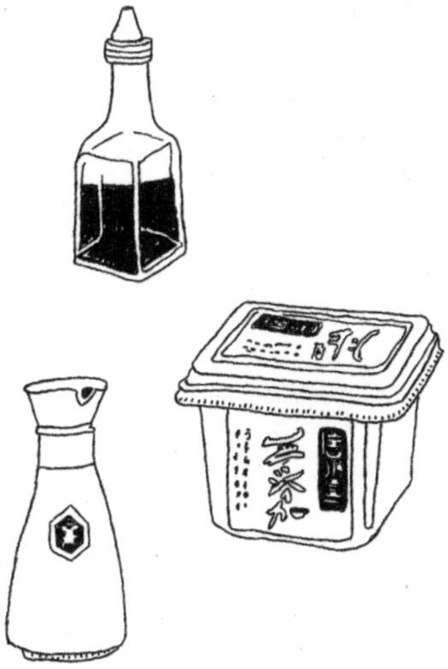

从味噌到米醋再到酱油、甘酒和米酒，曲是许多发酵食品的关键。

从那时起，通过随机的基因突变，米曲霉的颜色变异开始发生。白化突变体被选育。培育曲的人发现，在煮熟的大米或大麦上加入约1%的草木灰，能将米曲霉与其他野生霉菌分离开来。草木灰能提高大米的pH值，营造出不适宜其他霉菌生存的环境（米曲霉耐受弱碱性环境）。通过选择性地培育白化米曲霉，“入侵者”更容易被发现进而被移除，使遗传体系保持纯净。后来，进一步的基因突变产生了更多亚种，不同亚种的代谢物及其数量都是不同的。此后日本在1200年里的曲繁育过程，很像法国的奶酪培育人在岩洞里用野生细菌接种奶酪的过程。在法国，某些奶酪的制作与特定种类的细菌繁育密切相关，比如罗克福尔青霉菌（能在蓝纹奶酪中发现）、亚麻短杆菌（林堡软干酪的橘皮色就是它带来的）。

日本人用曲制作了许多令人陶醉着迷的调和食物，比如味噌、酱油、甘酒以及米酒。曾经，曲的培育在日本一直是一个严格保守的秘密，曲制造商连10家都不到，他们繁育着菌种，一代又一代地选育优质品种，这样做了将近1000年。味噌制造商和米酒酿造商想要维持业务的运转，必须先从这些曲制造商那里订购少量的真菌孢子，也叫“种曲”。后来，市场终于开放，如今的日本，曲制造商培育着超过1万种专业的米曲菌栽培品种。

曲源自中国，在日本饮食中也多有应用。

米曲霉的栽培品种五花八门，每一种都有专属于自己的品质和特性。我们在NOMA餐厅大部分菜肴中使用的都是一种黄曲株的白化变种，这种曲还能用来酿造大多数的米酒；我们还会使用一种名为“鲁氏曲霉”的变种，它能产生柠檬酸，剔除米曲霉带来的明显的热带水果味道，带来青苹果和鲜平菇的微微香气。水稻上生长的鲁氏曲霉能用来制作一种简单的曲，带有苹果的香气和柠檬的明亮口感，但如果这种霉菌生长在大麦上，故事就完全不同了：会产生泥土的气息和令人愉悦的苦涩口感，味道很像西柚；泡盛曲霉则是一种相对古老的品种，孢子是黑色的。在冲绳，当地人会将泡盛曲霉种在籼稻上，制造出一种名为“泡盛”的蒸馏酒。和鲁氏曲霉一样，泡盛曲霉的代谢物里也有柠檬酸，能制造出一种令人愉悦的酸味曲（需要注意的是，最终的成品酒里不会有柠檬酸，因为柠檬酸分子太重，无法蒸发）。在NOMA餐厅，由泡盛曲霉制作的大麦曲为我们提供了葡萄原汁般的存在，味道和萨巴香醋很像。

不同的霉菌种类生长在不同的基质上，能够生产出各种各样的曲，想要一探究竟，可能需要花上一辈子的时间。即便这样，你或许也只能掌握灿若星河的曲种间的几颗星辰。对勇敢无畏的曲制造商来说，他们在制造过程中面临的主要障碍，就是寻找特定种类的真菌孢子。和已经打入主流市场的精酿啤酒不同，曲在业余爱好者中的普及程度还不够。但是，没有在当地杂货店的货架上看到过种曲，并不代表无法得到。

在网上搜索“koji kin（曲菌）”“koji tane（种曲）”或“koji spores（曲孢子）”，你就能找到家酿小桶米酒制造商。这种店铺很多都在日本，北美也有几家，可以出售为数不多的几种精品真菌孢子（供应商推荐名单见第448页）。

米曲霉的白化菌株制成的曲风味最好，尤其针对本书提及的那些食用方法。泡盛曲霉和鲁氏曲霉这类品种，上网仔细搜搜就能找到。懂日语或有会日语的朋友再好不过，可以帮助你弄清楚你想买的到底是什么。不过，一般来说，拉丁语分类学名是在全世界通用的。

真菌孢子具有极强的复原能力，极易运输。如果真空存放在冰箱里，真菌孢子能存活很多年；即便存放在室温下的货架上，它们也能存活6个月。

曲的生长环境

所有的发酵产品都是复杂的生物体，需要适合自身所需的环境才能“茁壮成长”，曲就是发酵领域中比较挑剔的角色之一。曲的最佳生长环境很特殊，但不要让这一点阻止你的实践。曲在2天内就能成熟，即便你第一次（或前几次）搞砸了，也可

泡盛曲霉，在大麦上生长的第 48 小时

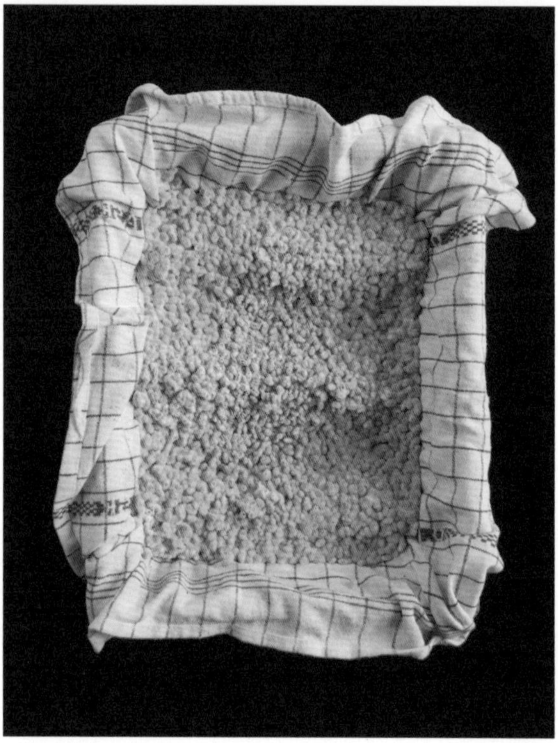

绿曲霉，第 48 小时

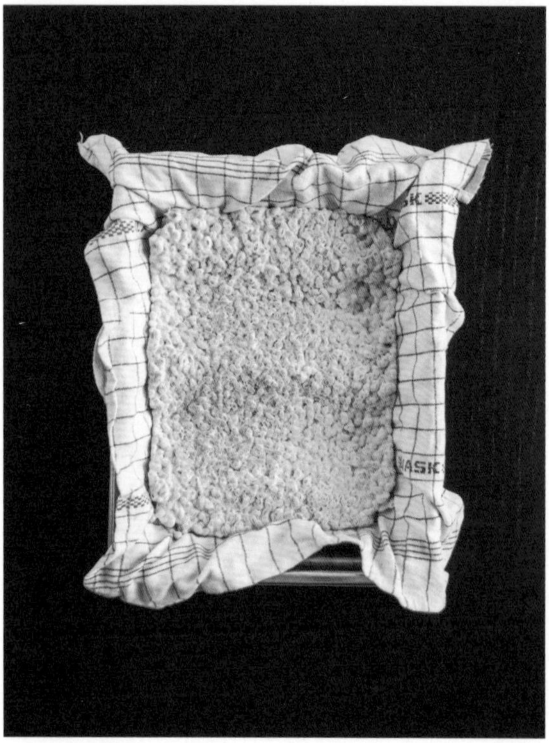

鲁氏曲霉，第 42 小时

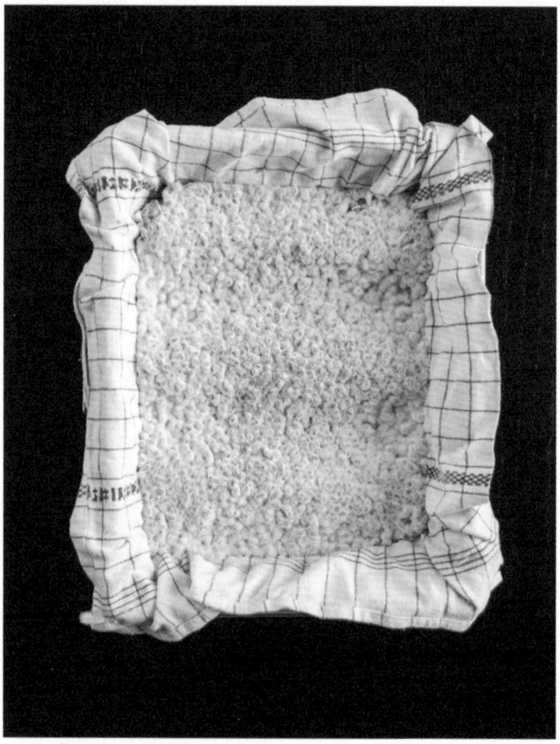

鲁氏曲霉，第 48 小时

以再试一次，因为这不会花费你太多时间和精力。就像养孩子，第二个会比第一个容易许多。

不过，在开始第二次或第三次尝试之前，让我们先从头到尾看一下这个过程。

1. 珍珠大麦洗净、浸泡、蒸熟。
2. 磨碎谷粒，令其冷却至室温，然后接种真菌孢子。
3. 将接种后的谷粒放入发酵室，理想温度为30℃，理想湿度为70%～75%。
4. 让曲生长24小时。戴上手套，将谷粒拢成三排，这样利于散热。
5. 再过18～24小时，就可以阻止曲生长了。如果不停止，曲仍会继续生长，但我们要在它继续生出孢子之前收获它。

如何保持恒定的温度和湿度可能是你想到的第一个问题。你可能想追本溯源，为曲打造一个米曲霉诞生的环境：温暖潮湿的中国南方气候。真菌想要进行呼吸作用，是需要氧气的，所以空气流通很必要。而且，由于曲在生长的过程中会产生不少热量，这些热量也需要流通的空气将其排出。在狭窄空间里的曲，温度越过42℃的情况是很常见的，而这个温度是霉菌得以生存的临界值。

在日本，米酒制造商习惯在一间雪松木板房（曲室）里生产曲。放置曲的浅盘也是用未加工的雪松木制成的，这种木头本身拥有一种独特的味道，而且具有抗菌特性，能排除其他可能出现在熟制谷物上的微生物，促进曲的生长。雪松木托盘不需要清洗，久而久之，米曲霉会在托盘中安营扎寨。利用修道院椽子上生长的独特酵母菌种酿造的修道院啤酒也是这个道理。

开始在NOMA餐厅认真对待发酵这项事业之后，我们在几传统上，日本人会把曲放在一间名叫“曲室”的雪松木板房间里进行发酵。

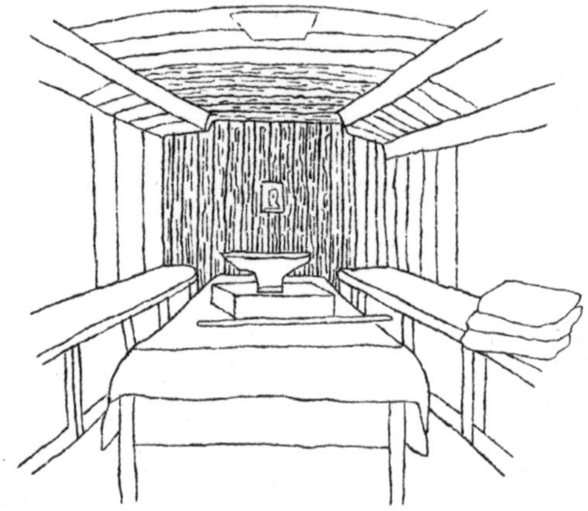

个废弃的集装箱里建了一系列的发酵室。不过，对你来说，这么做或者让你把房子的一个房间变成霉菌的温床就太荒谬了。所以，让我们来考虑一些更切实可行的选择。解决方案有很多，从定制的木橱柜、断电的迷你冰箱、带聚乙烯塑料罩的置物架到实验室级环境保持室，都是可以的。无论是自制的还是买来的顶级商品，你的发酵室都需要满足三个条件：维持温度、维持湿度、空气流通。

“退役”的制冷设备很好用，旧冷冻柜、立式冷冻机或迷你冰箱都可以。这种设备都有隔热性，能够维持里面空间的温度和湿度。冰箱和冷冻机还有防水功能，而且易于清理，这一点很不错，因为在相对湿度如此之高的环境下，一个不小心，水汽就会聚集起来，破坏发酵室。冷藏箱或聚苯乙烯保温箱（就是你野餐的时候用的那种）也能起到同样的作用。那么，你现在有了由制冷设备改装后制成的发酵室，你需要考虑的唯一一件事就是空气流通了。你可能需要在冰箱或冷冻机底部钻几个1厘米宽的小洞，然后用筛绢或纱布盖上，以阻止“入侵者”。如果用聚苯乙烯保温箱，可以把盖子撑开一角，微微敞开。或者，如果你的发酵室足够大，偶尔打开门通通风，保证室内有新鲜空气。

我们来继续探索自制发酵室的可能性——木制橱柜效果也非常好。木质橱柜密封性不那么强，不会让曲无法呼吸，也便于清理。你需要准备的只是一个带铰链门的立式矩形盒子。我也见过一些有着雄心壮志的自制发酵者，他们无视制造商的警告，将脱水机进行改造，关掉或直接拆掉了风扇，用其成功培育了曲。

至于培养曲的托盘，用五六片未经加工的雪松木板自行制作就可以，这不需要你有什么木工技术。除此之外，酒店用的那种打过孔的不锈钢平底锅或烤盘也可以，但要在上面铺上轻微打湿的毛巾。打孔很重要，否则水汽会不断积累，最终把霉菌淹死。凡是曲没法繁育的地方，都会有其他坏东西长出来。

发酵室的大小和类型，取决于你计划生产多少曲。如果每隔几个月才培养一托盘曲，那其实不值得在地下室里放一台二手冰箱。但如果你在一家小餐厅工作，每周都要生产曲，那就购置一台小型暖柜、保温柜或温士顿 CVAPs恒温恒湿柜（能控制水蒸气），这会让你的发酵工作变得更容易。CVAPs、电子保温柜和更加先进的组合式烤箱能为你提供足够的储存空间，按几个按钮，就能进行温度和湿度调节。不用说，这类专业设备十分昂贵，很多厨房即便购置，也用不了几次，性价比不高。

如果使用自制设备，你需要了解一些控制发酵室温度和湿度的方法。如果容器较小，比如聚苯乙烯塑料箱，可以在容器底部放置一个温和的热源，比如加热垫。如果是改装冰箱那种大一些的容器，可以准备一个配有风扇的小空间加热器。我们还有一个极好的提议，那就是买一个带探针和母式电源插头的数字温控仪，它能为单独的电加热器供应电源，还能监测发酵室的温度，从而通过开、关加热器对内部温度进行调节。

至于湿度的调节，可以使用不同的方法，比如在容器里放

对页图注：

灌木香料配鲍鱼肉排，NOMA餐厅（澳大利亚），2016年

黑唇鲍鱼放入米曲中焖熟，令肉质变得软嫩，然后将其捣碎，裹上米曲粉和面包糠，用平底锅煎炸。

一小罐热水，或者取一块干净的湿抹布盖在曲上。然而，对小型发酵室来说，最好的解决方案是连接配有湿度调节器的小型超声波加湿器。这两件设备都不贵，而且体积不大，可以放进大多数发酵室里。如果你想知道70%～75%的相对湿度大概是什么样子的，可以看看容器底部是否开始出现冷凝现象，或者放一块稍微湿润过的布片在里面，如果它既没有变得更干，也没有更湿，那就是合适的湿度。

为了让读者有确切的参考，我们在发酵实验室里建造了防水且隔热的房间，用电线圈加热器作为热源。线圈与PID型控制器（由计算机控制的自动恒温器，通过反馈算法来调节温度）相连，用热电偶来调节加热速率，从而调节电源供应。PID型控制器通常能将温差稳定在1℃以内。至于湿气，则是由高压喷嘴来提供，高压喷嘴能根据湿度调节器的指示喷出细雾。这是一个相当精细复杂的设备，但很好用。我们并不指望你能像我们在NOMA餐厅一样做得这般精细，但仅作为一种参考，让你了解理想的发酵室的样子。把事情具体细化再去执行，这是很重要的。

小型发酵室的具体制作说明，请参考第42页。

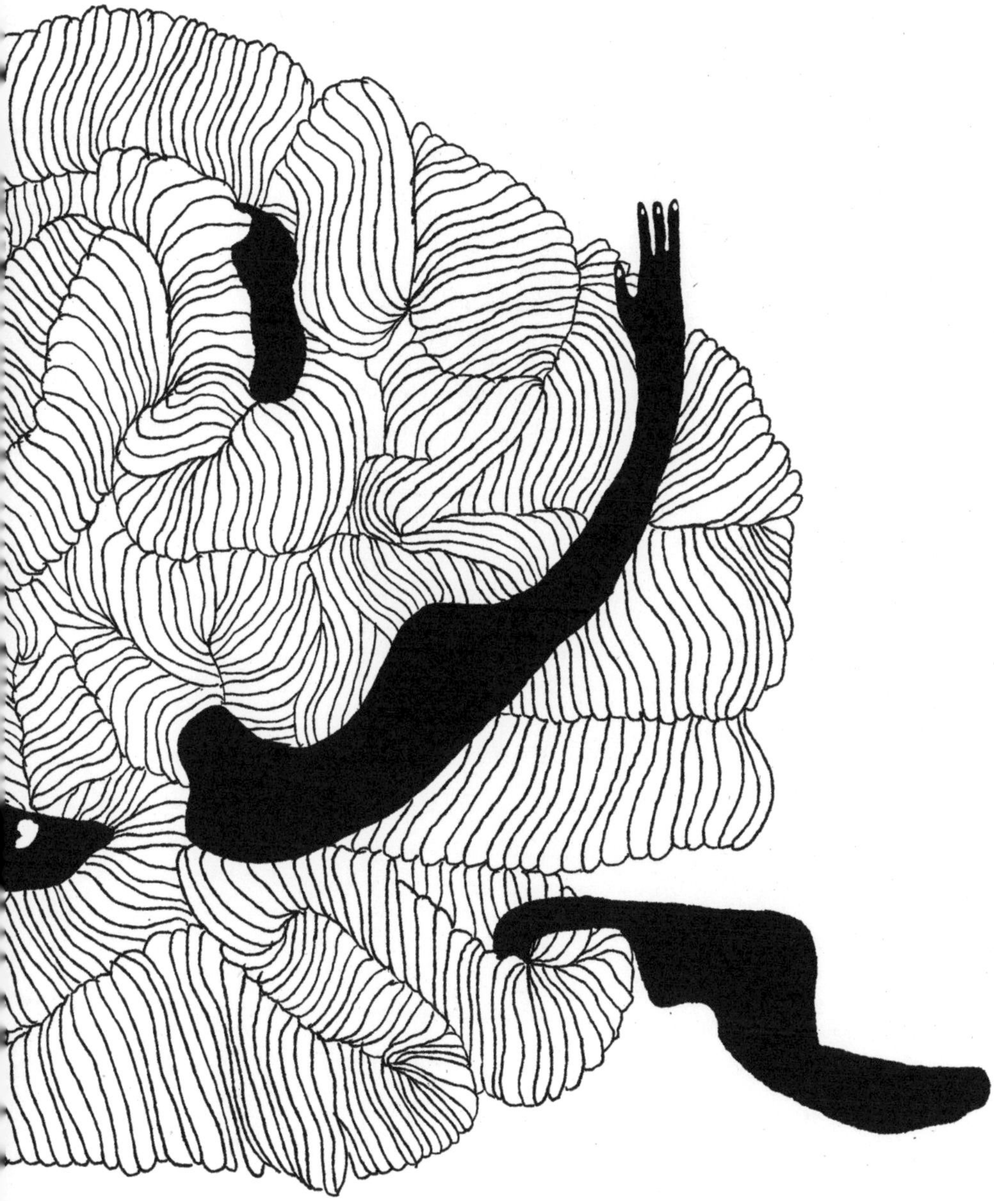

接种大麦的过程中，可以用糖粉筛瓶将干燥曲粒上的孢子筛下来。

珍珠大麦曲

1000克量

原料：

500克珍珠大麦

种曲（即真菌孢子；详见食谱内容）

曲可能会很挑剔。米曲霉的生长需要特定条件。为了创造利于其生长的环境，你得费点儿劲。

话虽这么说，曲倒是一种十分强健的霉菌，生命力顽强。其他种类的霉菌，比如红曲霉菌，在成熟之前需要长达7天的生长时间。至于曲，如果处于最佳的生长条件之中，不到2天即可成熟。而这些生长条件十分明确，也容易做到，即便在家中也一样。

设备说明

你需要打造一个发酵室，相关内容已在前一节中提及，你也可以参考“发酵入门”一章里“建造发酵室”这节的内容（第42页）。你还需要雪松木板，打孔的塑料托盘或金属托盘也可以，适合在你的发酵室使用即可。如果你选择雪松木，一定要选用未经加工的木材。打孔的标准托盘或酒店餐盘（32厘米 × 26厘米）是理想的曲发酵容器。再小的话，谷粒周围就没有足够空间，空气便无法流通了。厨房毛巾能够吸收多余的水汽，将曲放在干净的厨房毛巾上，也能帮助曲生长。最后，和许多敏感微生物的处理方式一样，你需要戴上乳胶手套或丁腈手套，以保持清洁。

还有一点需要注意：如果你打算制作更加传统的曲，这份食谱同样适用于粳米（即短粒米）。

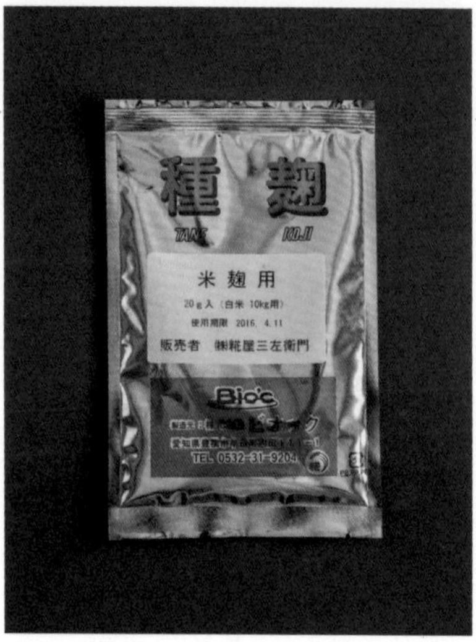

一包日本的种曲。

详细操作说明

有两类不同的种曲产品可供选择：粉末状的真菌孢子和沾满真菌孢子的干燥稻米或大麦，都能在网上和家庭自酿商店买到，可根据自己所需购买不同净含量（购买来源见第448页），只要一点点，就可以用很久。100克规格的孢子足够用来接种100千克的谷物。而且，这也是一项只需投入一次的买卖，因为只要你成功制作出自己的曲，就可以用其培育自己的真菌孢子，供日后使用（详细内容请参考第241页“收获你自己的真菌孢子”）。这两类种曲都可用于曲的最初接种（用生长在稻米上的真菌孢子来接种大麦是完全没问题的，反之亦然；曲很公平）。

首先，将大麦放入一个盛满凉水的大碗中。用手不断搅动麦粒，然后将浑水倒掉。重复一次上述步骤，第三次将碗盛满水时，要让水位高出大麦几厘米。室温下浸泡至少4个小时，放入冰箱里存放一夜也可以。

大麦浸透之后，用滤锅进行滤洗，直至水开始变得清澈。随后滤掉多余的水分。

曲霉属真菌的理想培养基需具备水合性，但谷物与水要完全分离，谷粒也相对饱满。熬煮会使含水量过高，让谷粒变得湿软黏糊，在这种情况下，霉菌可能会过快生长，在达到理想的酶浓度之前就草草结束了繁殖周期。如果谷粒过于潮湿，孢子很容易“溺死”，从而无法发育。但如果使用蒸制的方法，既能完全烹熟谷物，又能避免让谷粒吸收多余的水分。在NOMA餐厅，我们有组合式烤箱（非常棒的谷物蒸制设备），可以在对流烹饪循环过程中导入蒸汽。传统的蒸锅也完全没问题。如果这两种设备都没有，往普通锅里放置滤网或滤锅再加盖蒸制也是可以的。

如果使用组合式烤箱：以100℃将大麦蒸45分钟，风扇转速为80%。

如果使用的是常规蒸笼：用沸水蒸制谷物20分钟，务必在第15分钟时进行品尝。咬碎谷粒——蒸好的谷粒吃起来口感致密，又易于咀嚼，中心也不会太硬或颜色太白。

蒸制大麦的过程中，准备好用来发酵曲的托盘。如果使用雪松木托盘，要确保它的清洁，没有木屑。如果使用金属托盘或塑料托盘，一定要清洗和消毒。在金属托盘或塑料托盘上铺一块毛巾。如果是厨房毛巾，要确保清洁（而且没用加香料的洗涤剂洗过），用蒸汽高温消毒后拧干。

大麦蒸熟后，需要在谷粒尚热的时候将其分散，以避免残存的淀粉凝结起来，令谷粒结块。戴两层乳胶或丁腈手套，以隔绝热度，避免烫伤，用手将谷粒刮进发酵托盘里。不要太用力，否则谷粒可能会破裂；保持谷粒的完整性对曲的生长大有裨益。将谷粒在托盘里平铺开，将托盘放入柜面上的冷却架，冷却至30℃。如果你等不及了，可以用风扇将谷粒吹凉（不过话说回来，如果没耐心，你可能不应该培育曲）。谷物蒸熟、分离、冷却之后，下一步就是接种了。

如果使用粉末状真菌孢子：将少量孢子粉放入滤茶器中，轻轻拍打，洒在谷粒上。这种孢子功能十分强大——1茶匙就含有超过10亿个孢子，足以接种一托盘的大麦。戴好手套，翻搅大麦谷粒，确保搅动每一个角落，让谷粒与孢子粉充分接触。重复一次翻搅的步骤，就可以开始发酵了。

蒸制前要用水充分浸泡大麦，这一点很重要。

如果使用干燥谷物上的种曲：往一个钢制筛曲器（筛糖粉的那种）里放约筛曲器一半体积的种曲谷粒，分三次投放，两次不行，因为次数太少孢子的总量会不够。戴好手套，在每一次投放种曲之后由下到上用手翻搅，如果没有看到混合器中涌出大量孢子，务必再往混合器中添加种曲。

由托盘的外侧到内侧，将接种后的大麦均匀平铺开，避免制造出无法接触到空气的部位。取一块干净的、微微潮湿的厨

大麦曲，刚刚接种后的样子。

30小时后。

房毛巾覆盖上去，确保没有一块地方直接暴露在空气中。

将托盘转移到发酵室。用三脚架或金属网架托起托盘，保证曲周围充分的空气流通。不管是什么样的发酵室，只要面积小于杂物间，就把盖子或门开一条缝，让新鲜的氧气进入，同时也散出多余的热量。我们早期在餐厅培育曲的时候，看到过太多次霉菌因窒息而死。另外，往大麦曲床上放置一个温度探测器，湿度计也要正常运行。

不管使用什么设备，密切关注谷物的温度十分重要，这直接关系到曲发酵的成功与否。在室温下，曲的生长会严重受阻，有机体难以生根发芽。但如果温度过高，超过了42℃，它们又会被烫死。湿度也需仔细检测。如果环境过于潮湿，曲很容易溺死。另一方面，如果谷粒过于干燥，菌丝的繁殖阻力会变大，无法渗入淀粉层。将温度探测器放入谷粒中，并将温度控制器设置为30℃。发酵过程中，湿度则维持在70%～75%之间。更多相关内容，可以参考“建造发酵室”的说明（第42页）。

如果一切进展顺利，24小时后，你应该就能看到霉菌生长的第一个迹象：细小模糊的白线开始附着于大麦上，轻轻地将谷粒黏捆在一起。从发酵架子上取下托盘，放在干净的架子上。再次戴上手套，按之前刮搅蒸熟谷物的方法将谷粒打散、混合均匀，这样一来，生长在托盘底部的曲能与空气充分接触，菌丝被打散后，也能进一步生长，扩展其网络。

翻搅谷物，将黏结成团的打散后，再将其“犁”成3列，就像农民田地里的垄堆一样。这样做能增加与新鲜空气接触的表面积，而且能提升散热速率。

24小时后，曲的新陈代谢速率开始急剧上升。你的任务就是让它们顺利度过接下来的24个小时。将曲放回发酵室，温度探测器放在中间那“垄”曲的中央。如果发现温度到达峰值，就调整温度控制器，打开发酵室的门或盖子，晾30分钟，让发酵室冷却下来。如果担心曲的温度还会继续上升，就再翻搅一次，让温度降下来。

接下来的12个小时里，曲上的菌丝会将大麦粒牢牢地捆在一起，结成质地稠密的块状物。第36小时，曲会被浅绿色或白色的绒毛覆盖（颜色取决于你使用的曲霉菌株种类），不过，直至第44～48小时，充分的酶类物质和完美的风味才会产生。这时，曲的味道应该是浓郁的水果味，就像熟透的杏子。

想成功收获曲，你需要在适当的时机阻止其继续生长。将整个托盘放入冰箱，冷却12小时。如果你打算在不久的将来使用，可以将曲装进密封的容器，这样能在冰箱里存放几个星期。而且我们发现，在冰箱里放了几天后，曲的风味会有很大提升。虽然做好后就可以使用，但放在冰箱里，能在阻止曲继续生长的同时，令酶类物质继续工作，而这个过程会让曲产生更多的甜味儿。如果不打算立即使用，可以将曲放入密封容器中存入冷冻柜，这样能保存至少3个月。

曲制作流程的最后一步：清洗设备——包括发酵室、托盘（如果不是木制托盘的话）以及温度探测器等，以保持卫生。如果你用的是木制托盘，只需用沾湿的毛巾将其擦拭干净，放在通风良好的地方自然干燥即可。

42 小时后。

48 小时后。

1. 大麦和曲孢子（种曲）。

2. 将大麦放在冷水下彻底冲洗后，浸泡4小时。

3. 将大麦蒸20～30分钟，直至变软，但又没到软塌的程度。

4. 在麦粒尚热的时候将其分散，避免凝结成块。

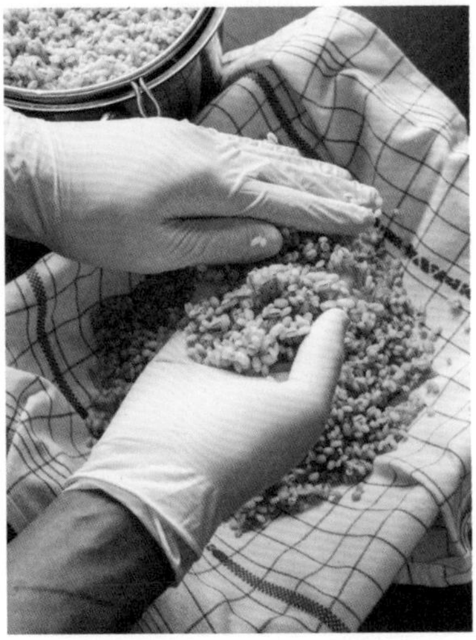

5. 至少令大麦冷却至30℃。

6. 冷却后，用曲孢子为大麦接种。

7. 24小时后，你应该会看到菌丝生长的迹象。翻搅大麦，将其“犁”成3列。

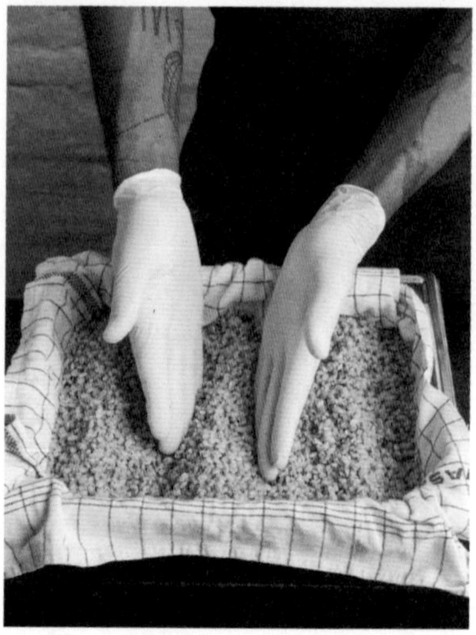

8. 48小时后，曲应该长好了。

9. 将大麦放入冰箱冷却，以阻止真菌继续繁殖。存入密封容器中，放进冰箱或冷冻库储存。

收获你自己的真菌孢子

如果你经常制作曲，某些时刻，你可能会想拥有属于自己的真菌孢子。做好一批曲后，戴上手套，将其放在消过毒的、不会发生化学反应的无孔托盘上，用手将其谷粒打散。发酵48小时后，菌丝会非常“强壮”，所以你可能得用撬的方式将其打散，但尽量别把谷粒压碎。将谷粒薄薄地铺一层，表面积要尽可能地大，这样一来，孢子更容易发芽。取一块毛巾，令其微微湿润，盖在麦粒上，将托盘放回发酵室，再让曲生长36小时。其间继续监测温度和湿度，但无须再翻动谷粒。

36小时后（一共需要48小时），你会看到毛茸茸的孢子，可能是白色、绿色或黄色的，具体取决于你购买的曲霉菌株种类。如果触碰谷粒（务必戴着手套），你的手指会沾上粉末。如果搅动它们，谷粒会喷射出一股孢子烟，散发出强烈的近乎肉味儿的气味。如果生长得当，孢子的数量会相当多。

进行到这一步，你需要把谷粒烘干，以提升孢子的耐储性，防止其他微生物的感染。拿掉盖在曲上的毛巾，撤走发酵室里的湿气制造设备，将墙壁上的水汽烘干。将发酵室的盖子或门打开至比接种曲时宽一些的程度，以提升空气流通性，将长完孢子的谷粒留在发酵室进行自然干燥，直至其完全变硬，这一过程大概需要2天时间。

将干燥后的曲装进密封容器中，放入不透光的橱柜，可以存放6个月，冷冻的话可以存放更久。

建议食用方法

油炸曲丁

新鲜的曲饼可以用来搭配很多美食，直接吃也很美味。可以切成厚片，用热油炸。如果你想一步到位，可以直接将其切成一口大小的丁，热油炸至金黄酥脆，口感很像炸面包丁。用餐纸吸掉多余的油脂，撒盐调味即可。油炸曲丁有一种深沉的鲜味，与甜味相结合，像是塞了一口美味的火腿。想提升美味的层次，可以给你的曲丁裹一层薄薄的伊比利亚火腿，就成了一口大小的三明治，好吃到停不下来。往油炸曲丁上刷一层牛肉鱼露（见第373页）也不错，可以提升咸度，以平衡曲饼里天然的甜味。

曲炖肉 / 曲高汤

取新鲜的曲饼，捣碎成腰果或蚕豆大小的小块，蔬菜汤出锅前10分钟放入曲块。使用尽可能多种类的蔬菜熬制高汤，熬至汤汁散发出甜丝丝的味道和美妙的质感，曲块像是有嚼劲儿的饺子。如果你做的是炖肉，可以在出锅前1小时加入曲块，这会令肉汤拥有更为浓稠的质地，也会提升整道菜的甜度和口感的丰富性。

用鲁氏曲霉菌（另一种曲霉菌）接种时，大麦曲会散发出柑橘的气味。

柠檬酸大麦曲

1100克量

原料：

500克珍珠大麦

白化鲁氏曲霉菌孢子（购买来源见第448页）

相比主流的米曲霉，鲁氏曲霉更难获得，但它的味道很棒，像青苹果和柠檬。在NOMA餐厅偶然发现这种霉菌时，我们激动万分，因为这种霉菌制造出来的柠檬酸带来了一股锐利的风味，与曲浓郁的鲜味形成鲜明对比，绝对值得一试。但我们要提醒你，正常的鲁氏曲霉，菌株呈深暗的黑色，味道也不同；能用的是鲁氏曲霉的白化版。鲁氏曲霉与米曲霉的功能相同，但需要注意一些细节。

开始制作这份食谱前，我们建议你先阅读“珍珠大麦曲”（第231页）的详细操作说明，这一节内容可作为本节的模板。

按照“珍珠大麦曲”的制作要求，将大麦冲洗干净、浸泡、蒸熟。在衬有干净毛巾的打孔托盘上将谷粒铺散。如果你使用的是仍附着在谷粒上的鲁氏曲霉孢子，给大麦接种时，可以使用糖粉筛瓶；如果使用的是粉末孢子，可以用滤茶器。但要注意，鲁氏曲霉孢子的产能比米曲霉孢子高得多，筛曲器摇撒两次就足够了，而且无须在第二次摇撒前往筛曲器里补充谷物。如果用的是粉末孢子，1茶匙的量足以给一个托盘的大麦接种。

将托盘转移至发酵室。相比米曲霉接种的曲，这种柠檬味曲喜欢稍微凉爽一些的环境，所以，这次的适宜发酵温度不是30℃，而是28℃。理想湿度仍是70%～75%。

24小时后，戴上手套翻动谷粒，将其“犁”成三列。这时候，你应该能够尝到明显的甜味和一丝柠檬酸的味道。接下来

柠檬酸大麦曲，刚刚接种后的样子

30 小时后

36 小时后

的24小时里，甜度和酸度会持续提升，发生更加有趣的碰撞。第36小时，柠檬曲将会产生明显的柠檬、青苹果以及平菇味道，这时候就可以收获了。这一点与需要发酵整整48个小时、接种米曲霉的大麦曲不同。相较于同类，鲁氏曲霉的活性更强，如果任其肆意发酵，大麦会被彻底毁掉，40小时后，曲饼会散发出浓烈的苦味，很像葡萄柚。除此之外，由于甜味散尽，苦味会变得更为突出（有趣的是，如果鲁氏曲霉在大米上接种，尽管其整体风味没那么美妙，但不会产生这种苦味）。

收获之前，将托盘整个放入冰箱里冷却1个小时。或者，如果你打算在近期使用，可以将其放入密封容器中，存入冰箱，这样能够保存几天。如果短期内不用，那就冷冻起来，可以保存近3个月。

如果想留下鲁氏曲霉的孢子，可以将谷粒铺成薄薄的一层，继续培育36小时。随后根据第241页的说明，将附有孢子的曲饼晾干，装入可密封的塑料袋或密封容器中保存。

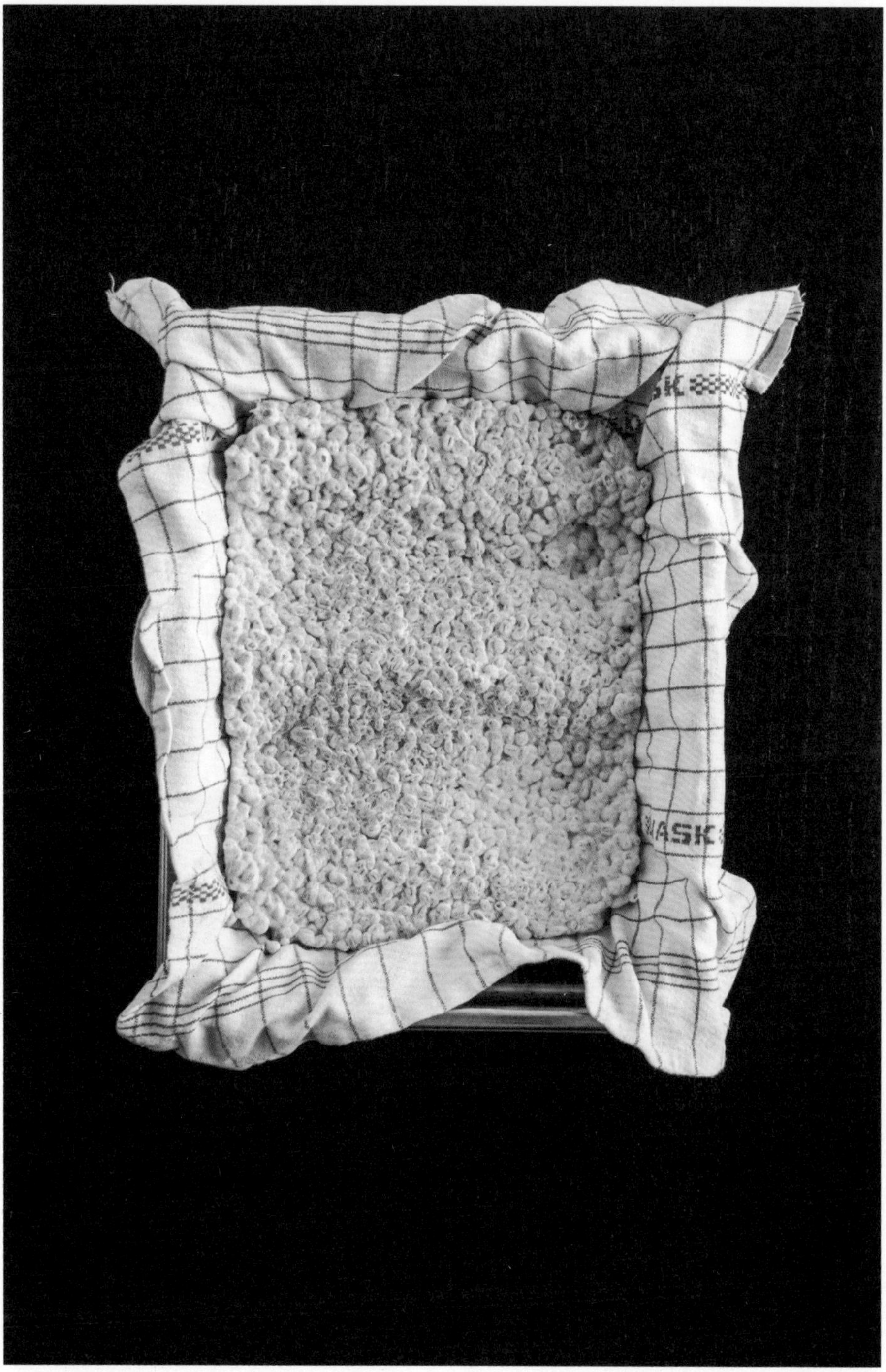

42 小时后

柠檬酸曲汁

约1升量

原料：

一批第42小时收获的柠檬酸大麦曲（见第243页）

在这份食谱中，我们会将制作柠檬酸大麦曲时产生的尖锐酸味儿提取出来，制成一种可以在任何使用到白葡萄酒的食谱中作为替代物的汁液。有一点很令人惊奇，发酵42小时的柠檬酸大麦曲本应该有苦味，但澄清后的液体尝起来像是苹果汁和柠檬茶的混合物，还带着一股淡淡的泥土清香，几乎一丝苦味都没有。

为了制作酸甜曲汁，你得先制作一批柠檬酸大麦曲，但须令其额外发酵几个小时。柠檬酸在第42小时的含量要明显高于第36小时，这是制作的关键。

备好你想制作的曲汁重量2倍的清水（大约2000克），将水和柠檬酸大麦曲倒入搅拌机中高速搅拌1分钟；如有必要，可以分批搅拌。将混合物转移到可冷冻的带盖容器中或是耐用的易拉包装袋里，留出足够的闲置空间，以防止冷冻凝固时混合物膨胀爆裂。随后将其放入冰箱。

混合物冷冻凝固后，将其转移到衬有纱布的滤锅或筛子上，在下方放置一个深口容器，收集混合物固体融化时滴落的液体。盖上盖子，放入冷藏室解冻3～4天。所有的冰都融化后，小心取出，滤渣丢掉，留下澄澈的黄色汁液。

盖好盖子放入冰箱冷藏，最多可以储存5天。如果不打算立即使用，可以将其冷冻起来。

对页图注：
将柠檬酸大麦曲和水混合搅拌，冷冻后融化过滤，功能强大的曲汁就做好了。

右侧图注：
使用柠檬酸曲汁制作纸袋烤鱼。

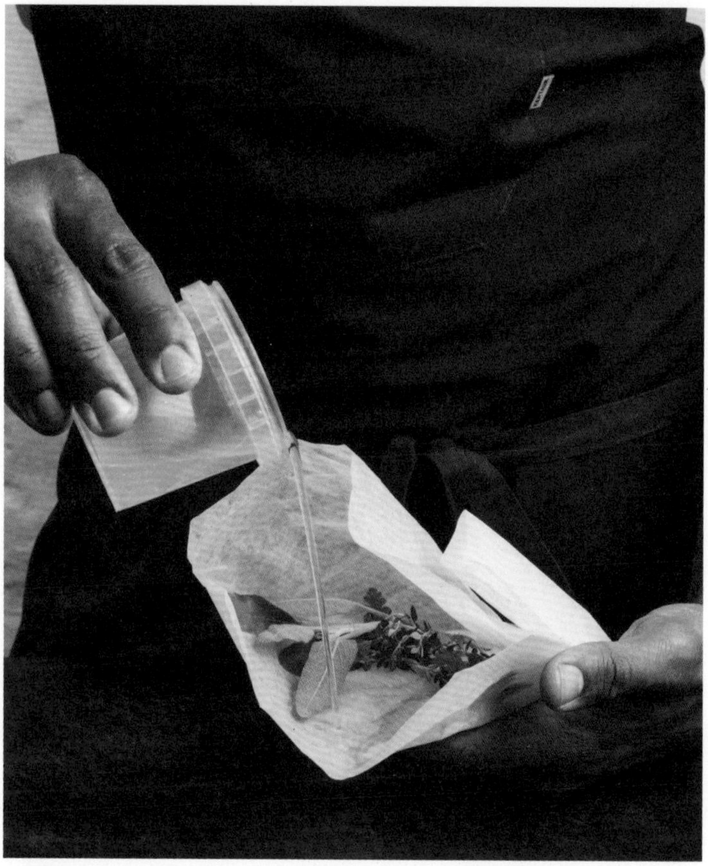

建议食用方法

代替白葡萄酒

你可以把柠檬酸曲汁想象成带有鲜味且质地浓稠的白葡萄酒，可以用它蒸制牡蛎，或调制肉汁。用来制作纸袋烤鱼也是不错的选择：往烤盘纸袋里加入代替白葡萄酒的柠檬酸曲汁，同时放入柠檬百里香或凤梨鼠尾草等柑橘味香草，以及小西葫芦这类味道清淡的蔬菜，再把鱼放入纸袋。放入烤箱烤大约15分钟，剥开烤盘纸，烤鱼浸透酸甜可口的曲汁，就等着你大快朵颐了。

柠檬酸曲起泡甘酒既可以用作饮料，也可以用作烹饪调料。

柠檬酸曲起泡甘酒

约2升量

原料：

2000克（一批）柠檬酸大麦曲（见243页）

2000克水

1包（40毫升）霞多丽酒酵母

1/2片坎普登片（焦亚硫酸钾，可选）

甘酒是一种由米曲和水制成的日本标志性甜味饮品。这种酒有时候会经历发酵，含少量的酒精，有时不经发酵；有时呈无杂质的浓浆状，有时则是澄澈的液体。在大多数甘酒食谱中，都是将等量的米曲和水加入新煮好的米饭中混合，然后放入电饭锅，以“保温”模式放置6～8个小时。适宜的温度是制作甘酒的关键，因为这种真菌产生的酶在60℃的温度下活性最高，在从一个催化反应跳到另一个催化反应的过程中，将淀粉变成糖。

在NOMA餐厅，我们用鲁氏曲霉菌发酵大麦，制成了一种偏离传统的甘酒，这是我们在甘酒领域获得的最大成功（即便你只能弄到米曲霉这种普通曲种，也不要气馁，还是可以尝试制作的）。用这种方法制成的甘酒含少许酒精，但它既不是啤酒，也不是米酒。实际上，我们之前从未在餐厅里供应过甘酒，但它的味道太棒了，所以我们不得不把它加进酒单。

将柠檬酸大麦曲和水倒入真空袋中混合，密封后放入循环式水浴锅中以60℃煮8小时。或者，你可以将混合物直接放入设置成“保温”模式的电饭锅里，放进发酵室也可以。

煮好后，用衬有纱布的细孔筛过滤混合物，在不将固体物质挤过筛子的前提下尽可能多地挤出汁液，余下的渣滓丢弃即可。

将甘酒冷却至室温后，加入霞多丽酒酵母，搅拌均匀。将

霞多丽酒酵母能将柠檬酸大麦曲中的糖分转化成酒精。

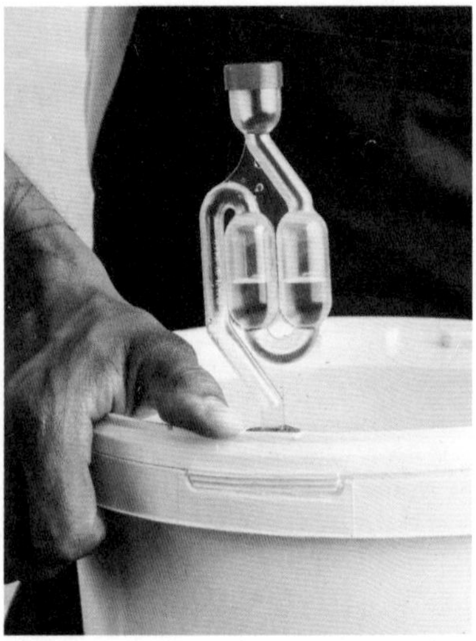

发酵过程中，气闸能为甘酒创造空气流通的条件。

混合物转移到发酵桶内，玻璃瓶或玻璃罐也可以，在开口处盖上气闸（这些都是标准的酿造设备，可以在任何一家自酿商店买到）。将发酵桶放在凉爽的地下室或车库里发酵4～5天，你即将收获的是一种含有少量酒精的饮品，味道介于淡苹果酒和啤酒之间，不像刚开始发酵时那般甜腻，还会微微起泡。

和康普茶一样，我们需要早早地在发酵停止之前终止发酵。甘酒中含有大量可发酵的糖分，我们得让成品中保留大部分的糖。甘酒制作完成后，需尽快装瓶和饮用。低温环境会让发酵速度放缓，但液体依然有活性，即便在冰箱的冷藏温度下，含糖量也会持续下降。

如果你想完全终止甘酒的发酵，一种可行的方法是将“灭菌者”混合进去，比如坎普登片（成分为焦亚硫酸钾），让酵母菌终止繁殖。这种片剂，自酿商店和网上都能买到，对这份甘酒食谱来说，半片的剂量就足够了。另外一种方法是热水浴，能起到灭菌的效果：准备几个卡扣玻璃瓶，灌入甘酒至瓶子容量的85%，盖上盖子，将瓶子放入70℃的水中加热15～20分钟。这种方法能有效地杀死酵母菌，但也会令甘酒丧失一些风味。甘酒做成后，最好的食用方法就是立刻喝掉。

建议食用方法

蛤蜊和牡蛎

甘酒的风味介于啤酒、苹果酒与浅龄葡萄酒之间，用作烹饪调味品完全没问题，可加入高汤或炖肉中提鲜，或放入任何需要白葡萄酒调味的菜肴中。例如，甘酒搭配双壳类食材就非常棒。准备1000克蛤蜊或牡蛎，往锅里倒入橄榄油、大蒜碎（1瓣即可）、几段葱头以及一些甘酒，开火蒸制。贝壳打开后，即可盛出，剩余的汁液留在锅内，不要扔掉。切一块黄油放入锅中融化，加入一些切碎的龙蒿、欧芹和香葱炒至均匀，淋在蒸好的蛤蜊上，就可以上桌了。

柠檬酸曲甘酒是蒸制海鲜时的理想调味品。

将干燥的曲渣筛出来，可以用其制作曲粉。

对页图注：在 50℃的脱水机中干燥曲渣。

干曲和曲粉

约500克量

原料：

1000克任一种类的曲

干曲的制造完全改变了曲作为烹饪配料的角色。在你的干燥食品储藏室里，会有一种全新的王牌食材，介于充满异域风情的糖和中筋面粉之间。

用手指把曲尽可能地捣碎，将曲渣平铺在铺有烤盘纸的托盘里。将脱水机设置为50℃，放入曲渣，直至完全干燥，通常需要24小时。干燥完后，可以将干曲装入密封容器，放进冷冻室，可存放几个月。

你也可以将干曲混入精面粉中，倒入搅拌机高速搅拌45～60秒。为了确保没有粗颗粒残留，可以用细孔筛或毛筛绢再筛一次，不断用手翻搅，把所有面粉筛入大碗中。没能通过细孔筛的干曲颗粒可以再次放入搅拌机搅拌，然后过筛。曲粉富含糖分，因此很容易受潮（喜潮湿环境），所以务必将其放入密封容器中，室温下存放。

将干曲倒入水中熬煮，烹制成干曲高汤。

建议食用方法

干曲高汤

制作高汤，是干曲的最佳使用方法之一。往锅里倒入1升水，烧开后加入150克干曲碎（不是曲粉）。将火调小，文火慢煨10分钟。随后将未化开的干曲渣滤除丢弃，这种功能强大的素食汤底就做成了，用途十分广泛。

干曲味噌浓汤

干曲高汤做成后，你可以使用手持搅拌器把本书提及的任何一种味噌或你以前从没尝试过的味噌汤混合在一起。干曲味噌浓汤中的味噌含量大概为20%（每200克味噌兑1升干曲高汤），不过，不同的味噌咸度和味道的浓烈程度均有所不同。记住，你可以随时增加味噌的含量，但绝不能一点都不放。打个比方，如果你使用的是黄豆味噌（见第289页），可以从100克开始，然后逐步增加。

干曲高汤白灼蔬菜和干曲浓汤

干曲高汤用来白灼蔬菜特别棒，我们在NOMA餐厅就常常这么做。想象一下，晚餐时你吃的是烤鸡，配菜是经鲜美的干曲高汤白灼，再由食盐和橄榄油调味的嫩胡萝卜、芜菁和甘蓝叶。吃完后，将烤鸡的骨架和剩下的汤汁一同倒入之前白灼蔬菜的干曲高汤锅里。重新烧开后，将火调小，慢煨几个小时，再将骨架滤除。最后淋一点醋和酱油，就成了一道美味到令人难以置信的高汤。你还可以往汤里放几个削了皮的土豆，然后

干曲油有微微的甜味和果味，烹煮较硬质地的食材时使用，可以起到软化蛋白质的作用。

可以用干曲油制作非常美味的蛋黄酱。

用手持搅拌器制作土豆泥浓汤，淋在煮熟的荨麻嫩叶（采收及处理时需避免与皮肤直接接触）或菠菜上。即便省略炖煮鸡骨架的步骤，你仍可以将白灼过蔬菜的干曲高汤重新制成美味的蔬菜浓汤。

干曲油

选取一种油脂味没那么重的油——葡萄籽油、葵花籽油、菜籽油或玉米油都可以。将250克干曲（不是曲粉）和500克油混合，放入搅拌机中高速搅拌6分钟，直至变成如奶油般顺滑质地的液体。将其转移到一个容器中，盖上盖子，让油脂持续浸渍，放入冰箱里冷藏24小时。第二天，用纱布或细孔筛滤出油液，剩余的渣滓丢弃即可。

干曲油可以和黄瓜汁、少量酸橙汁或芹菜香草醋（见第189页）混合，作为鲜扇贝刺身薄片的上等调味汁（黄瓜汁的制作方法：取1根英国黄瓜放入搅拌机中打碎，然后将黄瓜糊包入干净的毛巾里挤压，将黄瓜汁滤进碗里）。

干曲油封肉

用干曲油缓慢烹煮一些食材，可以做成不错的油封肉。与油混合时，曲中的酶类物质能充当极好的肉类嫩化剂，适合用来烹制质地较硬的肉类蛋白，从鲍鱼到鹅腿均可。

干曲油蛋黄酱

干曲油还可以用来制作蛋黄酱。大多数人都不会选择自己做蛋黄酱，但值得一试。自制的和买来的蛋黄酱在味道和质地上有差异，值得你花费一些精力，尤其是有干曲油可用的时候。将2颗蛋黄、1茶匙第戎芥末糊和一点食醋混合在一起。缓缓调入150毫升干曲油，倒的时候油的流动要细且稳，缓缓搅动，直至混合物完全乳化成浓稠的蛋黄酱。用盐和胡椒碎调味，这款蛋黄酱就做成了，用来搭配三明治，一定会让你食指大动。

曲糠煎鱼

很多情况下，都可以用曲粉来代替中筋面粉。下次制作炸肉排时，可以试试曲粉，往肉排上撒上曲粉，放入蛋液里裹一圈，再裹上面包糠。曲粉能为食材带来一种中筋面粉所没有的甜味儿。这种做法同样适用于炸鱼。如果你打算煎身形较薄的鱼，比如鳎目鱼、偏口鱼或比目鱼，只需在煎锅里的黄油起泡前将鱼放入曲粉中扫几下。有一点需要注意，曲粉焦糖化的速度比中筋面粉要快，所以将火调到比中火稍大一些即可，以免鱼皮在鱼肉煎熟之前焦煳。

曲粉糖衣

往曲粉中加入同等重量的中性油搅拌均匀，再加入总重量10%的糖粉（比如：100克曲粉，100克葡萄籽油，20克糖粉），可以制作成类似杏仁糖衣（marzipan）的食材。搅拌均匀的糊状物，可以用在任何需要用到杏仁糖衣的美食中，从牛角面包到夹心蛋糕，不一而足。往香草冰激凌上淋一些杏仁糖衣也是一个不错的选择，像是在吃一种更加高级的曲奇圣代。

入锅煎炸之前，先将鱼肉放入曲粉中裹几次。

乳酸发酵将曲带入了一个全然不同（也更“酸”）的境界。

乳酸曲汁

约1.5升量

原料：

750克珍珠大麦曲（见第231页）

1500克水

45克无碘盐

我们将曲进行乳酸发酵，收获了一种迷人的汁液，甜、酸、鲜……很难将其味道面面俱到地描述出来，但它是我们餐厅里的明星食材，果汁菜单、酱汁、腌泡汁、肉酱，等等，都能用到。如果你一次做了许多，可以分装成小袋冷冻存放，这样你就拥有了一件秘密的调味武器。

将所有配料倒入搅拌机高速搅拌成泥，大约45秒。如有必要可以分批进行，但要保证每一批的原料比例相同。

将混合物放入一个大号真空袋（如有必要，分装进多个真空袋也可以），在混合物不溢出的前提下，尽可能多地挤出里面的空气，然后封口。也可以使用易拉式的大号塑料袋，将装有混合物的袋子缓缓放入一个水盆里，在水距离袋口几厘米的地方停下，这样就能把空气排出去了。水的压力能迫使空气排出。将袋子封口，就拥有了一个虽不甚完美但足够使用的真空环境。

将曲汁放在室温或比室温稍高一些的环境中存放5～6天。混合物在发酵的过程中会制造二氧化碳，令袋子膨胀——是的，你需要让它们“打个嗝儿”，防止袋子爆开。方法和其他乳酸发酵过程一样：剪掉袋子一角，释放气体后重新密封。

每次给曲汁放气的时候，都要用干净的勺子舀一勺出来尝尝味道。随着发酵的深入，混合物中的乳酸不断增加，甜度会随之降低。我们想要追求的是一种平衡——曲汁的酸能给予舌头适宜的刺激，但仍留有一丝甜味儿。

经历搅拌、冷冻、融化的过程后，乳酸曲产生了澄澈的琥珀色汁液。

发酵完成后，将袋子剪开，把液体转移到一个有盖子的、可冷冻的容器中。容器的体积要比液体的体积大上一些，为冷冻膨胀留出准备——从液体到容器顶部大概一指宽的距离即可。盖好盖子，将曲汁放进冰箱冷冻。

曲汁凝固成冰块后，将其转移到一个衬有纱布的滤锅中，下方放一个深口容器，在冰块融化时收集澄澈的曲汁。滤锅盖上盖子，放入冰箱冷藏室，令其在3～4天里慢慢解冻。冰块完全融化后，小心地取出滤锅，保留深口容器中滤得的汁液，剩余的残渣丢弃即可。

曲汁的发酵活性很强，如果储存不当，仍会发生各种各样的变化。冷冻（袋装或存入玻璃罐）是保持原有风味的最佳方法，不过，盖上盖子放入冰箱里冷藏，坚持个几天也没问题。如果你想延长保质期，也是可以做到的，给曲汁做个热水浴，高温杀菌即可：取几个卡扣玻璃瓶，灌入其容量85%的曲汁，盖上瓶盖，放入一锅温度为70℃的热水中浸泡15～20分钟。这种做法能够杀死乳酸曲汁中的细菌，从而保存更长的时间。话虽如此，未经处理的曲汁味道是最地道的，收获后尽早食用是最好的选择。

建议食用方法

乳酸曲黄油沙司

乳酸曲汁能够用来制作一种不常见的黄油沙司。将2份（以重量计）曲汁倒入炖锅，中火慢煮，然后放入1份室温下存放的黄油，令其融化，可以一小块一小块地放入搅拌，也可以用手持搅拌器搅拌。随后用盐调味，将炖锅放在温暖的地方，烤鸡、烤鱼、烤根茎蔬菜或主食上桌前，可以用其调味。想给味蕾添一份愉悦，可以将白松露或黑松露磨碎，撒在奶油蛋卷上，再淋上些乳酸曲黄油沙司。

乳酸曲黄油沙司也是一种极好的烹饪介质。你可以用它来烹制各种食材，不管是龙虾尾还是芜菁，往一锅煮得软烂的蔬菜汤里或意式团子（gnocchi）上淋一些，也是不错的选择。

乳酸曲黄油沙司鲜味浓郁，是一款令人惊艳的酱料。

摩尔曲是曲膏和深焙曲的混合物。

对页图注：摩尔曲过筛，制成丝滑的沙司。

烤摩尔曲

约1.5升量

原料：

500克珍珠大麦曲（见231页）

500克高脂稀奶油

500克全脂牛奶

从任何传统意义上说，这种曲都跟“摩尔酱”[①]搭不上关系，但我们是这么想的：摩尔曲拥有我们最爱的地道摩尔酱所拥有的深度、复杂性以及淡淡的甜味。往摩尔曲里淋上一些醋，撒上些辣椒粉，就跟摩尔酱更像了。你可以在炖菜里加入几勺摩尔曲，既能提升口感和鲜味，又能增加食物的质感。

将曲饼掰成小块，平铺在烤盘上，放入烤箱，用160℃烘烤，每10分钟翻动一次，确保其受热均匀。45～60分钟后，曲块闻起来会像烘烤过的咖啡，呈现出深棕色。取出烤盘，冷却至室温。

称出375克冷却后的烤曲（烘烤后，曲块的原始重量会发生变化）放入可密封容器内，倒入奶油，然后放入冰箱冷藏，令其浸泡一夜。

将混合物放入搅拌机，加入牛奶，搅拌成顺滑的曲泥。搅拌大约需要6分钟（如果难搅，可以再加一点牛奶，直至搅拌机顺畅地旋转起来）。如果你想获得更加细腻的质地，可以在曲泥刚搅拌完、尚且温热的时候，用细网过筛。在密封容器中存放，最多可在冰箱冷藏室储存4天，在冷冻室储存6个月。

① Mole sauce，以辛辣、烟熏和泥土味为特色，原料多为辣椒、坚果、热带香料、葡萄干、番茄等。

烤摩尔曲配嫩土豆。

建议食用方法

摩尔曲配嫩土豆

摩尔曲是煮嫩土豆或其他嫩食材的绝佳调味品。取几把小个儿嫩土豆放入一锅冷盐水中，煮沸后将火调小，直至土豆变软，然后将水倒掉，沥干土豆上的水分，再将其放回锅中。关火，趁着土豆尚热，加入几勺摩尔曲，用盐调味即可。如果有可能，撒上几勺鱼子酱或鲑鱼子也可以。

代巧克力

烤制曲可以很好地替代摩尔酱，因为它能让人联想到巧克力。因此，我们发现用烤制的方法能够做成一种独特而又常见的热巧克力。将60克摩尔曲和15克粗糖放入500克牛奶中混合。加热后，就成了一杯适合在寒冷冬日尽情享受的特饮。

腌曲

约800克量

原料：

400克任一种类的曲

400克水

40克海盐

腌曲（Shio Koji，日语写作“塩麹”）是一种盐和曲的混合物，在日本被广泛应用于肉类和鱼类的保存和调味。作为一种加工方法，它既能起到调味的作用，又能为食材增添软嫩的口感，因为曲能产生蛋白酶，分解动物蛋白。

将曲、水、盐放入搅拌机进行搅拌。无须搅至顺滑的程度，均匀即可。如果你想试试曲蛋白酶带来的好处，可立即将搅拌后的混合物用作食材的腌料（见下文）。不过，如果长时间放置不用，混合物会自动发酵，产生层次更为深厚的风味，咸味则会变弱。可以稍稍提高含盐量，将混合物盖上盖子放入冰箱冷藏，能保存几个星期。

建议食用方法

腌泡汁

传统上，腌曲被用作腌泡汁。有些肉类需要一些额外的帮助，比如嫩化、调味以及赋予鲜味和花的甜香，才能发挥“潜力”，而涂抹腌曲便是提升肉类质地和味道的一种方法。我们发现，腌曲对猎禽类的肉质提升非常有用，普通的鸡肉也一样。如果是一只1000克的鸡，可以往鸡皮上涂薄薄的一层腌曲，室

腌曲是水、盐以及大麦曲混合制成的糊状物。

温下放置3个小时左右后就可以进行烤制了。如果是体积比较小的禽类——比如1只500克重的童子鸡——腌制时间减半。如果是体积更大的禽类，比如鸭子，至少需要腌制4.5小时。火鸡、猪肉和牛腩排这样的食材都能从腌曲这种腌料中获益。鮟鱇鱼、梭鲈或黑鳕鱼这类肉质丰满的鱼类，稍加腌制后味道也都很好，肉质会变得更加紧实，也更容易入味。但有一点要注意：鱼类的质地要比禽类或红肉更为娇嫩，因此在腌制时要多加留意，注意分寸，把握好细节，比如鱼片有多厚，是不是一端厚一端薄，如果是的话，较薄的那一端要少涂些腌曲。一份上好的160克重的黑鳕鱼厚切片，薄薄地抹一层腌料，腌制30分钟即可，再久一点，尝起来就会很咸。如果是较薄的鱼片，腌制15～20分钟就够了。

最后，任何食材用腌曲腌制完之后，务必尽可能地将腌曲刮掉，用勺子或黄油刀背都可以，随后再用纸巾轻轻擦拭一遍。

腌曲黄油

有些人喜欢把腌曲涂在面包上直接食用，或是将其作为牛油果吐司的酱料。如果你觉得腌曲的味道太重，可以将一茶匙腌曲与几汤匙软化的黄油混合，制成一种复合黄油，将其涂在烤玉米或烤土豆上，或用来给粥或浓汤调味，都是不错的选择。

用腌曲腌制童子鸡，既可以为其调味，也能令肉质变得软嫩。

6

大豆味噌和豌豆味噌

—Misos and Peaso—

拓宽我们的视野

NOMA是一家不断发展的餐厅。在最初的发展阶段，也就是刚开始营业的时候，我们不断探索食材，熟悉着每一个季节，寻找能带来火花的灵感，从而创造出一道菜、一份菜单或一种辨识度。随着餐厅的不断进步，我们越发得心应手，发现自己有了更多的时间和意愿去学习，不仅学习食材，也去了解技术、历史、故事以及人。

北欧地区有着传承了几个世纪的饮食文化，对此，我们展开深入研究，以寻找足以定义自我的烹饪支柱。但是，当我们在斯堪的纳维亚半岛、芬兰、格陵兰岛、法罗群岛以及德国北部探索传统烹饪时，所寻得的美食仍然令人难以捉摸，这十分令人沮丧。回想起来，这也能说得通。NOMA餐厅的员工们来自不同的地方，拥有各种各样的背景，将目光局限在北欧地区是远远不够的。

因此，在2009年或2010年的某个时候，为了更深入地了解自己的传统，我们开始将目光投向更远处。一开始，我们觉得自己应该把重点放在邻近国家，比如俄罗斯或德国，因为我们拥有许多相似的饮食传统。但很快我们就又一次意识到，我们需要跳出舒适区。

去日本游历了几次后，我们见识到了日本厨师和工匠们在对鲜味（一种难以描述，但又易于识别的美味）的追求上那令人难以置信的严谨。日本的酱油、曲以及味噌有成千上万种，每一种都有着不同的特点和用途。因此，日本的厨师拥有许多可用于调味的食材，每一种都独具特色，但又都极具日式风情。回到哥本哈根后，我们意识到，打造一种能代表NOMA餐厅乃至整个北欧地区的风味、建立一个属于我们自己的食品储藏室是十分必要的。

我们的北欧版味噌可能是食品储藏室里最为成功的一次尝试。它源自一次失败的豆腐制作经历。

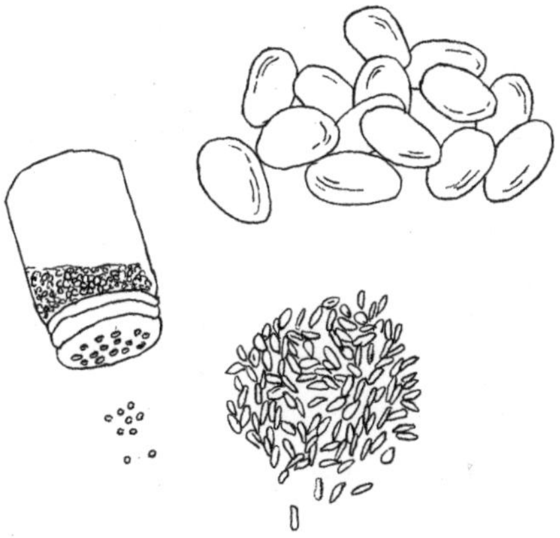

将曲、豆类和盐一同放进桶里，几个月后就成了味噌。

我们想试试看，能不能将本地黄豌豆榨出的豆浆制成一种豆腐。我们花了几周的时间才意识到，这种高蛋白豆类可能更适合用于发酵。随后，我们沿用传统的味噌制作工艺，用北欧的本土食材代替日本的食材，最后制成了黄豌豆（yellow peas）味噌，也就是我们说的peaso。

豌豆味噌的味道跟常规味噌（miso）不同——至少我们觉得不同。很明显，它是属于丹麦的味道，既是我们国家独一无二的存在，又没有失去其亚洲的精髓。豌豆味噌的制作理念源自世界另一端的陌生国度，使用的却是我们非常熟悉的食材，二者形成了完美的碰撞。这就是我们理想中的美食发展历程。说到这里，斯堪的纳维亚半岛以及世界其他地方的大多数美食都有着相同的发展故事：它们被介绍到新的国度，被接受，发展出崭新的面貌，最终与当地融为一体。和移民一样。而它们是微生物移民。

自豌豆味噌的成功之后，我们又用黑麦面包、玉米和榛子做了味噌，还尝试了斯堪的纳维亚半岛以及其他地方的各种豆类，比如羽扇豆、黑豆，甚至用各种谷物做了尝试。这仍是一个正在进行的项目，每时每刻都在制造惊喜。将眼界放到更远的地方，不囿于自己的国度，我们的故事就是这样开始的。

大豆的故事

味噌的原料为煮熟的大豆、曲以及盐，三者混合后经发酵形成的糊状物，就是味噌。和醋一样，制作味噌时也采用两步发酵法。首先，在米饭或大麦上接种米曲霉这种真菌，制作出曲（见第211页“曲”的相关内容，便于更清晰地理解这一过程）。随后，曲产生的强力酶类物质（即蛋白酶和淀粉酶）会将另一个发酵基质（一般是大豆）中的蛋白质和淀粉分解成氨基酸和单糖。发酵过程中，野生的酵母菌、乳酸菌以及醋酸菌也

对页图注：

海螯虾配绿枞，NOMA 餐厅，2018 年

法罗群岛海螯虾，虾头油煎，虾尾则用松针烘烤。二者均浇有豌豆味噌酱油，上了一层诱人的颜色。

会提升味噌的风味。

将发霉的米饭和煮熟的豆子混合在一起放置几个月，然后品尝味道——这是一种极具创意的举动，很难想象做出这个艰难决定的人该有多么勇敢。对这一大胆的烹饪行为，我们将永远心存感激，因为味噌是发酵领域最惊人的一种转化。时间、细菌和真菌通力合作，化零为整，将几种日常食物变成了全新的调和物。这是一种前所未有的物质，从无到有，这似乎违背了物理定律。我没往里放香蕉或坚果呀？为什么会有如此浓郁的香蕉味和坚果味呢？！

味噌的诞生是一个漫长的故事，与“神圣谷物”大豆的驯化、中国与日本之间复杂的历史以及佛教忌杀生的戒律有关。

首先，我们来聊聊大豆。

几乎与每一种古代文明一样，古代中国的繁荣也依赖营养丰富的农作物的驯化。大豆之于东亚，正如玉米之于中美洲、鹰嘴豆之于中东。想生产更多的蛋白质，没有比种植大豆更好的方法了。相比用作牧牛用地或种植牲畜饲料，每公顷大豆产出的蛋白质要高出近20倍。维持我们身体正常运行所必需的20种氨基酸中，有9种是人体无法自行生产的。大豆是地球上少数几种包含这9种重要氨基酸的作物之一。

大约7600年前，中国开始种植小型野生大豆，这是关于大豆种植的最早记录。为了让大豆变得更大，至少5000年前，中国开始进行选择性育种，日本可能也是在同一时间进行的。不管源自何方，大豆已经成为东亚地区当之无愧的必需品。据说，在中国神话中，有位名叫“神农”的神仙，将水稻、小麦、大麦、小米、大豆这5种农作物定为“神圣谷物”。

大豆虽然是一种极具营养价值的食材，但直至遇到“发酵”，大豆真正的烹饪潜力才被发掘出来。

味噌的前身是“酱”。酱（大致可以理解成“糨糊”）涵盖

了大量的中国调味品和发酵制品——其中有许多压根儿就不含大豆成分。实际上，最古老的酱，其原料可能是鱼或肉，类似于一种介乎鱼露（见“鱼露”一章，第361页）和味噌之间的混合物，质地浓稠。随着畜牧业实践的不断发展和改进，珍贵的野生肉类营养的保存价值逐渐减弱，经历了几代人的传承，酱的主要蛋白质来源从动物转向蔬菜。这些古老的酱的“后代”流传到今天，成为家喻户晓的调味品，种类包括海鲜酱、蚝油以及豆豉酱等。豆豉就是发酵的黑豆，这可能是中国最早的豆类发酵品之一，相关的文献记录可以追溯到公元前90年。

在中国，与味噌最为相似的要数黄酱，其制作方法如下：大豆蒸熟，与其一半重量的小麦粉混合，随后压成砖形，放在芦苇席上，在户外进行自然发酵。几周后，刷掉豆面砖表面的野生霉菌，将其与盐卤水混合，进一步发酵至又黏又咸的糊状物。

大豆（学名：*Glycine max*）

据说，日本的遣唐使于公元6世纪到达中国，同时将中国的酱带回了日本。日本人吸纳了将大豆进行发酵的做法，并付诸实践。

公元7世纪，日本的天武天皇依据新近引入的佛教忌杀生信仰，颁布了每年夏秋季节禁止食用养殖动物的规定。这一指令执行了60多年，造成了民众饮食文化中的一段空白，百姓不得不通过素食获取蛋白质。由此，以鲜毛豆、豆腐、味噌形式呈现的大豆以及大米等谷物成为民众餐桌的主要角色。随着味噌重要性的不断强化，实用性和多样性也不断增强。首先，日本的味噌生产商对发酵过程进行了更为严格的控制：先为谷物接种霉菌，然后再将大豆引入发酵过程。

味噌的生产已经变得专业化。早期的味噌（也就是酱）与其说是浓稠的膏，不如说是黏糊糊的浆。几个世纪间，制作方法不断改进，味噌已经改头换面，成了具备日本本土特色的食材。在日本，味噌的种类有数十种，风格各异。味噌的制作过程中，有许多变量可以发挥作用，每一种都能对结果产生深远影响：用于接种曲的曲霉菌株种类；培育曲的大米或大麦品种；大豆的烹饪方法；味噌的发酵时间和环境，等等。发酵成品可能是红色赤味噌或棕色赤味噌；可能是口感咸腻、巧克力状的八丁味噌；也可能是香甜的西京味噌。2015年，NOMA餐厅的员工有了一次在东京开快闪餐厅的机会，其间可以在全日本旅行几个月，我们简直看花了眼。

而这还不包括亚洲其他地区的大豆酱制作传统。比如，韩国几乎在日本味噌发展起来的同时，将自己的酱谱系开枝散叶。中国的酱也是如此。在中国，“酱”是一个总称，囊括了一系列发酵产品——其中的许多都是大豆制品，但有些不是。清麴酱是一种快速发酵的酱，近似于味噌的粗制版，经枯草芽孢杆菌的作用制成。另一方面，大酱是一种相对更依靠人工、费时费力的大豆大豆饼是压实成砖的发酵大豆，是几种韩式发酵产品的发酵基质。

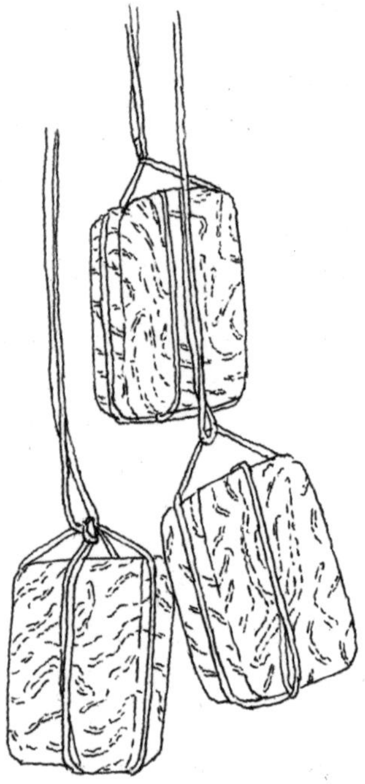

发酵产品，与中国古代的黄酱极为相似。大酱的制作，始于大豆饼，即大豆煮软后压入木盒，晾干成砖形。大豆饼取出后，包裹在稻草中放置2个月，寄生于稻草上的细菌和真菌（包括野生曲霉菌）会令大豆饼进一步发酵。最后，大豆饼被转移到陶制大缸里，与盐水混合，发酵一年。最终得到的发酵液就是韩式汤酱油，与酱油类似，但味道更臭。发酵得到的固体就是大酱，通常会令其继续陈化几年。辣椒酱是我们最喜欢的发酵品之一，也是由大豆饼制成，但里面加了很多辣椒和糯米粉。

发酵豆酱也传到了东南亚地区。在泰国，我们发现了“泰酱”，一种比味噌更稀更臭的酱。印度尼西亚有一种印尼辣酱，因为添加了棕榈糖，所以非常甜。越南生产的黄豆黑酱黏性较低，用作越南春卷的蘸料很不错。实际上，这种技术已经传遍整个亚洲，甚至是遥远寒冷的哥本哈根，这足以说明它极致的魅力。味噌，是一种具有“传染性”的食材。

传统方法与“手味”

尽管我们一直尽最大努力保持NOMA餐厅在烹饪创新方面的先锋地位，但也深感尊重传统、探索传统的重任。我们发现，在实践传统之前，先理解传统是十分必要的。我们的团队曾多次拜访日本的味噌生产商，有大企业，也有小的手工作坊，这帮助我们积累了宝贵经验，找到了属于自己的方向。介绍北欧版味噌的详细内容之前，我们先来看看传统的味噌制作是什么样的。

以前，制作味噌用到的所有器具几乎都是木制的：铲子、托盘、大缸，生产基地本身也是硬木建筑，一般是日本雪松木。先用巨大的铁锅烧好开水，将装在草篮里的大米和大豆上锅蒸。大米蒸熟后，要先平铺在一张大桌子上冷却，随后撒上米曲霉孢子，为其接种。

为确保孢子均匀接种，工人会用铲子翻动米粒，随后将其转移到雪松木托盘上，堆放到温暖潮湿的房间（即雪松木板房）里。

大豆蒸熟变软后，工人会用脚将其踩碎，混入成品曲和盐，再用梯子把一桶一桶的混合物转移至高大的雪松木发酵桶里。发酵桶的盖子上压有沉重的石头，使混合物变得坚实紧凑，排出空气后，发酵也会更加均匀。不同种类的味噌，在雪松木容器中的陈化时间也不同，从一年到三年不等。

味噌发酵的过程中，咸鲜的汁液会聚到发酵物上方，形成一个“水坑”。这种汁液就是著名的tamari（溜酱油）。而shoyu（日式酱油）是tamari经进一步加工后得到的，不如tamari黏稠，味道更咸。tamari，实际上就是中国的传统酱油。① 在温度控制方面，储存味噌的巨大木质仓库有着很明显的缺点。冬天，发酵慢得像蜗牛；到了夏天，又会超速发酵。所以，每一批发酵成品都有所不同，因为每一批都是特定时间和特定发酵环境的产物。

那么，把古代的味噌制作方法定义为“古雅稀奇但不得要领”之前，可以想想一个名叫爱德华·诺顿·洛伦兹的男人的智慧。第二次世界大战期间，洛伦兹在美国陆军担任天气预报员，回到美国后，他在麻省理工学院获得了气象学博士学位，在天气预报领域的大量工作使他对线性统计方法——即通过现在发生的事情直接推断未来会发生的事情——保持警惕，这一点也不奇怪。洛伦兹知道，天气作用于非线性现象。他在1963年发表于气象学相关期刊的一篇论文中写道：“两种差距极为微妙的天气状态最终可能会演变成两种截然不同的天气状态……如果观察中存在一丁点儿的错误，预测多日以后的天气将变成一件不可能的任务。”

雪松木大桶一次可盛放几吨重的味噌。

① 一般来说，传统中式酱油的原料只有大豆，日式酱油（shoyu）则为大豆和小麦混合制成，后者也因此更甜，口感更细腻。tamari 的原料只有大豆，味道更接近中式酱油，适合无麸质饮食人群。本书专门有一章讲解 shoyu（即日式酱油），因此，为保证行文简明，提及 shoyu 时，本书均译作“酱油”，其他情形会作特别说明。

初值敏感性：越复杂的系统，影响结果的因素就越细微。

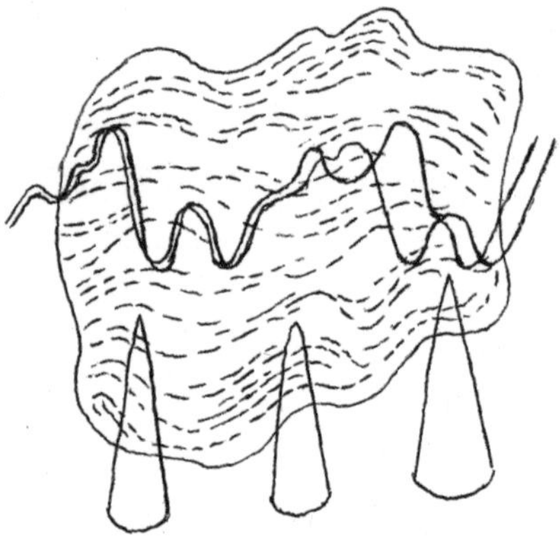

洛伦兹的想法成为混沌理论[①]的基础。一般认为，“蝴蝶效应”这个术语就是由他首创。该术语描述了在时间充足的前提下具有无数微小差异的复杂系统是如何以截然不同的方式进化的。换句话说，即便是一只蝴蝶扇动翅膀这样微不足道的事情也会产生扰动，导致几个星期后的龙卷风。对这个原理，发酵世界给了我们一种生动的诠释。无论你是在酿威士忌、醋还是日本米酒，又或制作味噌，制作过程越复杂，一开始时的小差异最终造成的影响就越大。发酵时间越长，这种影响就越明显。

韩国的手工业者经常说，“手味”（韩语发音为：son-mat）是一种无法复制的品质，由特定的厨师赋予，是工厂批量生产的食物所不具备的品质。“手味”的本质，就是混沌理论在起作用。味噌制作方式上的细微差别，比如制作当天甚至那一个小时里制作者皮肤和衣服上的细菌数量，以及发酵过程中温度、气压或湿度上的随机变化，都会对发酵过程产生巨大影响，所以，不可能存在两批完全一样的味噌。这就是厨师和手工制造者偶然探索出新口味和新创意的过程。正是这一点，让发酵变得出人意料、令人兴奋。

“手味”描述了制造者所赋予的一种独特发酵特征，以及制作的时间和地点。

① 一种兼具质性思考与量化分析的方法，用来探讨动态系统中必须用整体、连续的而不是单一的数据关系才能加以解释和预测的行为。

制作我们的豌豆味噌

现在我们知道了，细微的改变会对发酵产生巨大影响，接下来，就让我们花点时间了解一下豌豆味噌的主要制作步骤。

1. 用种曲孢子为蒸熟的大麦接种，让它们在发酵室（见第42页，“建造发酵室”）里生长2天。
2. 黄豌豆浸泡、洗净、煮熟，以3：2的比例（重量）与长好的大麦曲混合，随后磨碎或放入搅拌机搅拌。
3. 加入总重量4%的盐；如有必要，可再用4%的盐水调整混合物的含水量。
4. 将混合物装入发酵容器，紧实一些，并在表面撒上一些盐，以防止有害霉菌的生长。压实，盖上盖子，在22℃～30℃的温度下发酵至少3个月。
5. 将集中在上部的tamari收集起来，刮掉味噌表面的霉菌。将味噌转移到密封容器，放入冰箱储存。

如果照着第289页的食谱做，你应该能近乎完美地复刻出我们在NOMA餐厅做的豌豆味噌。但如果你想按照自己的意愿实验这份食谱，最好能对你的发酵罐里发生的事情和影响最终结果的主要因素有扎实的把握。以下是一些你应该清晰掌握的控制点，让你能够做出符合自己意愿的豌豆味噌。

含盐量

含盐量是直接控制味噌/豌豆味噌发酵过程的最重要的指标。正如“乳酸发酵的果蔬”那一章里提到的（第55页），盐可以防止潜在的有害微生物的滋生。但话说回来，NOMA餐厅显然不是一家“咸口”的餐厅，所以我们尽量将豌豆味噌的含盐量控制在最低限度，又不会因此而滋生有害微生物。

对味噌制作过程中起作用的成分了解得越充分，成果就越可控。只要稍加练习，起初看起来令人气馁的事物很快就会变成能够加以利用的工具。

经过多次实验后，我们将理想的含盐量定为4%，这种环境下，微生物活性和盐度之间能达成完美的平衡（传统的日本味噌最低含盐量需达到6%）。我们不建议你将含盐量定在4%以下，因为这无法保证有害微生物不会在漫长的陈化过程中繁殖。

较高的含盐量（8%～10%）会抑制酵母菌、醋酸菌的生长，乳酸菌也会受一定程度的影响。那么，考虑到我们利用这些微生物在其他发酵过程中制造各式风味的方式，你可能会想知道，较高的含盐量是否会令发酵成品变得无趣。答案是否定的，因为长时间的陈化能够弥补酵母菌和细菌因被抑制所造成的复杂性缺失。经过几个月甚至几年的陈化，极其缓慢的美拉德反应会制造出诱人且复杂的风味，与此同时，味噌也会慢慢变成黄褐色（想了解更多关于美拉德反应的内容，见第405页“超慢烹饪”）。咸度高的味噌起初可能有些无趣，但随着陈化时间的累积，它会慢慢发生变化，提升风味。

如果你发现自己制作的这批豌豆味噌味道不理想，可以试着将总含盐量提升2%～3%（食谱中的其他配料用量无须改变），再继续发酵一两个月。因乳酸菌和酵母菌被抑制生长，你的豌豆味噌可能会失去一些复杂口感，但它会越来越好吃。

含水量

豌豆转移至发酵容器时的湿度是非常重要的。如果过干，混合物就没有足够的流动性，无法进行有效的生物或化学反应，这与用冷冻、脱水的方法将食物牢牢固定住从而防止腐败的道理是一样的。另一方面，如果混合物过于潮湿，微生物和酶的活性就会过高，你的味噌最终会被各种各样的微生物糟蹋。乳酸菌制造的少量乳酸能给豌豆味噌带来鲜明爽口的味道，但如果乳酸过多，味噌就会失去平衡的口感。乳酸菌只会受到含盐

对页图注：

南瓜子酱（Dzikilpak）配轻烤章鱼，NOMA 餐厅（墨西哥）

将章鱼须放入玉米面壳中轻烤，配上 NOMA 餐厅用南瓜子和味噌特制的传统玛雅调味酱汁 dzikilpak，就可以上桌了。

量的轻微影响，因此，可以通过调节湿度来施加影响（更准确地说，我们调节的是“水的活性”，或者说不受束缚、可自由获取的水分的含量）。

想要充分了解含水量对豌豆味噌的影响，可能需要一些试错。你可以握紧一把即将放进发酵容器的混合物，它应该会形成一个密实的球——这可以作为一个判断标准。如果它像鹰嘴豆泥一样从指缝中渗出来，那就太湿了；如果碎裂开，就是太干了。

湿度

豌豆味噌的理想陈化湿度为65%～75%。湿度过低，味噌会干燥，产生前文提及的含水量过低导致的问题，或者因水分蒸发而过咸。相反，如果陈化环境过于潮湿，豌豆味噌也会出问题。例如，湿度过高可能会引发冷凝问题，混合物的含盐量会因此下降，导致腐败。不过，这种情形想要发生也没那么容易，需要环境中存在大量水分，所以应该避免在潮湿的地下室或持续降雨又隔湿不良的储存环境下进行发酵。

曲的生长时间

制作豌豆味噌时使用的曲要具备健康、强效的品质，菌丝浓密黏稠，足以将谷粒牢牢地黏附在一起。这很重要。曲越香甜，豌豆味噌的品质就越好。在曲的短暂生命周期中，曲霉菌经历了许多不同的阶段。如果曲没有足够的生长时间，就无法产生分解黄豌豆中蛋白质所需的酶。过早收获的曲甜度也不够，而甜味是提升豌豆味噌整体风味的重要一环。

另一方面，如果曲霉菌的生长时间过久，味道也会发生明显的变化，时令蔬菜一旦结籽，味道也会发生巨大变化，二者是同样的道理。曲利用自身产生的酶消耗糖分，为孢子的生长提供养料。曲中的糖分越少，味噌里能够参与美拉德反应的糖分也就越少，而美拉德反应能在陈化过程中为味噌提供更加美妙复杂的风味。

根据我们的经验，从接种孢子时起算的44～48小时，是收获用来制作豌豆味噌的曲的最佳时间。最后，如果你的曲呈现出任何被有害霉菌或其他微生物感染的迹象，就不要用它了。记住，发酵成品的品质是由原料的品质决定的。

温度和时间

温度越高，豌豆的发酵速度就越快。如果放在温度比室温低的环境中，比如地窖，豌豆的发酵速度会明显放缓。在温暖的环境中，美拉德反应也会加快，为最终的味噌带来更多的炙烤风味。

在60℃的环境下，曲产生的酶能够极为有效地催化生化反应。不过，你大概率不会在加热到60℃恒温的隔热房间里发酵豌豆味噌，你也不会想这么做，因为很快就会产生烧焦的味道。28℃～30℃的环境比较适宜，是日本夏季的温度，足以让你获得较快的、适宜的发酵速度以及更多的美拉德反应。

然而，即便温度适中，经过长时间的发酵后，豌豆味噌也会腐坏，甚至产生焦煳味。一旦发酵了一年以上，可能就不会往更好的方向发展了。预测某件事物的巅峰状态不是一件容易的事，但有了经验后，你就能发现一些迹象。如果豌豆味噌开始变苦、变干或明显变黑，就要注意了，如果发生这些情况，味噌大概率会朝着消极的方向发展。

压力以及与空气的接触程度

豌豆味噌上面需放置重物，以排出内部的空气，否则醋酸菌和霉菌会大量繁殖，产生不好的味道。重物的重量至少应达到发酵容器内味噌重量的一半。然而，即便被压在重物下，豌豆也不会与空气完全隔绝——这是有意而为之。微生物工作时会产生气体，而这些气体需要排放出去。如果密封起来，气体会被豌豆味噌重新吸收，进而产生难闻的气味。可以在味噌表面铺上透气的布，一方面利于排出这些气体，另一方面，也能防止更具破坏性的苍蝇和蛆虫被吸引而来。

如果你的豌豆味噌尝起来有些辛辣、酸或是有酒精味，可能是因为压得太实或没能有效地排放气体。将豌豆味噌倒入平底锅加热5分钟，再用小铲搅拌，可在一定程度上解决这个问题。那些难闻味道的气味分子非常容易挥发，受热后就会消散。但很遗憾，你还是没法完全摆脱它们。学无止境。

额外的调味

味噌是食物废弃部分的理想“接收器”。往味噌里加入榨汁蔬菜的残渣、种壳或外皮，发酵一年后，能收获非凡的味道。例如，我们每年夏天都会收获一批海滩野玫瑰，将它们与中性油混合，便得到了带有玫瑰芳香的调味油。用完滤出的玫瑰花瓣仍有很多用处，我们会往基础的豌豆味噌食谱中加入一些——占总重量的5%，盐也要按比例增加——玫瑰花瓣将会带来不可思议的变化。打开发酵桶的那一刻，浓烈的花香会飘散开去。通过废物的重新利用，你也可以创造出非常美味的食物。不要害怕尝试。蔬菜茎、松针、制作鱼露时滤除的固体废渣、果皮，都能促成令人愉悦的发现。

话虽如此，但我们建议，额外调味食材的用量不要超过豌豆味噌总重量的20%。发酵豆类本身就足以让味噌变得美味。如果发酵过程中的蛋白质不够，额外添加的调味食材就会浸满盐分，并开始腐烂。虽然并不一定会产生坏的结果，但会违背我们的本意。

黄豌豆味噌的魂是日本，形是北欧。它是我们厨房里不可或缺的元素。

黄豌豆味噌

约2500克量

原料：

800克去皮、脱水的黄豌豆

1000克珍珠大麦曲（见第231页）

100克无碘盐，再额外备一些盐，用来铺撒发酵混合物表面

黄豌豆味噌是NOMA餐厅的新发明。厨房里诞生第一批豌豆味噌之后，许多厨师彻底迷恋上了这种全新的调制食品，穷尽了使用它的各种理由。豌豆味噌确实有着无尽的用途，可以调入各种菜肴之中，一旦意识到它的潜力，你就无法舍弃。

表面看来，制作豌豆味噌没什么难的，但发酵时间太长，需要一直关注发酵过程，因为各种小细节上的偏差都会导致结果上的巨大差异。这份食谱中有详细的制作说明，但还是有必要阅读前文提及的各项控制点。

设备说明

首先，需要一个能将豌豆研磨成粗颗粒的工具，比如绞肉机或食品加工机。

其次，需要一个5升容量的、不会产生化学反应的发酵罐（玻璃、塑料、陶瓷或未经加工的木头材质均可），豌豆放入后，上方用重物压制，然后用纱布或干净的厨房毛巾封口。另外，建议在操作过程中戴好无菌手套，并对所有设备进行彻底的清洁和消毒（见第36页）。

豌豆应该是煮得刚刚好的程度——能用两根手指捏碎，但尚未软烂成糊状。

将曲放在食物加工机里搅碎。

详细操作说明

干豌豆放入冷水中，在室温下浸泡4小时。水的体积要达到豌豆的2倍，因为干豌豆会吸收大量水分；水太少，上部的豌豆便无法泡发。泡发后沥干表面的水分，将豌豆倒入大锅，再次倒入2倍体积的冷水。水烧开后，将火调小，撇去浮在水面上的淀粉沫。小火煮45～60分钟，其间大约每10分钟搅拌一次，直至豌豆变软到可以用拇指和食指捏碎的程度。

豌豆煮熟后，沥干表面的水分，平铺在烤盘上，冷却至室温，随后称重。800克干豌豆煮熟后大约能有1500克，不过，在浸泡和水煮的过程中，豌豆所吸收的水分也都不尽相同。如果你的熟豌豆超过了1500克，可以将超出的部分留作其他用途。如果不足1500克（或者你想取出一部分留作他用），相应调整其他配料的比例即可。熟豌豆与曲的重量比大约为100：66.6，与盐的比例大约为100：6.6。例如，你最终得到了1300克熟豌豆，曲的用量就要从1千克减少到866克，盐则要从100克减少到86克。如果你想收获理想的豌豆味噌，就要遵照精确的配料比例。

要将豌豆和曲搅碎混合，最好使用干净、消过毒的绞肉机。首先，戴上乳胶手套或丁腈手套，将熟豌豆放入料斗中，用中等大小的模具将其搅碎，倒入大碗或发酵容器中。接下来再将曲搅碎，混入豌豆碎中（也可以使用食物加工机，但注意不能过度加工。我们要的不是豌豆泥，颗粒粗糙的豌豆碎就可以了。如果没有绞肉机或食物加工机，将豌豆和曲放入大研钵，用杵手工捣碎也可以）。

用手将豌豆和曲仔细搅拌均匀，检查混合物的质地和含水量：握起一把混合物，加以挤压，如果形成一个紧凑的球形，那就合格了。如果碎裂开来，就是太干了，需要再加一些水。但有一点至关重要，你得将含盐量保持在4%，所以，不管加多少水，你都得保证其与混合物相同的含盐量。将4克盐混合到100克水中，快速配制4%的盐水，用手持搅拌器搅拌，直至盐完全溶解。每次往混合物里加一点盐水，直至其达到合适的质地。

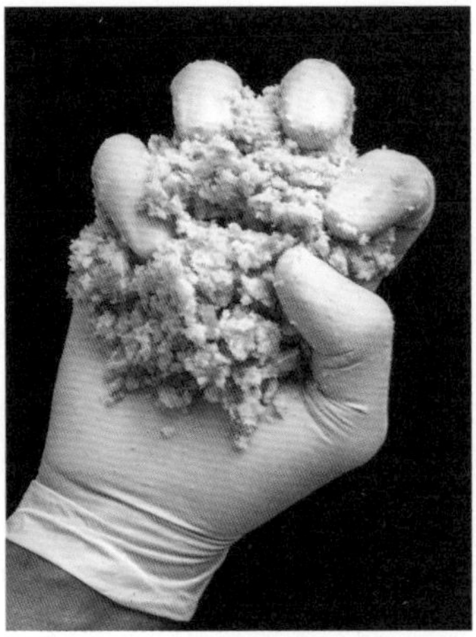

挤压过程中，豌豆混合物过干的样子。

如果挤压时，混合物从你指缝中溢出，那就是含水量太高了，可能是豌豆煮得过熟，或没有沥净水分。相较于含水量低，含水量高的问题更难纠正，但也有解决办法。将混合物均匀地铺在垫有烤盘纸的烤盘上，薄薄地一层，随后放入烤箱或脱水机，低温（40℃）烘烤，多次进行挤压实验，直至达到你想要的质地。

混合物达到理想的质地后，加入盐，再彻底搅拌一次（如果豌豆的重量超过1500克，记得调整盐的用量）。接下来，就可以开始发酵了。

在NOMA餐厅，我们会把豌豆放在食品安全级的塑料桶里进行发酵，但玻璃或陶瓷材质的罐子也完全没问题。如果你恰好有雪松木发酵桶，那就再好不过，能确保木材是未加工过的就可以了。

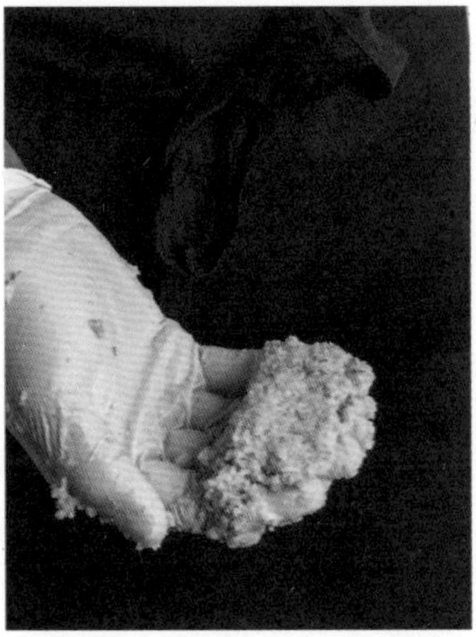

挤压过程中，豌豆混合物过湿，软塌黏糊的样子。

戴好手套，一捧一捧地将混合物转移到发酵容器中，尽可能地压实。从容器边缘开始，慢慢向中心移动，将内部空气挤压出来。每放入一捧混合物，都用拳头捶一下，确保混合物贴合紧凑。转移完毕后，抚平混合物的顶部，使之平整光滑，撒上少许盐，防止有害霉菌的形成。随后在顶部铺上一层保鲜膜，与混合物贴合，盖住每一处边边角角。最后，用干净的纸巾擦拭容器壁。

黄豌豆味噌，第 1 天

第 14 天

第 30 天

接下来，放置重物。豌豆发酵并产生tamari的过程中，上方的重量会令混合物一直处于液体之下，就像德国泡菜这类乳酸发酵食品要一直浸泡在腌汁中一样。如果愿意，你也可以在网上买到专门用于发酵的压码，选一款适合自家发酵容器口周长的产品。如果不想花这份钱，最简单的方法是使用一个平整的晚餐盘，但要记住一点，随着时间的推移，盘子会逐渐下沉，因为最终一定会将其取出，所以不要选用和发酵容器的尺寸过于接近的盘子，否则不容易取出。盘子正面朝上，置于豌豆味噌上方，用手将其下压。再找些石头、砖块或罐头，重量大约为豌豆味噌（1500克）的一半，罩上塑料袋后（确保卫生），均匀地放置在盘子里。

不用盘子也行。你也可以使用易拉式包装袋或真空袋，装入3升水（如果使用这种方法，需要更多的重量，因为一些重量会向外扩散，作用于容器壁，而非直接向下施加到味噌上）。装好水后，再罩上一层袋子，防止渗水，随后放置在味噌上方。

取干净的厨房毛巾或纱布盖住容器口，再用几根大号橡皮筋固定。

将容器放置在室温下的厨房工作台上，发酵就可以顺利进行了。但在NOMA餐厅，我们会将味噌放在一个温度为28℃的专用房间里陈化3个月。不管用哪种方法，味噌都能很好地陈化，只是在室温下可能需要4个月时间，不过只要你愿意，多1个月也没什么不好。我们在NOMA餐厅做了很久的豌豆味噌实验，结果很有趣：发酵时间越长，豌豆味噌的味道越丰富，颜色也越深沉，更接近泥土的色调。但我们也发现，3个月豌豆味噌的功能性更强，所以我们更愿意按照3个月发酵。

第 60 天

第 90 天

发酵的第三天或第四天，检查一下状况。如果进展顺利，豌豆味噌不会有什么变化，即便有变化，也只是稍微变香了一些。但如果你注意到它散发出乳酸发酵那样的酸味儿，而且顶部出现了大量的tamari，就说明你的混合物水分太多，得重新开始了。如果你的发酵容器是透明的，你可能还会注意到味噌里出现了一些小气泡。这是正常的发酵现象，随着时间的推移，它们会慢慢消失。

开始的几周里，每一周都要打开容器一到两次，查看发酵进展。一定要戴手套，以免带入污染物。某个时间节点，你可能会发现味噌表面长出了一些白色霉菌。这没关系。根据我们的经验，这种情况通常是因为某一株曲在表面部分的豌豆混合物中扎根繁衍。不过，即便是其他种类的霉菌，只要味噌压实了，也不会有问题，因为霉菌无法穿过表面，向下繁衍。下次打开容器查看进展的时候，可以将一小块霉菌刮到一旁，露出底下的味噌，进行品尝，但直至收获前，不要将其全数刮除。否则还会再长出更多。

当豌豆味噌的质地明显变软，咸味减弱，散发出各式甜味、坚果味的时候，就是收获的时候了——通常是在3个月至4个月。成熟的豌豆味噌会有轻微的酸味，但不会过酸；质地有些粗糙，疙疙瘩瘩，所以，如果你更喜欢顺滑的质地，起初可以用食物加工机进行搅打，如果有必要，可以稍微加一些水，以增加顺滑的程度。如果追求极致顺滑，就用毛筛绢再过筛一次。

收获的豌豆味噌可以装进密封的罐子或容器里，放入冰箱冷藏，一个月内食用完毕。如果一个月内用不完，建议放入冷冻柜，以保持新鲜的味道，随取随用。

1. 豌豆浸泡、冲洗、煮熟，浸泡和熬煮的水，体积是豌豆的2倍。

2. 豌豆沥干冷却，加工或研磨成粗颗粒。

3. 称出熟豌豆重量66.6%的曲，加工或研磨成粗粒。

4. 将豌豆和曲混合，加入二者总重量4%的盐，搅拌均匀。

5. 将混合物放入发酵容器，压实。

6. 往混合物表面撒上一层盐，阻止霉菌在表面生长。

7. 在表面铺上一层塑料保鲜膜。

8. 放置重物。

9. 用透气的棉布封口，并用橡皮筋固定。

10. 让混合物发酵至少3个月。

11. 将豌豆味噌表面形成的霉菌尽数刮掉。

12. 取出味噌，转移至干净的容器中，放入冰箱冷藏或冷冻。

豌豆味噌和水混合，经冷冻、融化过滤后形成一种味道鲜美的汁液，即将成为NOMA餐厅厨房里最有用、最有价值的一种食材。

建议食用方法

自制豌豆味噌tamari（还原法）

刚开始制作豌豆味噌时，有一件事吸引了我们的注意，那就是发酵过程中形成的、汇聚到味噌顶部的tamari。tamari咸鲜可口，甜度和酸度也平衡得很完美。但问题是，tamari的量很少，总是不够用，所以我们设计了一种替代方案。

将130克豌豆味噌和860克水放入搅拌机中搅拌均匀，直接倒入一个可冷冻的塑料容器中。盖上盖子，冷冻一夜。

隔天，把冻好的冰坨放进衬有粗棉布的筛子里，下面坐一个碗，接住融化的液体。融化、过滤完毕后，剩余的残渣丢弃即可，然后将滤得的液体转移到炉灶上的小锅里，令其慢慢蒸发，直至液体刚好能没过勺背。冷却后，就得到了tamari的替代品，盖上盖子放进冰箱冷藏，可以保存很久。

取一些香菜、欧芹之类的香草，切碎后放入自制tamari中调和，就成了一道非常棒的香草酱，淋在蒸蔬菜上再好不过。你也可以将自制tamari与等量的无水黄油混合在一起，可以作为五花肉的腌料。刚刚蒸好的米饭，淋上豌豆味噌tamari，再来一勺鳟鱼子，如果你想感受极致的美味，可以再来一些饱满的海胆——这绝对是NOMA餐厅实验厨房里最受欢迎的美食。

煎蒜油的理想伴侣

味噌里丰富的糖分能为烤肉提供漂亮的焦糖色，将味噌与一种有香味的油混合在一起，能提供必要的脂肪，让糖分在起泡变黄的同时保持湿润。煎蒜油和豌豆味噌是理想的伴侣。煎蒜油的制作方法：取一头蒜，去皮，碾碎蒜瓣，放入一口小锅，加入蒜瓣体积2倍的中性植物油。小火慢煎，仔细照看，直至蒜油开始迅速冒泡。将火调到最小，这样煎1个小时，将锅从火上移开，让蒜油冷却至室温。冷却后，将蒜瓣和油倒入有盖子的容器中，放入冰箱冷藏一夜。隔天，将蒜油进行过滤（滤出的蒜瓣可以留作他用，做什么都行）。蒜油和蒜瓣分开储存在密封容器中，放入冰箱冷藏。蒜油能保存几周；蒜瓣要在几天内用完。

蒜油味噌甘蓝

想看到蒜油和味噌的强大结合，可以用甘蓝叶进行尝试。将甘蓝叶放入一锅你喜欢的高汤（比如干曲高汤，第254页）中微微焯一下，随后放入冰水中冷却。豌豆味噌放入搅拌机，搅打至顺滑的程度（详细制作方法，见第300页“豌豆味噌黄油”的食谱），菜叶沥干水分，两面都淋上少许煎蒜油，其中一面涂上薄薄的一层味噌泥，这一面朝下，大火烤制，直至豌豆味噌出现焦糖色，叶片边缘开始变脆。烤制完成的甘蓝叶可以作为一道菜肴单独上桌，切成小块、搭配酸面包丁、金太阳番茄以及鲲鱼一起做成沙拉也不错。

蒜油味噌烤牛肉

蒜油和豌豆味噌搭配牛肉也很棒。将蒜油和搅打至顺滑的豌豆味噌（见下文的“豌豆味噌黄油”）以1：3的体积比例混合搅拌，直至混合物乳化，将其作为腌料，往你最爱的厚切片牛肉上涂上厚厚的一层，放入冰箱冷藏室，腌几个小时后，就可以烤制了（牛肉切片厚一些为好，因为豌豆味噌里的盐分会让牛肉变软）。烤制前，你甚至不用费心将腌料擦掉，因为豌豆味噌的香味浓郁，能在牛肉切片外部形成美味的脆皮。

豌豆味噌黄油

豌豆味噌黄油是豌豆味噌最简单、最实用的用途之一。想制作这种美味，首先要将豌豆味噌变得顺滑。将100克豌豆味噌放入搅拌机，搅打至顺滑的程度。根据混合物的搅打情况，你可能需要往里添一些水——但不要添太多，否则会稀释味道。

豌豆味噌搅打顺滑后，用毛筛绢过筛。实际上，这个步骤不是必需的，但正如托马斯·凯勒所言，毛筛绢能够制造出“奢华的质感”。随后，将豌豆味噌倒入400克室温下的黄油中，直至二者完全混合。将混合物卷成一个紧实的圆柱体，再用保鲜膜包裹，储存在冰箱冷藏室，下次煎制鸡肉的时候，可以切一片豌豆味噌黄油使用，也可以切一片放在土豆泥上，待其融化后食用。

将豌豆味噌黄油切成小片。

玫瑰豌豆味噌

约2500克量

原料：

1500克去皮熟豌豆（见第290页）

950克珍珠大麦曲（见第231页）

125克野玫瑰花瓣

100克无碘盐，再额外备一些盐，用来铺撒发酵混合物表面

在NOMA餐厅，制作味噌对我们来说往往是将废弃物转化成新产品的一种方法。这一节的食谱利用的是我们制作玫瑰油时剩下的玫瑰花瓣残渣。我们建议，不要舍本逐末，为制作玫瑰豌豆味噌而特意制作玫瑰油，毕竟前者才是副产品。所以，我们调整了配方，使用的是新鲜原料，与废物利用的效果一样。

开始制作之前，我们建议你先阅读“黄豌豆味噌”（见第289页）的详细制作说明，这一节内容可作为本章所有味噌食谱的模板。

用干净、消过毒的绞肉机或食品加工机将熟豌豆和曲加工成粗糙的颗粒。收集玫瑰花瓣，整齐堆放，卷成一个松散的圆柱形，像切罗勒叶一样将玫瑰花瓣切成细丝。将玫瑰丝调入豌豆和曲的混合物中，加入盐。戴上手套，充分搅拌混合物。

如有必要，可通过每次加入少量4%浓度的盐水来调节玫瑰豌豆味噌的质地和水分含量，直至能把混合物握成一个紧实的球形（详见黄豌豆味噌的制作说明）。

玫瑰豌豆味噌，第 1 天

第 30 天

第 90 天

将混合物装入发酵罐，压实。抚平混合物的顶部，使之平整光滑，将容器内部擦拭干净，往表面撒上一些盐。依据黄豌豆味噌的制作说明压上重物并封口，就可以开始发酵了。放置在室温下，3～4个月后即可完成发酵，你可以往味噌里加入一些水，搅打至顺滑的程度，再用毛筛绢过筛一次，以得到更为出色的质地。收获的玫瑰豌豆味噌可以装进密封的罐子或容器中，放入冰箱冷藏或冷冻。

其他植物味噌

这份食谱的基本操作理念——黄豌豆味噌加上食材总重量约5%的植物成分——可以用于制作许多令人惊叹的美妙味噌，产生整体大于部分之和的效果。发酵过程将高度芳香的味道转化成了全新的东西。在此就不逐一展开了，但我们为你提供了一个NOMA“精选花香味噌”的可用植物清单：

- 可可
- 绿枞针
- 木槿花
- 金盏花
- 水仙花
- 香甘菊
- 李子仁[①]
- 香草豆荚
- 樱花
- 接骨木花
- 柠檬马鞭草
- 绣线菊
- 香橙花
- 红胡椒叶
- 香叶天竺葵
- 柚子皮

① 李子仁含氰苷类物质，处理不当可能造成食物中毒。

在黄油中将玫瑰豌豆味噌焦糖化。

建议食用方法

夏季浆果调味酱料

花香浓郁的玫瑰豌豆味噌是李子、黑莓、桑葚等黑色水果的完美搭配。取几大勺玫瑰豌豆味噌，搅打顺滑后再用毛筛绢过筛一遍。加入适量的水，将豌豆味噌稀释，令其达到稀酸奶一般的质地。把浆果或切成小块的核果倒入适量的玫瑰豌豆味噌酱里，令酱汁充分覆盖在水果表面。最后再撒上少许片状海盐。

根茎蔬菜糊

洋姜或新鲜的土豆放入盐水煮熟，可以作为大菱鲆或大比目鱼等白鱼的理想搭配。蔬菜煮熟后沥干，再放回锅中，用叉子轻轻叉碎。加入一大块黄油以及等量的玫瑰豌豆味噌，不停搅拌，直至所有食材变成奶油般的质地，随后用盐调味。

焦糖玫瑰味噌黄油

玫瑰豌豆味噌是一种带有清淡口感的产品，十分质朴，但焦糖化后会激发更多的潜力，用作温油醋汁的基底。取40克玫瑰豌豆味噌和200克黄油放入小锅中，中火加热。黄油融化、开始变得澄澈时，用硅胶铲或小型搅拌器不停搅拌——如果不持续搅拌，玫瑰豌豆味噌会在锅底煳掉。大约20分钟后，黄油完全融化，玫瑰豌豆味噌也会变甜，出现褐变反应。将锅移开炉灶，做好的玫瑰味噌黄油可以淋在刚出锅的螃蟹、龙虾或虾上食用。

玫瑰豌豆味噌是夏季浆果的完美搭配。

黑麦面包味噌是北欧食材与日本制作工艺的结合。

黑麦面包味噌

约3000克量

原料：

1800克丹麦传统黑麦面包

1200克珍珠大麦曲（见第231页）

120克无碘盐，再额外备一些盐，用来铺撒发酵混合物表面

尝试在当地找到一种与大豆类似的东西并用它制作一款独特的北欧味噌时，我们的想法转向了各种稀奇古怪的方向。例如，既然曲可以分解全谷物中的淀粉，那为什么不能分解谷制品中的淀粉呢？比如能不能分解面包中的淀粉？我们用最具丹麦特色的烘焙食品——黑麦面包（rye bread）——做了实验，收获了令人满意的结果。最终制成的味噌——用我们的叫法就是“ryeso”（黑麦面包味噌）——比黄豌豆味噌更能代表NOMA餐厅的丹麦风味，具备醇厚浓烈的咸鲜味之余，新鲜烤制的黑麦面包那种温暖而令人满足的香味也同时铺散开去。

开始制作之前，我们建议你先阅读“黄豌豆味噌”（见第289页）的详细制作说明，这一节内容可作为本章所有味噌食谱的模板。

许多杂货店或健康食品商店都售卖切片丹麦黑麦面包（味道比犹太黑麦面包更浓郁，也更酸）。当然，如果能在面包店买到新鲜烤制的丹麦传统黑麦面包就再好不过了。

黑麦面包味噌，第 1 天

第 30 天

第 90 天

戴好手套，将黑麦面包切成小块，便于食品加工机处理。将面包搅成粗糙的碎屑，倒入一个消过毒的大碗中。随后，用食品处理机将曲搅碎。

将曲和盐放入面包屑中，用手将原材料充分混合。豌豆味噌的质地通常都是恰如其分的，但用面包做味噌时，情况就不同了，可能会有干燥的问题，必须提升水分含量。用手持搅拌机或搅拌器将4克盐混合到100克水中，直至盐完全溶解，快速配制浓度为4%的盐水。每次加少许盐水，直至能把混合物握成球。

将混合物装入发酵罐，压实。抚平混合物的顶部，使之平整光滑，将容器内部擦拭干净，并在表面撒上一些盐。依据黄豌豆味噌的制作说明（见第289页）压上重物并封口，就可以开始发酵了。放置在室温下，3～4个月后即可完成发酵。收获的黑麦面包味噌可以装进密封的罐子或容器中，可冷藏1个月，冷冻几个月。

建议食用方法

黑麦面包味噌奶油

想用黑麦面包味噌制造些甜蜜的体验，可以用手持搅拌器将70克黑麦面包味噌搅打至顺滑（如果需要，可以加一些水），随后用毛筛绢过筛，得到均匀丝滑的糊。放入70克单糖浆（相同重量的粗糖和水煮沸后冷却）搅拌，随后加入250克高脂奶油以及少量甘草粉。无须搅打，搅拌均匀即可。黑麦面包味噌奶油可以搭配各种蛋糕和甜品，但在NOMA餐厅，我们喜欢用它搭配应季的新鲜浆果，再淋上些浆果发酵汁（见第97页“乳酸发酵蓝莓”）。如果可以，上桌前再配上几片金盏花瓣和叶子，加以点缀。

与糖、奶油以及少量甘草粉混合后，黑麦面包味噌能变成一种香甜浓郁的酱汁。

黑麦面包味噌 tamari 和黑麦面包味噌蘑菇酱汁

和豌豆味噌一样，黑麦面包味噌在发酵过程中也能产生tamari，而且带有一种黑麦面包特有的、层次丰富的麦芽甜味。可以参考“自制豌豆味噌tamari（还原法）”（见第298页），用黑麦面包味噌代替豌豆味噌，制作tamari。

再多说一些：黑麦面包味噌tamari和干蘑菇结合在一起，能够制成一颗超级美妙的鲜味炸弹，多年来，这款酱汁一直是NOMA餐厅的奇迹。自制tamari的过程中，达到了理想的味道之后，就停下来，将干蘑菇浸入tamari中。每500克冰澄（ice-clarified）黑麦面包味噌tamari可以浸泡10克干牛肝菌，同等重量的羊肚菌和灰喇叭菌也可以，再放入25克干海带。混合物煮沸后，将火调小，盖紧锅盖慢慢炖。2小时后，将蘑菇和海带捞出，尽可能地将汁液挤出来，然后将高汤放回炉灶继续煮，直至液体蒸发，刚好能没过勺背，黑麦面包味噌蘑菇酱汁就做成了。

最终得到的酱汁，可以往鸭子、野鸡或鹌鹑上涂抹，随后烤制，肉的表面会形成一层美妙的焦糖色。素食者也可以使用：用少量融化的黄油煎制一大朵云蕈，可以刷上些黑麦面包味噌蘑菇酱汁。云蕈是一种海绵状的真菌，能很好地吸收味道，成就一道酥脆多汁、香醇可口，带有烟熏味和肉味的奇迹菜品，即便是肉食者，也能食指大动。

清亮澄澈的黑麦面包味噌 tamari 和蘑菇、海带一起炖，得到的酱汁能让肉类和蔬菜变得更加美味。

玉米面团味噌

约3000克量

原料：

2000克玉米面团（见第315页）

1300克香米曲（见对页）

130克无碘盐，再额外备一些盐，用来铺撒发酵混合物表面

想要进行碱法烹制和发酵，有上百种干玉米可供选择。

在墨西哥图卢姆的尤卡坦丛林，我们花了几个月的时间打造并经营了一家NOMA快闪餐厅。建造这家餐厅的初衷，是通过替换使用不同文化中扮演相似角色的食材来制作味噌。在日本，大豆是大宗产品，正如北欧的豌豆和墨西哥的玉米。但在墨西哥，玉米不仅仅是谷物。将玉米粒放入氢氧化钙溶液中煮沸，随后研磨，玉米面团（masa）就做成了：玉米面团是墨西哥玉米饼、玉米粽、华拉奇饼[①]、比卡迪挞[②]等数不清的墨西哥传统菜肴的基本原材料。这一浸水过程被称作“碱法烹制”（nixtamalization），能有效分解玉米细胞壁中的纤维素，让玉米更容易被人体消化，同时释放营养物质和美味的化合物。因此，玉米面团成为我们发酵事业的新成员，促成了现代工艺与传统的融合，也促成了一项令人意想不到的新发明——我们亲切地称其为“maizo”（玉米面团味噌）。

玉米面团味噌的甜度很高，这意味着，在烤制玉米棒、猪排或桃子等之前厚厚地涂上一层这种味噌，可以制造出美妙的焦糖色。这项发酵事业上的成就令我们分外自豪。我们觉得，如果肯花时间去做成一件事，就一定能收获这种美好的体验。

---

① huaraches，墨西哥传统菜肴，玉米面团做成长方形后油炸作底，上面铺有酱料、蔬菜、肉类。

② sopes，又叫 picadas，墨西哥传统菜肴，小圆玉米饼边缘捏紧以容纳馅料，里面有蔬菜和肉类。

玉米面团味噌，第 1 天

第 30 天

第 75 天

开始制作之前，我们建议你先阅读“黄豌豆味噌”（见第289页）的详细制作说明，这一节内容可作为本章所有味噌食谱的模板。

如果你居住的地方能买到新鲜的玉米面团，就不用亲自做了。但不要用玉米面粉（Maseca，一种即食的脱水玉米面牌子）来代替，味道是不一样的。至于香米曲，如果掌握了大麦曲的制作方法，香米曲也不在话下。参照“珍珠大麦曲”（第231页）的步骤，用同等重量的香米代替大麦即可。显然，如果你手头有现成的大麦曲，用它也可以。虽然我们更倾向于米曲，但发酵是一项灵活多变的工艺，制作者也要灵活处理。

戴好手套，将玉米面团放入一个大碗中打散。米曲放入食品加工机或绞肉机中打碎。将处理好的玉米面团和大米曲混合，加入盐，充分搅拌。

与本章的其他味噌不同，无须用盐水调节玉米面团味噌的质地或水分含量。相比豌豆或大豆，玉米面团的淀粉中含有更多水分。曲中的淀粉酶分解淀粉的长分子链时，所有的水分都会被释放出来。因此，玉米面团味噌成品的含水量总是比刚开始制作时高得多。也就是说，玉米面团味噌的味道不会因缺水而变差，这一点无须担心。玉米面团的高pH值有助于阻止乳酸菌和酵母菌的繁殖，因此，这种味噌主要依靠酶类物质进行发酵。

将混合物装入发酵罐，压实。抚平混合物的顶部，使之平整光滑，将容器内部擦拭干净，并在表面撒上一些盐。依据黄豌豆味噌的制作说明（见第289页）压上重物并封口，就可以开始发酵了。放置在室温下，2～2.5个月后完成发酵，比其他味噌的发酵时间短一些。长时间的陈化会给味噌带来泥土的气息，掩盖住玉米面团味噌特有的果香。收获的味噌可以装进密封的罐子或容器中，放入冰箱冷藏或冷冻。

建议食用方法

腌鱼

玉米面团味噌具有浓郁的花香和水果气息，是鲷鱼、比目鱼等肥美白鱼的完美腌料。在切成薄片的鱼肉两面均匀地抹上玉米面团味噌——不是把鱼整片埋起来的程度，将表面整个覆盖住就好。将鱼片摆进烤盘，放入冰箱冷藏室腌制1小时。腌制的过程中，可以顺便准备一些原料：葱丝、百香果籽、墨西哥青辣椒片、香菜段。从冰箱里取出鱼片，用勺子刮掉腌料，再用湿纸巾擦拭一下。将鱼片斜着切成细条，摆在浅盘里，放上准备好的配料，淋入适量橄榄油，最后用海盐和酸橙汁调味。

比目鱼片用玉米面团味噌腌制1小时，随后切成细条，用香草和酸橙汁调味后即可食用。

玉米面团

约3000克量

原料：

1000克干玉米粒

5克氢氧化钙

氢氧化钙可以在墨西哥超市买到，网购也行，可以检索“cal”或“pickling lime”。一定要用氢氧化钙，不要用氧化钙，因为后者不可食用，可能还会造成危险。

将玉米粒、氢氧化钙、5升水一同倒入大锅中煮，偶尔搅拌一下。煮沸后，将火调小，继续慢慢煮大约50分钟，直至玉米粒变得筋道柔韧，可以用手指甲掐开。将锅端离火源，用纱布盖上，放置一夜（或至少12个小时）。隔天，沥干水分，用冷水轻柔地冲洗1分钟。洗净的玉米粒放入食品加工机中搅拌，直至呈现出细腻顺滑的质感。做好的玉米面团放入密封容器，储存在冰箱里，随取随用。

建议食用方法

托斯塔达（tostadas）

如果你生活在一个能买到新鲜托斯塔达的地方，那再好不过了。但如果没有，现在你可以自己做了。隔着两片塑料保鲜膜，用手掌将30克玉米面团压扁成饼状，或者使用2毫升深浅的圆盘。将玉米饼放入干燥的热油锅中，两面煎至膨胀。煎熟后放入烤盘，140℃烤制约20分钟，直至烘干所有水分，玉米饼变得酥脆。每一片玉米饼都放上一大勺玉米面团味噌，抹匀，再放上一切你想吃的食物，此处仅举几例：牛油果片、欧芹酱烤章鱼、五香烤蟋蟀或阿斗波腌鸡。

榛子味噌源自榨油后的榛子果渣的再利用。

榛子味噌

约3000克量

原料：

1900克榨过油的榛子粉（购买来源，见第448页）

1200克珍珠大麦曲（见第231页）

120克无碘盐

如果没办法去除脂肪，就缩短发酵时间

如果弄不到脱脂榛子粉，用全脂榛子粉制作这种味噌也完全没问题，但你需要做出一些权衡。比照其他味噌，用全脂榛子粉制作的味噌发酵时间要大大缩短，以降低脂肪酸过量堆积的风险。和南瓜子味噌（见第325页）一样，3～4周的发酵时间足以令全脂榛子味噌在产生腐臭味道之前孕育出有趣的发酵风味。

坚果似乎不怎么适合发酵成味噌，它们富含蛋白质、淀粉，在北欧的产量也很高，但有一点不好：脂肪。一开始，我们尝试制作了许多次榛子味噌，在复杂的发酵风味出现之前，总是会先产生腐臭的味道。发酵过程中，榛果的脂肪会分解，腐败也因此产生。米曲霉能制造脂肪酶——尽管这种酶的浓度要远低于其他两种酶（淀粉酶和蛋白酶）——从而将脂肪分解成组成分子（即脂肪酸）。

脂肪处于完整且新鲜的状态时，味道醇美，令人满足，让人强烈渴望，大快朵颐。然而，脂肪酸会令人感觉恶心，因为我们会将其与腐烂的（即腐臭的）脂肪联系在一起。

解决办法也是有的，那就是去除脂肪。NOMA餐厅开始尝试制作榛子味噌后不久，实验厨房购置了一个新“玩具”：坚果压榨机。坚果压榨机能碾碎坚果，通过加热的螺旋钻将果肉和油分开。实验厨房的团队想要的本来是坚果油，但发酵实验室在无油坚果渣上看到了一个完美的机会——制作坚果味噌，而且不会有讨厌的脂肪酸，结果证明，效果非常不错。幸运的是，想要制作这种味噌，你无须购买大型工业机械。低脂或脱脂的榛子粉网上就有卖。

榛子味噌，第 1 天

第 30 天

第 90 天

开始制作之前，我们建议你先阅读“黄豌豆味噌”（见第289页）的详细制作说明，这一节内容可作为本章所有味噌食谱的模板。

将榛子粉平铺在烤盘上，放入烤箱，160℃烘烤至轻微的褐色，散发出植物清香，一般需要20～25分钟。每5分钟翻动一次，确保榛子粉成色均匀。烤完后放在料理台上，冷却至室温，重新为榛子粉称重，此时应该是1800克，因为烘烤的过程中会蒸发水分，减少一定的重量，这就是为什么我们一开始用的是1900克。

烘烤榛子粉的时候，将大麦曲放入食品加工机里搅碎。

将烤榛子粉、曲和盐放入一个大碗。戴好手套，将混合物搅拌均匀。与豌豆味噌不同，榛子味噌起初都会很干燥，这是一个问题。你肯定需要提升水分含量。用手持搅拌机或搅拌器将4克盐混合到100克水中，直至盐完全溶解，快速配制浓度为4%的盐水。每次加少许盐水，直至能把混合物握成球。

将混合物装入发酵罐，压实。抚平混合物的顶部，使之平整光滑，将容器内部擦拭干净，并在表面撒上一些盐。依据黄豌豆味噌的制作说明（见第289页）压上重物并封口，就可以开始发酵了。放置在室温下，3～4个月后即可完成发酵。完成后，可以加入少量的水，放入搅拌机搅打至顺滑的程度，再用毛筛绢过筛。做好的榛子味噌装进密封的罐子或容器中，可冷藏1个月，冷冻几个月。

建议食用方法

洋葱沙拉

高尔夫球大小的甜洋葱去皮，竖切成两半，放入少许油，拌匀后，切面朝下放在炭火上烤，直至洋葱切面烤至焦糖色，从烤架上拿下来，包上铝箔纸，放回烤架边上继续烤大约10分钟，直至洋葱变软，但仍保有一定的嚼劲儿。剥掉铝箔纸，将洋葱瓣剥开放入碗里。加入一大勺搅碎并过筛至顺滑程度的榛子味噌、一点油、盐、胡椒以及新鲜的百里香和牛至叶，搅拌均匀。这是一道很棒的配菜，你也可以往洋葱里面再加一些豆瓣菜、蒲公英和芝麻菜。

烤棉花糖饼干（S'mores）

如果是第一次吃这种甜品，榛子味噌几乎肯定能取代其他坚果黄油，成为你新的最爱。将榛子味噌想象成坚果黄油，就很容易想到它的使用方法了。在此举一个简单的例子：下次和孩子一起（或自己）做烤棉花糖饼干的时候，往全麦饼干上抹一勺榛子味噌吧。

面包味噌始于弃之不用的面包的再利用，但它很快就证明了自己非凡的能力。

面包味噌

约2500克量

原料：

3000克去掉硬皮的酸面包

米曲霉种曲（购买来源见第448页）

100克无碘盐，再额外备一些盐，用来铺撒发酵混合物表面

和黑麦面包味噌（第307页）一样，本节的面包味噌食谱，我们也会用曲来分解面包。但二者的不同之处在于，这次我们会直接在面包上种曲——不用大米，也不用大麦。你要准备的是过期的切片面包。去除面包硬皮和为谷物去壳的道理是一样的，能让曲丝更轻松地通过和生长。通过这份食谱，你会看到霉菌强大的转换能力，将剩饭变成美味，化腐朽为神奇。

戴好手套，用锯齿刀将面包片切成大约2厘米的小块。将面包块放入食品加工机大致搅碎后，上锅蒸5分钟，稍微湿润一下，随后从蒸笼中取出，放在料理台上冷却10分钟，让水分渗透到面包碎内部，形成均匀的水合物。

参照珍珠大麦曲（见第231页）的制作流程：将面包碎平铺开来，接种米曲霉，进行培育。曲丝会在48小时内完全覆盖面包碎。面包曲准备好后，取3000克，放入食品加工机搅打成糊状，随后倒入碗中，加盐，搅拌均匀。操作过程中要戴好手套。

面包味噌，第1天

第30天

第90天

相较于其他味噌，面包味噌的含水量和质地更难调整。面包曲有些像海绵，无法用判断豆类味噌水饱和度的方法测量它的水饱和度。用手持搅拌机或搅拌器将4克盐混合到100克水中，直至盐完全溶解，快速配制浓度为4%的盐水。每次加少许盐水，直至面包曲足够湿润，能捏成有弹性的球状，看起来似乎要回弹（但实际上并不会回弹）。面包曲的质地相当浓密黏稠，所以一定要充分搅拌，保证所有配料均匀分布。

将混合物装入发酵罐，压实。抚平混合物的顶部，使之平整光滑，将容器内部擦拭干净，并在表面撒上一些盐。依据黄豌豆味噌的制作说明压上重物并封口，就可以开始发酵了。放置在室温下，3个月即可完成。发酵过程中需要频繁检查，因为这种味噌非常“善变”；酸酸甜甜的鲜味会在7～8周的时候产生。发酵完成后，将面包味噌装进密封的罐子或容器中，放入冰箱冷藏或冷冻。

建议食用方法

面包味噌汤

用面包味噌做汤，能给汤里的所有食材带来温暖且浓郁的鲜味。面包味噌汤的制作方法：往一口大锅里注入冷水，取1000克鸡骨，没入冷水中。小火慢炖，撇去杂质，加入500克香料（大块的韭葱白、洋葱、胡萝卜、芹菜、大蒜，一把百里香、桂皮、黑胡椒）。小火继续炖上几个小时，随后将鸡骨和香料滤除。将面包味噌调入高汤（每1升高汤配150克味噌），用手持搅拌器搅打均匀，加盐调味，最后放入切成1厘米宽的甘蓝菜叶汆烫几分钟，面包味噌汤就做好了。

这道酱料是发酵版的传统英式酱料。

面包味噌酱

这道酱料是传统英式酱料的变体。首先，用200℃将鸡骨烤至深棕色，随后按照上述面包味噌汤的食谱，将鸡骨放入冷水锅中，炖制高汤。高汤炖好、滤除杂质后，换一口干净的锅继续熬制，直至水分蒸发流失至原本体积的20%。每流失100克水分，就调入10克黄油和25克经过搅打且用毛筛绢筛至匀净顺滑的面包味噌。要想充分利用这道美味的酱汁，可以将其淋在油煎羊肚菌上，将羊肚菌表面完全包裹住，摆进浅烤盘中，撒上酸面包屑，烤至金黄酥脆，趁热端上桌享用。

面包味噌黄油吐司配浆果奶油

面包味噌这种发酵产品不仅适合用作晚餐食材，也适用于甜品，而且制作方法简单。将面包味噌、软化的黄油和黑糖按2∶1∶1的比例搅拌均匀，随后，将酱料抹在厚厚的一片新鲜的酸面包上，有酱料的一面朝下放入平底锅，煎出焦糖色和滋滋声即可出锅。未抹酱料的一面放上腌杏子或腌樱桃，淋上些腌罐里的糖汁，再抹上些鲜奶油。

烤制后，南瓜子会散发出植物香气和坚果味儿，发酵成味噌后，这些味道也会传递下去。

南瓜子味噌

约3000克量

原料：

1800克新鲜的去壳南瓜子

1200克珍珠大麦曲（见第231页）

120克无碘盐，再额外备一些盐，用来铺撒发酵混合物表面

我们在墨西哥图卢姆工作期间，南瓜子味噌是一种重要的食材，我们用它制作尤卡坦南瓜子酱（Yucatecan dzikilpak），即用烤南瓜子做成的浓稠调味酱或蘸酱。回到哥本哈根后，我们发现南瓜在夏末和秋季的产量十分丰富，无论是在NOMA餐厅总部还是我们第108号快闪餐厅的菜单上，南瓜子味噌那柔和醇厚的鲜美风味都在继续帮我们制作优质菜肴。

烤箱设置成160℃，南瓜子均匀地铺在几个烤盘上，放入烤箱烤制45～60分钟，直至变成棕色，散发出坚果的香气。每隔10分钟左右翻动一次南瓜子、水平转动一次烤盘，确保颜色均匀。烤制完成后，冷却至室温。

将南瓜子放入食品加工机中搅碎至细粉质地，倒入大碗中。再将大麦曲放入食品加工机打碎，倒入大碗，加入盐，戴好手套，将所有食材混合，充分搅拌。

用手持搅拌机或搅拌器将4克盐混合到100克水中，直至盐完全溶解，快速配制浓度为4%的盐水。每次加少许盐水，直至混合物足够湿润，能握成结实的球形，既不会有液体渗出，也不会因太干而碎裂。加入南瓜子味噌里的盐水要适量，一方面要足够湿润，促成发酵；另一方面，由于南瓜子中含有一定的油脂，如果水分过多，发酵的其他层面也会加速，包括由脂肪到脂肪酸的分解过程，而这可能会产生腐臭的味道（详细的解释见第317页榛子味噌食谱）。

南瓜子味噌，第 1 天

第 14 天

第 30 天

将混合物装入发酵罐，压实。抚平混合物的顶部，使之平整光滑，将容器内部擦拭干净，并在表面撒上一些盐。依据黄豌豆味噌的制作说明（见第289页）压上重物并封口，就可以开始发酵了。放置在室温下，3～4周即可完成。如果时间过长，脂肪酸的负面影响就会显现。发酵完成后，将南瓜子味噌装进密封的罐子或容器中，放入冰箱冷藏或冷冻。

建议食用方法

南瓜子酱（Dzikilpak）

尽管南瓜子味噌是在寒冷的哥本哈根研发出来的，但我们还是抓住机会，把它用在了墨西哥图卢姆的快闪餐厅菜单上。在那里，我们见识了dzikilpak——一种用南瓜子做成的传统墨西哥辣酱，发现它跟我们做的南瓜子味噌有异曲同工之妙。我们在墨西哥制作的这种酱汁用到了20多种食材，在此，我们将提供一种更简单，但同样美味的制作方法。

准备250克番茄，切块。取1个白洋葱、1个哈瓦那辣椒、4瓣大蒜，切丁。平底锅中火加热，淋入植物油。油开始冒烟时，加入准备好的食材翻炒，直至番茄的汁液渗出、沸腾起来。将平底锅放入烤箱，160℃烤制大约30分钟，每5～10分钟搅拌一次，将食材烤成浓稠的糊状。从烤箱取出，将混合物倒入搅拌机，加入150克南瓜子味噌、一把带茎的香菜和2个酸橙的碎皮，搅打至均匀顺滑的糊状（可能需要加一些水，帮助搅拌机旋转）。加入几勺牛肉鱼露（见第373页）或大豆酱油调味，南瓜子酱就做成了。这道酱料口感丰富、辛辣、醇厚，搭配烤海鲜或任何一种玉米饼都很美味。

南瓜子味噌给尤卡坦南瓜子酱注入了发酵风味。

烤生菜

如果你想使用这种发酵产品，但又不希望食谱太复杂，可以加一些水，将南瓜子味噌稀释成油漆状。准备一棵嫩生菜或宝石生菜心，切成四等份，将稀释好的南瓜子味噌涂抹在上面，不要吝啬，让味噌尽可能地渗入菜叶间的缝隙，再淋上一些橄榄油，撒一些盐调味，切面朝下，放入预热至高温的烤架上烤制。装盘之前，再将生菜翻几次面轻烤，确保每一面都烤到，随后从烤架上拿下来，装盘，撒上些油煎黑麦面包碎和硬质奶酪屑，烟熏格鲁耶尔干酪和豪达干酪均可。

南瓜子味噌“冰激凌”

南瓜子味噌的用途非常广泛，甚至以冰激凌的身份出现在NOMA餐厅。将200克南瓜子放入烤箱，以160℃烘烤至金黄色，并散发出坚果的香气。将烤好的南瓜子、200克南瓜子味噌、750克水和140克优质蜂蜜一同放入搅拌机，搅打至顺滑的程度，再用细孔筛过筛一遍。将混合物放入冰激凌机，依据说明书的指示进行搅动。搅完后冷冻，直至混合物变得坚硬，南瓜子味噌冰激凌就做好了，可以搭配烤椰肉或黄油杏仁蛋糕一起食用。

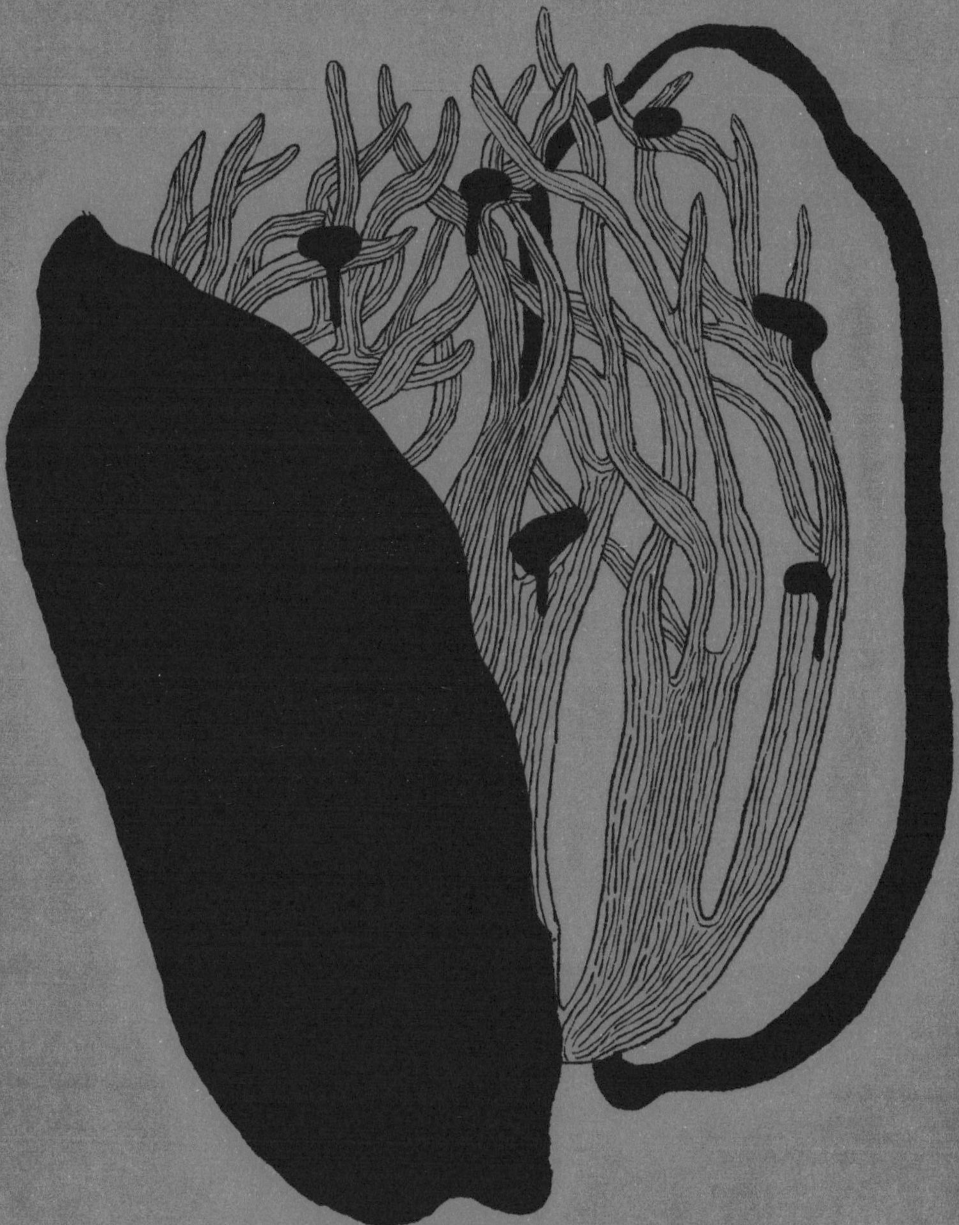

7

醬油

—Shoyu—

世界上最受欢迎的发酵风味

酱油的出现，很有可能是一个幸运的意外。一些中国厨师在发酵豆瓣酱的时候注意到容器顶部有一汪黑色的液体，他们尝了尝，随即被震撼。只有对美味有着特别感知的人才会关注整体中的一个部分，然后想：嘿，这玩意儿挺好！但事实也确实如此。Shoyu，也就是大多数西方人理解中的酱油（soy sauce），最初是一种副产品，经过几个世纪的发展，已经成为世界上最受欢迎的一种酱料。

在中国，酱油中的“油”即聚集在发酵豆瓣酱上的液体。这种液体（实际上大部分成分是水而不是油）的出现有两个原因。首先，“酱”是一种盐渍发酵物。盐通过渗透作用将煮熟的豆类中的水分析出，直至混合物中的盐分达到平衡状态。在短时间内的乳酸发酵过程中，我们也会看到同样的效应，但是在酱或味噌这种更为浓稠的发酵工艺中，渗透作用要花费更多的时间才能显现出来。

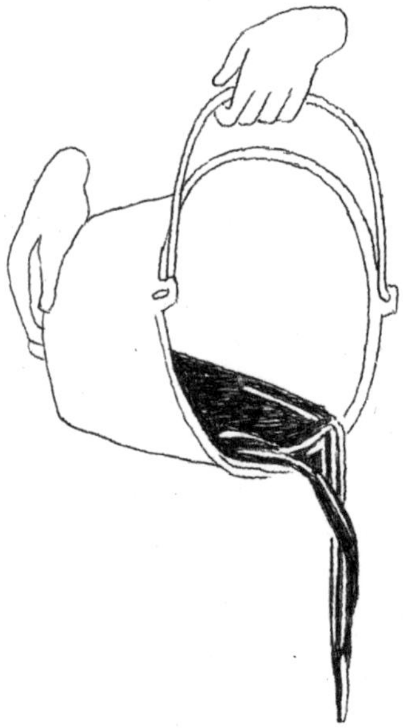

人们发现，将大豆和小麦放在盐水里一同发酵，可做出很棒的产品，酱油由此诞生。

第二个原因就是酶的作用。大豆中含有淀粉，可以在蒸煮过程中吸收并储存水分。豆类一旦和曲（即接种了米曲霉的谷物）混合在一起，霉菌制造的淀粉酶就会开始分解淀粉。淀粉一旦分解为糖，就失去了凝聚水的能力，混合物的黏性也就降低了。而且，酱在制作过程中往往会用重物压制以隔绝空气，液体通过渗透作用和酶的作用被释放出来，从而聚集在发酵物顶部。

“酱油”这个术语可能有点含混，所以在继续之前，我们先来理清一下。公元6世纪，酱被日本遣唐使带回日本，最后演化成了味噌，而味噌发酵过程中聚集在顶部的液体后来被称作“tamari”。接下来的内容里，提及味噌产生的这种液体时，我们仍会使用tamari。

tamari风靡全球，需求激增之后，日本的工匠们探索出了无须先制作味噌且能大量生产的方法。提及这种量产的产品时，酱油制作工艺的许多技术层面直接来源于曲和味噌的制作工艺，或与之密切相关。如果你正在翻阅这本书，这一章会让你对“酱油的定义及制作方法”有一个全面的了解，但我们强烈建议你先阅读前面的章节，以便更好地理解这一章的内容。

我们会称其为“shoyu”，即“酱油”在日语中的发音（汉语和日语中有许多相同的文字，但发音不尽相同）。

英国哲学家约翰·洛克在1679年的日记中首次提及了“saio”。不久后，德国科学家、旅行家恩格柏特·坎普法在他的《日本史》中提到了“shoyu”，称日本的“sooja”比任何类似的酱料都更美味。这是关于“shoyu”一词最早的一些西方式误用，后来又演化成了“soya”。有趣的是，在许多语言中，“大豆”（soybeans）一词正是从“shoyu”的各种错误读音中演化而来的。后来的出版物则将制作酱油（soy sauce）的豆类称作“酱豆”（soybeans，即大豆）。

酱油是怎么做出来的

我们现在称作“味噌”（miso）、鱼露（garum）和酱油（shoyu）的东西都有各自的定义，但在古代中国，“酱”很难清楚地定义。酱的成分往往包含肉或海鲜，由此衍生的酱油最初是一种厚重浑浊的液体，不同于我们今天所熟知的任何一种酱油。同样，日本最早的味噌与现在的味噌产品相比，也是十分粗糙的，虽然原料完全相同，但“hishio”（也就是最早的味噌）更像是介于味噌和酱油之间的一种产品。

久而久之，hishio越发精致，最终演变成我们所熟知的质地浓稠的味噌。起初，tamari只是一种副产品，但随着市场需求的不断增加，人们开始对传统的味噌工艺进行调整，以收获更多的tamari。新型的发酵池带有排孔槽，连接着喷管。制作工艺上，则采取了较高的水分含量。但直至17世纪，酱油的生产方法才演变成今天的样子。

我们将在这里介绍这种新型方法。但首先，有一点需要注意，现在所谓的酱油（即shoyu）是米曲霉的“生物工具包”制造出来的另一种奇妙的食物，生产方法与曲（当然，还有味噌）

相似，但在制作工艺上有着根本的不同。想要制作味噌，你需要将曲霉菌接种在大米或大麦上，然后与大豆混合，一起发酵。但想要制作酱油，直接将曲霉菌接种在煮熟的大豆和烤至裂开的小麦混合物上即可。使用传统方法制曲的时候，大米或大麦最好用蒸而不是煮的方式，避免米曲霉因水分过多而淹死。但是，大豆这样的豆类不适合蒸，需要没入水里煮。小麦在这里起到的作用就是吸收多余的水分（这就是为什么tamari中不含麸质，但普通酱油含麸质）。

在日本米酒这类产品的生产过程中，曲的作用是释放淀粉中的单糖。而在酱油中，则是利用曲霉菌将植物蛋白分解成氨基酸，从而制造出酱油中丰富的鲜味。[酱油曲霉（*Aspergillus sojae*）是许多酱油工厂的首选曲霉菌株，因为它是为增强蛋白酶活性专门培育的]。将曲霉菌直接种在豆类和小麦上，霉菌产生的蛋白酶可以直接作用于基质中的蛋白质。

接种后，将大豆-小麦曲放入浓度为20%～23%的盐水中。不同的食谱，盐水的用量是不同的，但理想状态下，总混合物的盐浓度应该在15%～16%。富含营养的基液与空气直接接触，较高的含盐量可以防止有害微生物的滋生。耐盐的有益微生物则提供了少许的酒精和浓郁的酸香，为最优质的手工酱油打下基础。

随着时间的推移，起初的豆类和少量小麦混合而成的浓汤（被称作“moromi”，发酵术语，日本米酒酿造过程中也有类似的步骤）慢慢转化成黏糊糊的一团，呈现出婴儿食品般的黏稠质地。和味噌一样，曲产生的酶会慢慢地将蛋白质分解成氨基酸，让酱油中充满谷氨酸以及其他美味的有机化合物。相对于味噌之类的黏性基质，酶类物质在流体基质中能产生更高效的作用。

传统制作工艺中，酱油会在被称作“kioke”的巨型雪松木大量的 moromi 被放入雪松木大桶中进行搅拌。

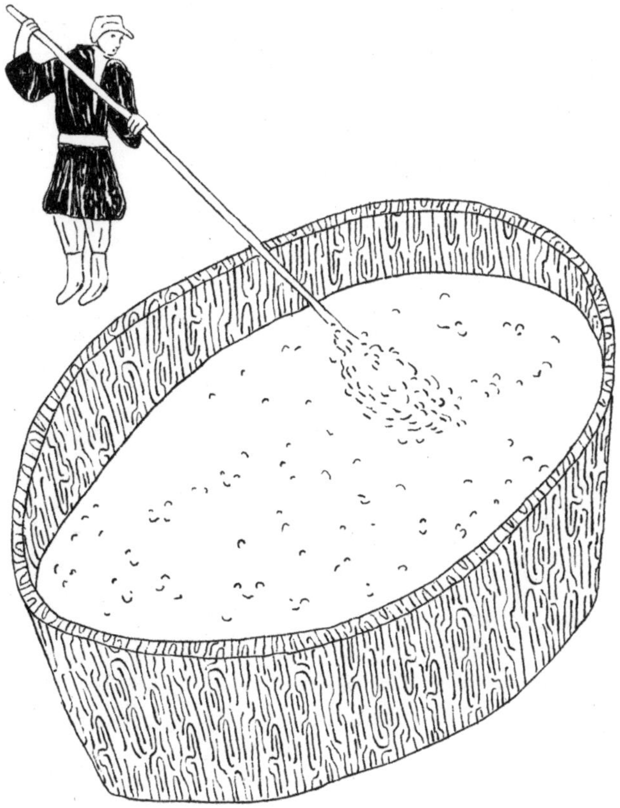

桶中进行发酵，这种桶宽约2米，深约3米。和味噌一样，酱油的制作也应在丰收季之后的冬季开始进行，避开夏季的高温，因为高温会增加酶和微生物的活性，不利于发酵。最初的几个星期，每天都要对发酵物进行搅拌，最终的发酵时间长达3年。完成后，将moromi舀到铺成多层的纱布上，堆放在一个大的矩形木压机上，用一个巨大的杠杆推动木制板向下压，将moromi中的液体（也就是酱油）挤压出来。酱油全部挤出来之后，剩余的沉淀物就会像硬纸板一样干硬，经常被提供给农民用作牲畜饲料。经过滤后的酱油会静置一段时间，再过滤一次，随后进行热处理，就可以装瓶了。

大约在17世纪初，欧洲的商人对亚洲越发感兴趣。英格兰和荷兰成立了有限责任公司，派出小型船队在全球寻找贸易机会。就这样，西方世界了解到了酱油这种美味的食品。因具有令人上瘾的风味和便于储存的实用性，酱油成为人们十分渴求的一种调味品。

船队返回欧洲的漫长旅途中，酱油很受欢迎，给平淡的食物增添了活力。最终，酱油成为欧洲发酵产品（比如伍斯特沙司）的重要原料，就连法国厨师都认为，酱油能让最传统的菜肴锦上添花。18世纪的法国实业家、园艺家尼古拉·奥古斯特·帕里约宣称："一名蓝带厨师如果使用了酱油，他的菜肴就会发生变化，变得更好，而且不会有人注意到他用了适量的酱油这种知名酱汁。"

酱油在欧洲乃至北美洲的影响力不断扩大，在亚洲的地位也进一步得到了巩固。如今，每一个日本人平均每年都要消费10升酱油。为大众生产酱油的企业有大型跨国公司，也有小批量生产精品酱油的手工作坊。与此同时，东南亚也有酱油的"近亲"。Kecap manis就是一种印度尼西亚酱油，可能是酱油支系中最有名的一种，它由茴芹、丁香和大量的棕榈糖制成，经过还原作用，形成香甜的糖浆。在越南北部，我们找到了tuong（黄豆黑酱），其稠度和风味更接近最原始的中国大酱，原料是炒大豆——如果要制成酱油，大豆就得蒸制，小麦可以烤制——将炒大豆放入水中进行乳酸发酵，最后接种曲霉菌，发酵完成后磨成顺滑、黏稠的糊状，不同于其他经过滤或挤压得到的酱油。

其他非传统的酱油生产方法也相继出现，比如瑞士玛吉公司的朱利叶斯·玛吉发明的一种化学工艺——酸水解法。利用这种方法，可以不经任何发酵过程，用盐酸和高温分解植物物质，从植物蛋白中提取出游离氨基酸，再用纯碱中和混合物。这种中和反应过程能产生盐、有机沉淀物（即腐黑物）和以棕色液体形式存在的水解植物蛋白（HVP）。HVP的味道类似浓郁的肉汤，这都要归功于其中的苏氨酸。

池田菊苗是味之素集团的创始人，他定义了“umami”一词。

20世纪初，日本化学家池田菊苗利用酸水解法从大豆中提取出了氨基酸［池田还创造了“umami”（鲜味）这个词——即日语“umai”（美味）和“mi”（味道）的合成词］。然后，他将大豆水解蛋白与由传统moromi第二次浸渍制成的酱油混合在一起，由此生产出来的HVP酱油所需时间只有几天，而不是几年，成本也大大降低。这种酱油自然比不上传统工艺制出的酱油，但传到美国后，HVP酱油（也被称作“化学酱油”）还是成了许多企业的普遍生产手段。如今，依然有许多制造商使用这种方式。可以通过标签上是否注明了“水解大豆（或植物）蛋白”来进行分辨。

北欧酱油

我们在NOMA餐厅的酱油探索之路和酱油本身的历史一般奇妙。第一次制作黄豌豆味噌（第289页）——属于我们自己的味噌——的时候，我们立刻就爱上了聚集在发酵容器顶部的tamari。但量太少，无法满足我们的需要，只能通过多做一些味噌来获取更多tamari。说句心里话，tamari可能已经成了我们厨房里最有价值的一种味道，没有之一。

在NOMA餐厅的菜单上，tamari的应用极为广泛，也因此，我们制作了大量的豌豆味噌。但是，相比传统的日本味噌，由于我们的豌豆味噌含盐量相对较低（总重量的4%），所以不能像1000年前的日本味噌制作者那样，通过简单的加水方法获取更多的tamari。如果我们的豌豆味噌含水量太高，盐分就不够了，无法阻止有害细菌的滋生，整批发酵物会因此而变质。

最终我们下定决心，如果想获得更多的tamari，唯一的途径就是遵循先辈的逻辑，用最纯正的方法进行制作。我们采用了传统的日式方法，用北欧食材代替传统食材进行制作（豌豆味噌就是个成功的例子）。但最后，我们得到的……只是酱油，尝起来跟我们制作豌豆味噌时收获的tamari不是一个味道。的确，它尝起来不错——层次丰富，咸鲜醇厚——但也只是相当于高品质的日式酱油，而非tamari。

酱油并非世人所熟知的“酸甜苦辣咸”中的任何一种。但在千千万万个普通人家，你都会看到它，鸡汤里会放一些，早餐的煎蛋也会淋上一些。我们看到了酱油在整个亚洲的烹饪潜力，成为它的拥趸。但是在NOMA餐厅，我们的目标是创造和培养用餐者的地域感，我们希望，人们能将他们所吃的食物与特定的时刻和地点联系起来。每当我们在实验厨房里往一道菜肴中加入酱油的时候，都希望它能将你带离当下，引向遥远的记忆，可能是一碗日式拉面，也可能是一坛上海红烧肉。

菜里放了一点酱油，有的人可能尝不出来，但有些人会立刻察觉到。尽管我们的酱油原材料完全来自当地，但它的味道太具有地域性，会让你的大脑立即联想到其他地方。这就是联想的力量。没错，我们做出了北欧酱油，我们引以为豪，但它的味道和日式酱油一样，没什么特别之处。对我们来说，这是一个需要克服的障碍。最终，我们决定，与其制作shoyu，还不如继续用笨方法发酵豌豆，以获得更多的tamari［见第298页的“自制豌豆味噌tamari（还原法）”］。

尽管如此，酱油仍是一种用途非常广泛的食材。你很难找到一间没有酱油的厨房——不管是不是出于打广告的目的。卤汁、酱汁、高汤、肉汤显然都能用到酱油，但即便是油醋汁，甚至是饴糖和奶油糖这种甜品，也会使用酱油来上色。

弄清楚酱油的原理，尝试自己制作吧，绝对值得一试。即便还没有想出该如何将酱油完美地嵌入我们的菜单中，但我们仍在继续尝试，并从每一次努力中获取新知。

接下来，我们快速讲解一下NOMA餐厅版黄豌豆酱油的制作方法。

1. 煮熟的黄豌豆与炒至裂开的小麦以约1：2的比例混合后，接种酱油曲霉孢子。让曲在发酵室中生长2天。
2. 将曲放入发酵容器，倒入盐水。用透气的布或盖子封口，放在阴凉的房间里发酵3～4个月。
3. 补充蒸发掉的水分，挤压混合物，收获汁液。

我们的酱油，主要原料是黄豌豆和柯尼尼小麦。柯尼尼是一个古老的小麦品种，呈紫色，烤好后味道极具层次感。柯尼尼不太好找，但你可以用任何优质的全麦小麦来代替。我们还尝试了黑麦和大麦，也都取得了不错的效果。

本章内容还包括用于牛肝菌或咖啡等原料制作的创新性酱油。再说一次，虽然我们还没有找到一种能将酱油完全融入NOMA餐厅用餐体验中的方法，但我们仍在继续探索。有一些食谱并不完全符合酱油的定义；有些和鱼露有很多共同点（但我们还是将它们称作“酱油”，即shoyu，因为它们不含肉类成分，这是本质上的不同）。我们最成功的食谱是鳞蜂巢孔菌酱油。鳞蜂巢孔菌是一种蘑菇，在上面接种曲几乎是不可能的，所以我们把它和大麦曲混合搅打，随后将混合物浸入盐水中。这样制成的酱油与我们以往的产品全然不同——充满果香，酸咸适宜，带着股令人愉悦的菌类味道，而且鲜味醇厚，这使得它成了一款既美妙又全能的调味品，与其他酱料调和在一起也十分不错。

黄豌豆酱油

约2升量

原料：

600克干黄豌豆

600克小麦粒

1900克水

365克无碘盐

种曲（曲孢子；购买来源见第448页）

最初开始自己制作酱油的时候，我们希望用斯堪的纳维亚的主要作物（黄豌豆）来代替传统的原材料（大豆），生产出一种全新的产品。然而，尽管我们的“北欧酱油”是由一种截然不同的豆类制作的，但结果证明，其味道和日本酱油非常相似。话虽如此，自制酱油依然值得一试，努力之后，你会收获一种既特别又熟悉的食材。如果这本书里有某一种发酵产品你已经很擅长运用了，那很可能就是酱油。现在，你将掌握一项工艺，让你可以随心所欲地自制高质量酱油。

想制作酱油，首先要在富含蛋白质的基质上种曲——在这份食谱中，要用的基质是豌豆。如果之前没有尝试制作过大米或大麦曲，最好先了解一下。至少先阅读一下珍珠大麦曲（第231页）的详细操作说明。还有一点要注意，如果你想做的是真正的、传统的酱油，直接将这份食谱中的干黄豌豆换成干大豆就好。

设备说明

你需要一个发酵室（详见第42页“建造发酵室”）和一个适合在你的发酵室使用的培育托盘（雪松木材质，不起化学反应的、带排孔的金属或塑料材质均可）。你还需要一个容量约为6升的玻璃罐或塑料桶用作发酵容器，以及干净的棉质厨房毛巾或纱布，大号橡皮筋或较松密合度的盖子，用来给发酵容器封口。

收获酱油时可以使用榨汁机，这是最便捷的方法。如果没有榨汁机，放在滤锅里用重物挤压也完全没问题。另外，建议你在操作的时候戴好无菌手套，并对所有设备进行彻底清洁和消毒（见第36页）。

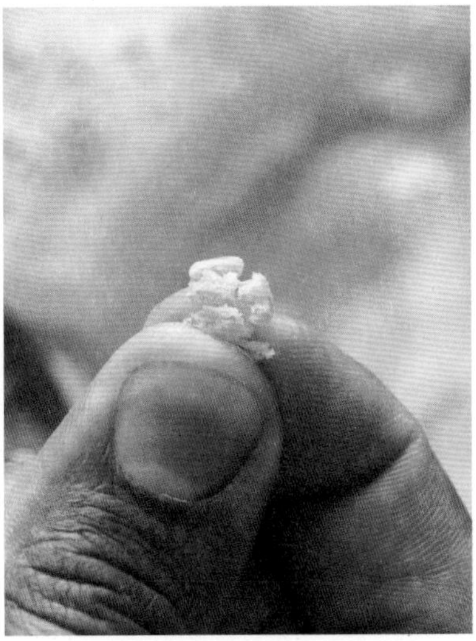

豌豆煮到可以用手指捏碎的程度，但不要煮得太久，软塌成糊就不好了。

详细操作说明

将干豌豆放入2倍体积的冷水中，在室温下浸泡4个小时。

浸泡豌豆的同时，将小麦平铺在烤盘上，放入烤箱，以170℃烘烤1个小时，每15分钟翻动一次。烘烤得当的小麦颜色会非常深，你可能会觉得要烤焦了。但没问题，高强度的烘烤能给酱油带来更加浓郁的香气和风味。

从烤箱中取出小麦，冷却至室温。下一步，你需要将小麦磨碎。在NOMA餐厅，我们使用的是台式磨谷机，设置成最粗的颗粒进行磨制。如果你没有磨谷机，可以将小麦放入食品加工机运转45～60秒，将其搅碎。如果食品加工机也没有，作为最后的手段，可以用研钵和杵——这需要极大的耐心。我们的目的不是把小麦磨成细粉，而是捣碎麦仁。捣碎后，将小麦放在一边备用。

接下来，将注意力放回豌豆上。豌豆浸泡好之后，沥干水分，放入锅里，加入豌豆2倍体积的冷水，开火煮。水沸后，将火调小，撇去浮沫。45～60分钟后，豌豆即可煮至用手指轻轻捏碎的软烂程度。注意，不要煮得太久，软成糊状就不好了，但也别欠火候，半生不熟更不好。如果豌豆不够软烂，曲的菌丝就无法穿透并扎根生长。

像制作大麦曲的时候那样，将豌豆和小麦犁成 3 列。

黄豌豆酱油，第 1 天

豌豆煮熟后，沥干水分，冷却至室温。这时候的熟豌豆重量应该在1125克左右。放入大碗中，与600克烤熟且磨碎了的小麦充分混合。

接下来，就该接种真菌孢子了。种曲有两种形式：表面覆盖着米曲霉孢子的大麦或大米，以及直接使用的真菌孢子。网上和家庭自酿商店都可以买到各种规格的孢子（购买来源见第448页）。不过，如果你做了曲，也可以自己种植孢子，以备将来使用（详见第241页“收获你自己的真菌孢子”）。

找一块微微浸湿的干净毛巾，铺在培育托盘（雪松木或带孔的金属、塑料材质均可）上。将豌豆和小麦混合物在毛巾上铺开。用滤茶器或糖粉筛瓶将孢子粉筛到混合物上（使用的种曲类型不同，具体的操作方法也不同；详细的说明见第231页“珍珠大麦曲”）。

把发酵室的温度设置为25℃，放入托盘，不要紧靠发酵室底部或离热源太近。将发酵室的门稍微打开一些，保证新鲜空气的进入和热气的散逸。发酵室温度上升到30℃是正常现象，但不要让温度继续升高。

24小时后，戴上手套，用手将曲打散并翻动，然后将其犁成3列，就像农民田地里的垄堆那样。随后，将曲放回发酵室，继续发酵24小时，这次将温度调升至29℃。第48小时，孢子会显现出独特的颜色，如果你用的是黑化（非白化）曲霉菌株，你会看到相当明显的颜色变化。

第 14 天

第 45 天

第 120 天

接下来，要将曲浸入盐水。盐水的制作方法：取950克水煮沸，加盐搅拌至溶解。关火，加入剩下的水，将盐水冷却。

将曲搅散，放入发酵容器。酱油的传统发酵容器，是一种名为“kioke”的雪松木桶。如果你恰好有一个雪松木小桶，那再好不过。如果没有，任何不起化学反应的宽口直边容器都可以，比如约6升容量的食品级塑料桶或玻璃罐。

确保盐水冷却到35℃以下，倒在曲上，用搅拌机混合均匀。给容器里的混合物称重，记下这个数字——之后你会用到。

往混合物表面铺一层保鲜膜，再给容器封口，可以盖上较松密合度的盖子，也可以用透气毛巾盖住，再用橡皮筋固定。不管用哪种方法，都要确保空气流通。随后，将moromi（日语术语，即这种混合物）放置在比室温稍低、湿度正常的环境下发酵4个月。前2周，每天用搅拌器充分搅拌一次moromi。2周后，每周搅拌一次即可。每一次搅拌时，都要用干净的勺子舀一勺尝尝，以确认发酵进度。每一周，发酵物的味道都会更上一层楼，随着时间的推移，烤制的香气会越来越明显。

你可能会注意到，酱油的表面长了霉菌。十有八九，这是因为曲的二次发育，但也有可能是卡姆酵母菌。如果你分不清楚二者之间的差别，直接将其撇除就好。

接种了酱油曲霉的豌豆和小麦，第 1 小时

第 48 小时

4个月后，moromi看起来像是深棕色的、质地黏稠厚重的苹果酱，而酱油就藏身其中，藏在那团黏糊糊的东西里，你得把它提取出来。

首先，为了制造出更具流动性的稠度，并且平衡酱油的味道，你需要计算出moromi蒸发掉了多少水分，然后重新添加相应的水分。这就是之前为moromi称重并记下数字的目的。再次给发酵容器内的moromi称重，用之前的重量减去现在的，得出的数字就是你需要加水的量。

使用小型榨汁机是从moromi中提取酱油的最佳选择。将moromi放入网袋，用榨汁机挤压，和榨果汁一样。你还可以使用毛巾：将moromi分批舀到一块干净结实的毛巾里（如果你愿意牺牲一条毛巾的话），下方放置一个大碗或其他容器，用手拧出汁液，直至毛巾里只剩下干巴巴的残渣。如果你没那么大力气，不能拧尽汁液，也可以将裹满moromi的毛巾放入滤锅或带过滤器的意面锅里，上面堆一些干净的重物，让汁液滤进下方的容器中，直至榨干最后一滴。如果你愿意，滤除的残渣可以放入冰箱冷冻保存，用作下一批酱油的原料发酵引子（相关内容见第33页；占发酵物总重量的10%左右），以便健康、快速地启动发酵过程。

所有酱油都提取出来后，用衬有纱布的筛子再过滤一次。酱油是一种十分稳定的调味品，放入密封容器，可以在冰箱冷藏室里储存几个月；冷冻可以保存更久。

1. 将小麦烤至深色。

2. 将小麦磨成粗糙的颗粒。

3. 将浸泡后的豌豆煮至软烂，但不要煮太久。

4. 将豌豆和小麦混合在一起。

5. 为混合物接种真菌孢子，培育2天。

6. 将培育完的豌豆小麦曲放入发酵容器。

7. 倒入盐水，发酵4个月。

8. 补充蒸发掉的水分。

9. 过滤混合物（也就是moromi），收获酱油。

建议食用方法

酱油牡蛎乳化酱

牡蛎是一种既美味又高效的乳化剂，将海水和泥质鲜味完美结合。取一打小牡蛎——当然，越新鲜越好，而且一定不要提前去壳。牡蛎去壳后放入搅拌机，再加入牡蛎一半量（目测即可）的酱油，以及半颗柠檬榨出的汁。启动搅拌器，缓缓淋入中性植物油，直至混合物像蛋黄酱一样混合在一起，就做好了。

这种乳化酱搭配口感爽脆的蔬菜特别棒。取半棵根芹切丝，放入大量的盐调味，盖上盖子放置30分钟，让部分水分析出。攥住根芹丝，用力挤掉更多的汁液，随后，多淋上些酱油牡蛎乳化酱，再来点柠檬汁、一把葱花，这道美味的浓酱根芹（céleri rémoulade）就做好了，可以直接享用，也可以作为配菜食用。

酱油酪乳炸鸡

炸鸡应该怎么腌制？对此，有很多不同的理念。如果所有的独特风格你都不喜欢，可以试试这种简单的方法：等量的酪乳和酱油混合，做成腌汁，放入鸡腿，腌制一夜。隔天，将鸡腿取出，抖落多余的腌料，裹上面粉。再放回酱油酪乳腌汁中蘸一下、裹一次面粉，就可以放入175℃的油锅中炸制了。

酱油焦糖

想做出咸甜适宜的甜品浇头，可以试试将黄豌豆酱油放入焦糖中。将100克水和250克糖放入一个中等大小的锅里煮沸，不时搅拌，确保糖均匀地溶化在水里，尤其是边缘。5～10分钟后，糖应该就完全溶解在水里了，成为淡琥珀色的糖浆（此时，糖果温度计的读数应该在120℃）。加入50克酱油和200克高脂奶油，不时搅动，防止冒泡溢出或糊锅，与此同时，将火调小。煮制3分钟后，关火，将煮好的焦糖转移到一个耐热容器中。盖上盖子放入冰箱冷藏，焦糖会变得十分浓稠。酱油焦糖咸甜可口，可以用来搭配苹果派、松饼、可颂或一切你想吃的甜品。

将酱油和奶油放入焦糖中不停搅动，做成酱油焦糖。

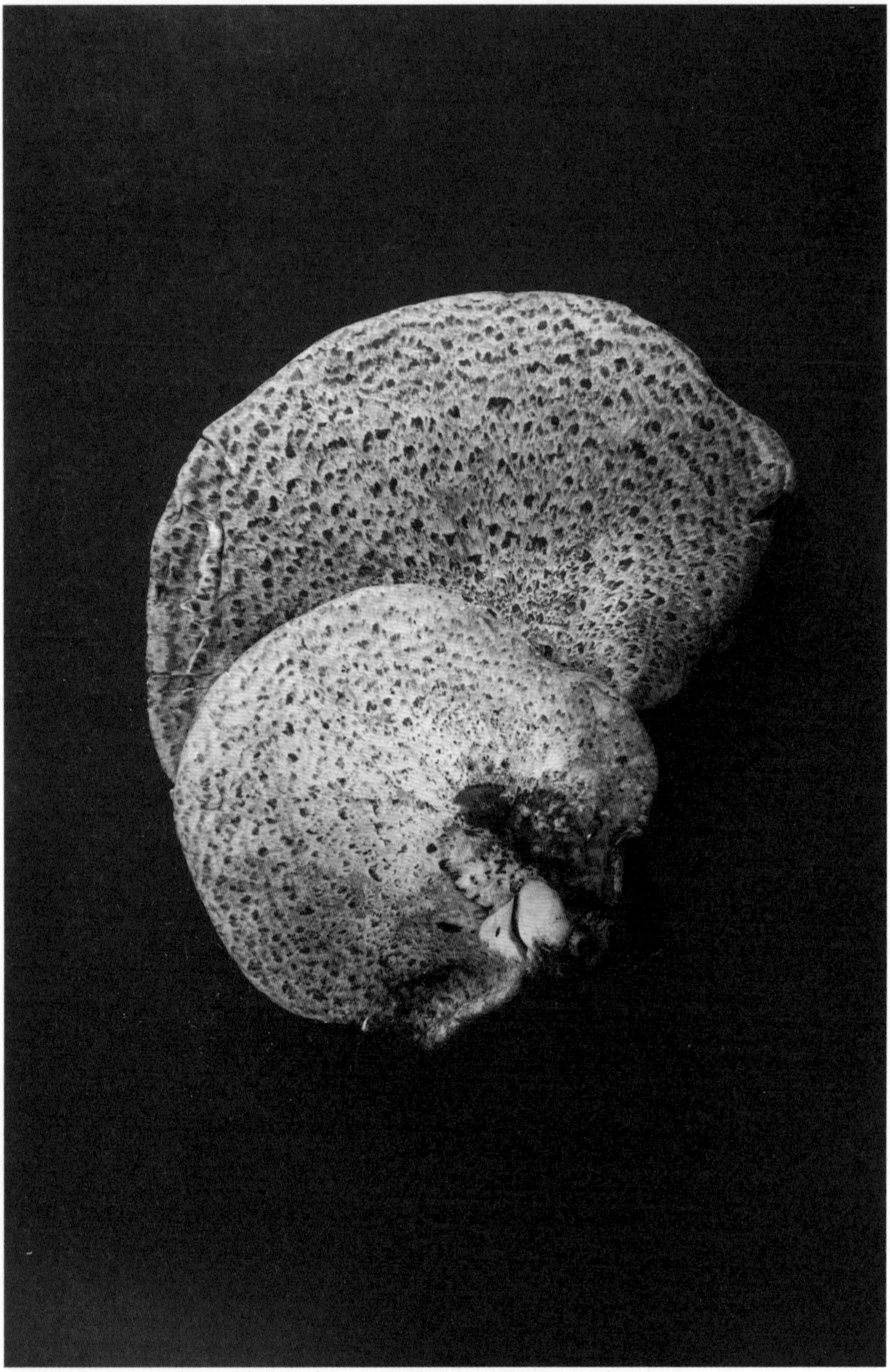

野生鳞蜂巢孔菌为酱油增添了一股鲜明的泥土芳香和森林气息。

鳞蜂巢孔菌酱油

约1.5升量

原料：

2000克新鲜的鳞蜂巢孔菌

400克珍珠大麦曲（见第231页）

600克水

150克无碘盐

这份食谱和真正意义上的酱油相差十万八千里，更像是一种杂交混合物，由乳酸发酵提供动力。但纵观发酵的历史，有时候，模糊的分类理念是创新的最好途径。这种颠覆传统的酱油带有浓郁的森林风味，可作为意面的主调料——无论是肉酱意面还是香蒜意面——也用作沙拉、烤牛排、烤禽类、锅底酱、焯西蓝花或任何食物的主调料。

鳞蜂巢孔菌（学名：*Polyporus squamosus*）是一种巨大的扇形蘑菇，生长于5～6月份的晚春时节，潮湿森林中的枯树桩下。这种蘑菇闻起来很像西瓜皮，表面有斑驳的棕色鳞片，让人联想起秋季猎禽的羽毛，因此它还被称作“禽背菇”。如果有经验丰富的采菌人陪同，这种蘑菇还是相对容易识别的，我们鼓励大家走进森林，采一些回来。

选择摸起来比较硬实的蘑菇，有些软塌的蘑菇被虫子钻了洞，就不要采了。野生菌的生长高度依赖季节和环境，因此，不是所有生活的地方都有鳞蜂巢孔菌，这一点是可以理解的。不过，我们也用硫色绚孔菌（学名：*Laetiporus*）和牛舌菌（学名：*Fistulln hepatica*）成功做出了酱油；如果你不准备去野外采摘，可以尝试用云蕈（即灰树花）代替。

鳞蜂巢孔菌酱油，第 1 天

第 7 天

第 30 天

刷掉菌菇表面的脏东西和碎屑；如果特别脏，就用湿毛巾擦干净。将蘑菇切成便于加工的小块，放入食品加工机，搅打成粗糙的颗粒，随后放入不起化学反应的发酵容器。大麦曲也放入食品加工机中打碎，放入蘑菇碎中混合，再加入水和盐。用干净的勺子将混合物搅拌成浓稠均匀的糨糊。

往混合物表面铺一层保鲜膜，确保覆盖至容器的边缘。放置一些相对较轻的发酵压制物或几个装了水的大号易拉式塑料袋（袋子外面要再套一层，防止漏水）。如果袋子开始下沉，挤入发酵物中，就倒些水出来，减轻重量。盖上容器盖子，但要微微开个缝，好让内部产生的气体散逸出去。

在室温下发酵 3～4 周，每周都用干净的勺子搅拌一次。发酵过程中会有气泡产生，混合物中的固体物质会分离开来。4 周后，发酵汁会产生泥土香，咸鲜可口，还会有乳酸发酵带来的酸味儿。

使用榨汁机将汁液从固体物中提取出来，用干净的毛巾包住后挤压也可以。提取完毕后，用纱布过滤一次，以滤除所有的细小碎渣。将酱油放入密封的容器或瓶子，存入冰箱冷藏。冷冻可以保存更久。如果将来仍打算制作新的酱油，滤除的残渣可以留下来用于原料发酵（见第 33 页），用量为发酵物重量的 10%。

建议食用方法

鳞蜂巢孔菌烤曲酱

如果你做过鳞蜂巢孔菌酱油，就说明你已经掌握了种曲的方法，也就意味着你拥有了制作这道酱料的一切条件。将250克曲弄碎，放在烤盘上铺开，放入烤箱以160℃烘烤45分钟。谷物中的糖分会变成深棕色，让接种了霉菌的谷物产生类似巧克力的味道。烤好的曲放进搅拌机，倒入500克水，高速搅打5分钟。将混合物倒入其他容器，室温下放置1个小时，随后用衬有纱布的细孔筛过滤。如果你闻到了烤曲混合物的香气，一定会以为是咖啡。想要完成这款酱料，需将100克鳞蜂巢孔菌酱油和100克烤曲混合物放入小炖锅中混合，小火慢炖。取75克软化的黄油放入锅里，用手持搅拌机搅打至乳化状态，做出松软绵润、带有黄油味道的咸鲜酱汁，很适合搭配煮软的生菜、蒸抱子甘蓝、烤扇贝或煎鱿鱼卷。确实，这道酱汁工艺烦琐，需要提前进行大量的发酵工作——所以你也可以直接在商店买现成的酱油和曲——不过，一旦尝试过一次，你会再也无法忘怀。

牛肝菌酱油

约2升量

原料：

400克去皮的干黄豌豆

600克小麦粒

种曲（真菌孢子也可以；购买来源见第448页）

2215克水

375克无碘盐

250克干牛肝菌

牛肝菌（ceps，porcini mushrooms或king boletes）也叫美味牛肝菌或大腿菇，各地叫法不一。干牛肝菌比新鲜的更容易获得，而且制成的酱油仍然含有丰富的泥土香气和迷人的烟熏味，但会丧失一些乳酸发酵的酸香风味。

开始制作之前，我们建议你先阅读“黄豌豆酱油”（第338页）的详细制作说明，这一节内容可作为本章所有酱油食谱的模板。

按照黄豌豆酱油一节的介绍，将本食谱所需的干豌豆浸泡、煮熟、沥干。与此同时，将小麦放入烤箱，以170℃烘烤大约1小时，直至小麦变成深棕色，其间时常翻动。小麦冷却后，用磨谷机或食品加工机将小麦磨成粗糙的颗粒。

冷却后的豌豆大概重700克，放入大碗中。加入磨碎的小麦，充分混合。取一块微微浸湿的毛巾铺在培育托盘上，将混合物倒入，平铺开来，随后接种真菌孢子。放入温度设置为25℃的发酵室培育1天。隔天，戴好手套，将混合物犁成3列。将发酵室温度调升至29℃，再培育24小时，直至生出芽孢。

牛肝菌酱油，第 1 天

第 45 天

第 120 天

取原料中一半的水煮沸，加入盐搅拌均匀，制成盐水，随后加入剩余的水，将盐水冷却至35℃以下。

用食品加工机或搅拌器，将干牛肝菌磨成粉末。

把曲、牛肝菌粉以及盐水加入不起化学反应的发酵容器，用干净的勺子充分搅拌。称出容器和发酵物的重量，记好数字。往豌豆小麦混合物表面铺一层保鲜膜，盖上盖子，但要稍微留一些缝隙，好让内部产生的气体散逸出去。

放在阴凉处发酵4个月。开始的2周，每天搅拌一次，顺便品尝味道，之后每周一次。发酵完成后，再进行称重，用之前的数字减去现在的，就是发酵过程中蒸发掉的水分，再补充冷水即可。

用榨汁机从混合物中提取汁液，或用干净的毛巾裹住混合物进行挤压，就能收获酱油了。提取完毕后，再用衬有纱布的筛子过滤一次，以滤除所有的细小碎渣。将酱油放入密封的容器或瓶子，存入冰箱冷藏。冷冻可以保存更久。如果将来仍打算制作新的酱油，滤除的残渣可以留下来用于原料发酵（见第33页），用量为发酵物重量的10%。

建议食用方法

牛肝菌白黄油酱

正如已故的伟大厨师阿兰·桑德朗首次证实的那样，往白黄油酱里放入酱油，效果非常好。往炖锅里加入约150毫升白葡萄酒（最终蒸发掉2/3），可以加些葱丝和黑胡椒，也可以不加。将火调小，慢慢炖。加入100克切成小块的冷黄油——是的，100克不少，但绝对值——每次放一小块。不要让酱汁沸腾，不然会影响味道；将火调至刚好能维持混合物的温度即可。所有黄油都融化后，将锅端离火源，放在火炉旁保温。食用前，充分搅拌白黄油酱，随后加入约50毫升牛肝菌酱油调味。

这种酱汁搭配蒸鱼、煎鱼或清蒸蔬菜，效果非常棒。将羽衣甘蓝叶切碎，用少量清水煮至软烂，撒盐调味，放入一些熊葱酸豆或味道酸爽的浆果，比如绿醋栗。熄火，将羽衣甘蓝叶捞出，淋上白黄油酱，再配上些油炸面包丁，就可以装碗上桌了。

牛肝菌酱油煎牛肝菌

牛肝菌酱油能为煎熟的蘑菇带来双倍的美味。取几朵新鲜的牛肝菌，纵向对半切开，在切面划上十字刀花。平底锅加热，放入充足的黄油融化至澄澈，放入牛肝菌，刻刀花的一面朝下，慢慢煎。当牛肝菌开始变成棕色时，将火调低，加入一块黄油、一瓣拍碎的大蒜和一小枝百里香，煎至起泡、嘶嘶作响，随后将牛肝菌翻面，不断把黄油舀起、浇下，直至牛肝菌熟透。滗去锅里的油脂，再放回炉灶继续加热，此时，倒入适量牛肝菌酱油继续煮。加入一勺鲜奶油，转动平底锅，以帮助汁液均匀地裹在牛肝菌上，形成光滑漂亮的表面。牛肝菌出锅装盘，滴几滴柠檬汁调味——或者，最好的选择是乳酸发酵牛肝菌汁（见第83页）。

用牛肝菌酱油煎新鲜牛肝菌，能让鲜味和菌菇的风味都加倍。

咖啡本身就是发酵产品，经历又一次的发酵、成为酱油之后，其味道的深度和复杂性都提升了。

咖啡酱油

约1升量

原料：

800克珍珠大麦曲（见第231页）

200克用过的咖啡渣或100克现磨咖啡

1000克水

80克无碘盐

你可能会立刻注意到，这份酱油食谱中没有任何豆类——没有大豆，也没有黄豌豆。我们开发这道食谱的初衷，只是想找一个有趣的方法使用咖啡渣，而且说实话，咖啡酱油无法归入酱油大类中，也无法归入这本书里的任何一种发酵类型。和鱼露一样，我们的咖啡酱油需要放进发酵室里进行发酵，而不是室温下，以更大程度地制造出烘焙风味，并加速酶促反应。但它是以酱油为蓝本创造出来的，所以我们叫它“咖啡酱油”。

将曲放入食品加工机搅碎，直至完全碎成细小的颗粒，倒入大碗中，再放入咖啡渣、水和盐。

将混合物转移到发酵容器（食品级的塑料桶或4升容量的带盖玻璃罐都可以）。也可以直接放入设置成“保温模式”的电饭锅里进行发酵。这种酱油的发酵温度很高，要维持在60℃，所以，相对其他酱油，它的水分蒸发更严重。为了防止水分流失，即便发酵容器有盖子，也要在容器口处多缠几圈保鲜膜。将容器放入发酵室；如果用的是电饭锅，就在锅盖处缠几圈保鲜膜。

咖啡酱油需发酵4周，每周搅拌、品尝一次。发酵成功的咖啡酱油苦中带甜，有一种烤水果的香气。如果对味道满意，就用细孔筛过滤，随后，衬上纱布再过滤一次。做好的酱油放入密封的容器或瓶子，存入冰箱冷藏。冷冻可以保存更久。

咖啡酱油，第 1 天

第 7 天

第 28 天

建议食用方法

焦糖鱼

将咖啡酱油倒入平底锅里煮，慢慢蒸发，留意不要烧焦，直至变成美味的糖浆，盛出备用。在平底锅里煎几片鱼肉，出锅前20秒淋上一勺糖浆，可以为鱼肉增加一股醇厚的香甜和咸鲜味道。

咖啡酱油奶油糖

将咖啡酱油与奶油糖混合在一起，这一食用方法似乎有些怪异。你可能吃过咸味焦糖或咸味奶油糖。而在这份食谱中，不仅仅有咸味，还有发酵带来的复杂风味。另外，这种奶油糖的自制方法并不是很复杂，而且真的很好吃。将60克黄油放入一个中等大小的锅，中低火融化，然后加入100克黑糖、125克高脂奶油和60克咖啡酱油。将混合物熬制4～5分钟，然后加入半荚香草豆。搅拌均匀后，熄火，冷却，盖上盖子，放入冰箱冷藏。咖啡酱油奶油糖可以搭配蛋糕、派或任何你想吃的甜品。

隔夜鸡汤

想用健康、简单的一餐开启新的一天吗？这是一份超简单的食谱。将晚餐吃剩的烤鸡整个放入锅里，加水没过鸡身，放入香料，小火煮。临睡前关火，盖上锅盖，留在炉灶上。第二天一早，将鸡和香料滤除，加入咖啡酱油调味——事实上，其他任何一种酱油都可以。配上面条、米饭或蔬菜，让美好的一天有一个更好的开始。

将咖啡酱油慢慢煮成焦糖状，给煎比目鱼上色。

8

鱼露

—Garum—

必须来点儿臭风味

NOMA 餐厅实验厨房的前任主管托马斯·弗雷贝尔，是第一个建议我们用肉类而非鱼类制作鱼露的人。

一点点就可以起到大用处——这句话适用于某些特定事物，比如诚信、善良、车轴润滑油……以及鱼露。

很大程度上说，鱼露这种涵盖范围很广的食材（不仅限于用鱼类制成的）已经被西方世界遗忘了。它们曾是欧洲烹饪领域的支柱，如今却从食谱中消失了。最正统的鱼露，是由鱼、盐、水经过分解和腐化（当然是人为控制的）后形成的黏稠混合物。在NOMA餐厅，“鱼露”这个词的定义十分广泛，已经扩展到鱼以外的诸多食材。

托马斯·弗雷贝尔是我们实验厨房的前任主管，也是第一个建议我们跳出“鱼”的限制用肉来制作鱼露的人。当时的我们十分苦恼，不知该如何将鱼露这种拥有古老传统的食材变得新颖，成为NOMA餐厅的独特风味。结果证明，托马斯提的建议十分明智。

相比其他发酵产品，鱼露的制作工艺比较简单，而且使用肉类制作，效果和使用鱼类一样好。我们还发现，如果加入曲，还可以将发酵时间减少一半以上（从工艺上来看，如果没有曲，我们制作的大多数鱼露只是自溶物，不是严格意义上的发酵产品。后文我们会详细介绍）。

经过大量的实验和试错之后，我们可以自信地说，NOMA餐厅的鱼露制作方法——在温暖环境下用盐、水、曲来发酵动物蛋白——是对传统制作方法的一种创新性颠覆。这样制成的鱼露正迅速成为我们食材宝库中最常用的食材之一。虽不是主角，但它们为菜肴注入了一种无形的魔力，调出丰盈的天然风味，深藏功与名。它们为菜肴带来了一种“浓电”（intricity）——请原谅我们自造了这个词汇——即发酵产品赋予烹饪的浓烈风味和触电般的口感。往一大锅蒸土豆中加入1茶匙鱿鱼鱼露，拌入融化的黄油和一把欧芹碎，得到的美妙味道简直难以形容，深度和鲜味达到顶峰，但又相互平衡。

最令人兴奋的事情是，这只是一个开始，我们才刚刚开始了解鱼露的潜力。比起往食谱中加一撮盐调味，有时我们更愿意加鱼露，既能保证咸度，又能增加鲜味，一举两得。在NOMA这样的餐厅，一年中的大部分时间里，肉类都不是菜单上的重要角色，而鱼露既能给你一种吃了牛肉或鸡肉的满足感，又不会带来负担。制作肉类菜肴的时候，我们通常都会使用与菜肴一致的肉类鱼露来提味，比如往生牛柳上淋几滴牛肉鱼露，或是往海带腌鱿鱼中放一些鱿鱼鱼露。

一点点鱼露就可以起到大用处。

从某种程度上说，鱼露颠倒了NOMA餐厅里肉类和蔬菜的功用——肉成了调味品，蔬菜则成了主角。只需要一点点，鱼露就可以让不起眼的甘蓝叶变成令人满足、回味无穷的美食。总而言之，希望每个人都能体验到这种美味。在肉类成为人人都能消费的商品之前，鱼露提供了奢华的享受。如今，鱼露已不难获得，但亟需传承下去。在中国，最早的“酱”就是由肉类、大豆和曲霉菌制成的，在当地菜肴的制作中起到的作用类似于鱼露。在斯堪的纳维亚，人们腌制鲱鱼、将腌汁作为调味品也已经有几个世纪的历史。虽然不称其为“鱼露”，但在古代中国和斯堪的纳维亚半岛，人们意识到了这种调味品的用处。这一切，都关乎人类所拥有的资源的延伸利用——这种实践也经常带来美食创新。

迦太基的鱼露

鱼露诞生于2500年前的北非。当时，被城墙围绕的腓尼基大都市迦太基是一个繁荣的港口，位于今天的突尼斯。城墙内，从富饶的地中海海域捕获的鱼——金枪鱼、鲭鱼、鳀鱼、沙丁鱼——如有吃不完的，就会连同鱼鳞、鱼头、内脏等一起被切成薄片，铺在石灰岩砌成的石槽中，撒上盐，再铺一层鱼片，再撒盐，如此往复，进行发酵。最后在石槽上盖上网，以防止动物或苍蝇进入。太阳光的热量能将鱼烹熟，盐分则能防止有害微生物的滋生。更重要的是，鱼的内脏中含有一种酶，能提供燃料，将桶中的鱼片转变成风味强劲的调味品。

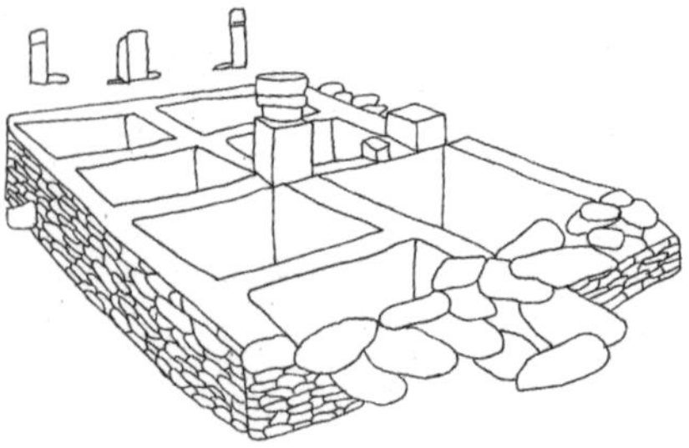

古迦太基的鱼露工厂位于地中海沿岸的港口，是用石灰岩砌成的。

迦太基人统治地中海地区将近500年，直至在第二次布匿战争中被罗马帝国征服。战利品归胜者所有，迦太基有了新的主人，其烹饪技艺也随之易手。尽管起源于北非，但garum（拉丁词语，即鱼露，源自一种特定鱼类的名字）的传播要归功于罗马人。靠近迦太基的西西里岛是古罗马帝国的鱼露生产中心，很可能就是鱼露最先到达的地方。

越南菜中的nuoc mam酱（越南鱼酱）既可以用作蘸料，也可以在烹饪过程中用来调味，鱼露也一样，既可以直接端上桌，也可以留在厨房，和葡萄酒混合在一起，成为一种名为“oeno鱼露”的调味品。鱼露在古罗马的军队中也曾十分流行，士兵们可以将这种浓缩的咸味液体放入酒瓶中带到战场，需要时倒一点出来，稀释后即可食用。第三次布匿战争，罗马吞并伊比利亚之后，鱼露传到了西方。在西班牙南部，石灰岩砌成的鱼露工厂废墟至今屹立不倒。

鱼露不断发展，开始出现专业的分类。经过滤得到鱼露后剩余的沉淀物被称作“allec”，被上流社会所厌弃，被看作平民的食物；“muria”则是用去除内脏、头部的鱼制成的鱼露，这样做成的鱼露味道不那么刺鼻；“haimation”是由水产业的副产品——鱼内脏和血液——制成的发酵品，颜色深暗，也因此被称作“黑鱼露”；“liquamen”曾是一个区别于鱼露的术语，因为在罗马时代早期，它和鱼露同时被使用，是含义不同的两个词汇，尽管我们并不完全清楚二者之间的区别。有人认为，liquamen是为了获得更多产量，将allec经二次浸泡得到的液体。也有人将其解释为专门用整条鱼制作的鱼露。所以，garum（鱼露）其实是一个涵盖性术语，是一大类相关酱汁的总称。

相比鱼露的分类，为什么鱼露在西方不再流行是一个更让人摸不着头脑的问题。鱼露在欧洲的最后一个“残迹”是一种名叫“colatura di alici”的意大利酱汁，十分美味，相传产自一个名为切塔拉（Cetara）的小渔村，中世纪的僧侣从古老的罗马文献中找到了这种酱汁的制作方法。与此同时，鱼酱油至今仍是东南亚美食的基石，也是许多人都很熟悉的一种食材，制作流程与欧洲的鱼露非常像。捕自泰国湾的鳀鱼被放入大木桶中，以2或3：1的比例与盐叠放，最上面放上竹席，再压上岩石，在热带的阳光下晒12个月，最后经挤压、过滤，获得汁液。你吃过的大部分鱼酱油都是这样制作的。

亚洲鱼酱油有一个奇怪之处，那就是直至公元7世纪，该地区的历史文献中没怎么提及它们，而罗马帝国和亚洲之间的文化交流要远远早于7世纪。考虑到鱼露对古罗马人的价值及便携性，其实很容易将泰式鱼酱油和鱼露联系起来，从而推断出两者均非独立研发出来的。想象一下东南亚和地中海地区截然不同的烹饪风格之间有哪些直接联系，是很有趣的一件事，但我们还是让更有资格的人去做评判吧。

让鱼“消化”自己

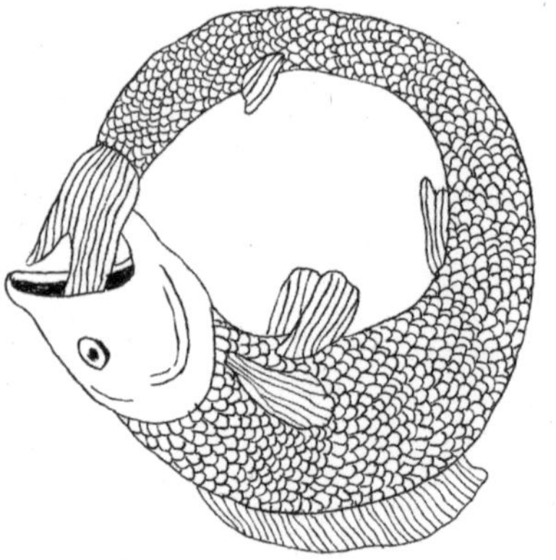

自溶作用（autolysis）是一个术语，用来描述生物体自我消化的过程。

用过鱼类鱼露的人都知道，这是一种很臭的食材。但实际上，这种臭气并不是腥味，至少如果做得好就不会腥。鱼腥味是鱼肉和脂肪被细菌腐蚀的结果。如果制作鱼露的鱼不新鲜，成品的效果就会大打折扣。鱼的内脏——鱼露制作过程中最重要的催化剂——带有一种截然不同的刺鼻气味，相较鱼的腐烂味，内脏的味道更低调，也没那么令人不快。

鱼露的传统制作方法，是自然发酵和自溶作用的结合。自溶作用是指生物体的组织或细胞被生物体自身产生的酶分解的过程。换句话说，想要制作鱼露，就需要让动物自己“消化”自己。

所有动物的肉都含有蛋白水解酶（即分解蛋白质的酶），能够推动自溶作用。你可能会有疑问：为什么此时的你没有在消化你自己？那是因为此刻你身体里的这种酶数量很少，它们存在于生物体的健康细胞中，游离在一个叫作“溶酶体”的细胞器中。不过，一旦生物体死亡，这些酶就会不分青红皂白地作用于生物体。我们以干式熟成肉为例来说明这个问题：将一块牛肉放进冰箱储存，牛肉中所含的酶类物质会慢慢分解其结缔组织和肌肉，让肉变得更嫩、更美味，因为蛋白质被酶分解成了氨基酸。

鱼露的制作和干式熟成牛肉在本质上是一样的，而且水分更多，制作速度就会更快，味道也会更浓郁。不同的是，鱼露利用的不是肉质中的酶，而是胃肠道中的酶，效用更集中、强劲。鱼露传统做法中的关键步骤是将整条鱼剁成小块（包含内脏、鱼肉等）。将鱼和盐放入发酵桶以后，消化液（胃酸和肠道酶等）就会接触到之前不会触及的肉质部分，施加影响，将肉质中的蛋白质分解成氨基酸，将脂肪分解成脂肪酸。盐具有双重作用，一是加速自溶过程，二是保护混合物不受有害微生物的侵害。也就是说，盐和鱼的混合物中有少量耐盐

（halotolerant）微生物，能为鱼露增添芳香化合物，和酱油中的有益微生物群落有着异曲同工之妙。

悬浮在液体介质中，酶才能有效发挥作用，否则就不能从一个蛋白质链漂浮到另一个，在移动过程中把它们剪断成氨基酸。盐通过渗透作用将鱼体内的水分提取到周围，创造出一种能让酶更好地活动的潮湿环境。鱼的肌肉部分分解时，盐能从中提取出更多的水分。这个过程就像滚雪球，将本来是固体的鱼液化成鱼露（高温也能加速酶促反应，这就解释了为什么传统上的鱼露是在地中海沿岸的炎热阳光下发酵的。古迦太基的夏季气温基本在30℃上下，在这样的高温下，鱼露一般能在6～9个月间完成发酵）。

盐和水

发酵鱼露中盐的另一个作用是防止变质。正如本书曾多次提到的，许多耐盐性腐败菌能经受轻度盐渍环境，但也是有临界值的，鱼露的盐度就超过了这个临界值。高盐度溶液通过两个机制来防止损坏：一是渗透作用，这一点上文已经提到了；还有一种机制叫作“水分活性”，适用于所有类型的发酵。

水分活性不是一种产品的含水量，而是水与产品结合的紧密程度，测量的是某种样本释放出的水蒸气占整体的比率。蒸馏水的水分活性是1，而完全干燥的物质，比如用烤箱烤过的沙子，因为水分悉数蒸发，所以其水分活性是0。果泥干的水分活性约为0.6；生肉大概是0.99。大多数细菌所需的生长环境，水分活性都要在0.9以上；真菌则需达到0.7以上（通过冷冻，能将水分子锁在刚性晶体中，从而有效降低水分活性，这解释了为什么冷冻是一种十分有效的保存方法）。

在一批鱼露中，盐会与单个水分子结合，从而有效地将水分子从溶液中移除，降低水分活性。由于被盐离子隔离开来，细胞内的水分被盐溶液包围时，会向外移动到离子浓度较高的区域。最终，细胞会因此而皱缩、死亡。

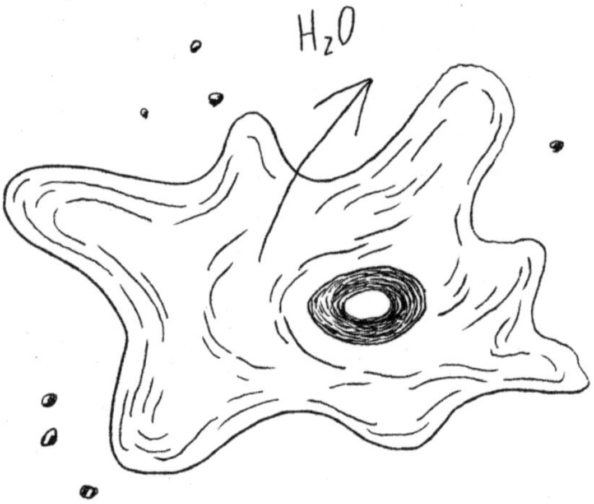

水分子无法参与到微生物的正常生命过程。这种结果与渗透作用一同施加影响，而后者对微生物细胞的作用与对肉类、鱼类的作用相同。盐会吸走微生物细胞中的水分，让后者崩坏，直至皱缩、死亡。这样的机制可以防止所有用盐充分腌制的产品变质，不仅仅是鱼露，还有陈年奶酪、腌肉、味噌、酱油以及乳酸发酵食品。

曲的锦上添花

鱼露之所以味道鲜美，主要源自一种叫作“谷氨酸”的芳香分子。谷氨酸是一种存在于几乎所有蛋白质中的氨基酸，以自由形式存在(游离在外，不属于蛋白质链)，在肉类、奶酪、番茄、海藻和小麦中的含量特别高。当一大桶鱼露中的蛋白水解酶将鱼或肉中的蛋白质分解时，会释放出谷氨酸分子，随后，这些分子会释放一个自由的正电荷，从而变成谷氨酸盐。谷氨酸盐反过来与钠之类的矿质离子结合，最终形成谷氨酸钠（即MSG，味精的主要成分）。

味精除了是一种著名的粉状食品添加剂之外，还天然地造就了世界上一些美味的食物，比如拉面和意大利烩饭。味精尝起来并非一种味道，而是一种鲜的感觉，即所谓的味觉“第五元素”，被认为是味道的极致境界，在20世纪初由日本化学家池田菊苗首次提出。对“鲜味”的最好描述或许是“moreish”——品尝带有鲜味的食物时，你会一口接一口，停不下来。谷氨酸甚至能引起分泌唾液的生理反应，也就是让你流口水。

人类在一出生就可以享受鲜味——人类母乳中所含的游离谷氨酸是牛奶的10倍。在哺乳期间，随着喂养时间的增加，乳汁中的谷氨酸含量稳步上升，可以达到全部游离氨基酸的50%。我们的肠道中甚至也有谷氨酸受体，吃鲜味丰富的食物时，这种受体会向我们的大脑发出信号，激发食欲。但与鲜味较低的食物相比，鲜味食物也会让我们更快产生饱腹感，更不容易饿。人类天生就喜欢鲜味，也会主动寻求鲜味。

鱼露和鱼酱油最显著的特征可能是自溶作用和发酵所产生的强烈恶臭，但实际上，这是一种被误解的气味。你会逐渐喜欢上这种臭气，但谷氨酸才是鱼露魅力的根基，它能使一切触及的事物得到升华。现在，我们假设你想在维持鱼露谷氨酸含量和复杂风味的同时减轻其臭味，那么，去除内脏是一个办法，但你需要其他可以负责自溶作用的替代物，将蛋白质分解成氨基酸，于是，曲，我们的朋友将再次登场。

曲能制造出一种叫作“蛋白酶”的酶类，在NOMA餐厅，

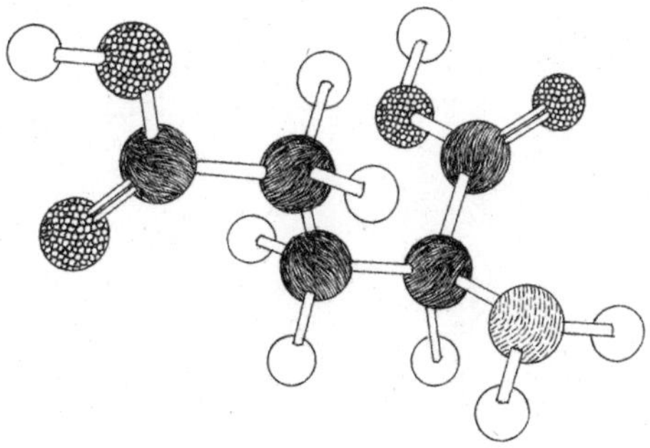

谷氨酸（$C_5H_8NO_4$）是美妙鲜味的来源，以分子形式存在。

对页图注：
深海雪蟹配腌蛋黄，NOMA 餐厅（澳大利亚），2016 年

用袋鼠肉和牛肉制成的鱼露腌制蛋黄，制成酱料，搭配清蒸雪蟹。

我们用它来分解牛肉、鱿鱼、鲭鱼、蛤蜊等蛋白质来源中的蛋白质。简而言之，曲的加入能代替鱼内脏中的消化酶，制作出和传统方法一样鲜美的鱼露，而且气味更令人愉悦。

为了更快地制成鱼露，我们仍在60℃的房间里进行发酵。这样的温度虽然会妨碍微生物的活性，但能将酶的活性提升到最大限度，同时也能促成美拉德反应，使酱汁充满烤肉的味道。在这个温度下，我们通常能在10～12周收获鱼露。随着时间的推移，你会注意到发酵物的显著变化。起初，发酵物尝起来像是浑浊的高汤，但只需1周左右，酶的作用就会开始产生，鲜味也随之形成。大约1个月后，焦糖味越发明显。最终，所有味道和谐共处，达到完美的平衡。

将生肉和发霉的谷物在盐水里沤上几个月，你可能会觉得有些不舒服，但请放心，鱼露是目前为止我们在NOMA餐厅制作的最精确、最安全的发酵产品。较高的盐含量(发酵物总重量的12%左右)和高温，创造了一个几乎所有食源性病原体都无法忍受的环境。

与此同时，我们也在不断地对鱼露进行剖析、用不同的方式重建。我们尝试过一种不加水的变种鱼露，成品的质地更为浓稠，很像泰式虾酱。我们也用富含蛋白质的植物（比如豌豆）制作了鱼露，效果很好，但和动物蛋白不同，植物蛋白不能在高温下发酵太久。我们还尝试了更多非常规的蛋白质来源，比如蜂花粉、蚱蜢、蛾类幼虫、猪血。这一发酵类型还有很多值得探索的地方。有冒险精神的人可以试着用菠萝和木瓜做实验，它们都是富含蛋白水解酶的水果，你的魔法实验或许可以召唤出具有热带风情的鱼露。菠萝在丹麦并不常见，但这是个好点子。

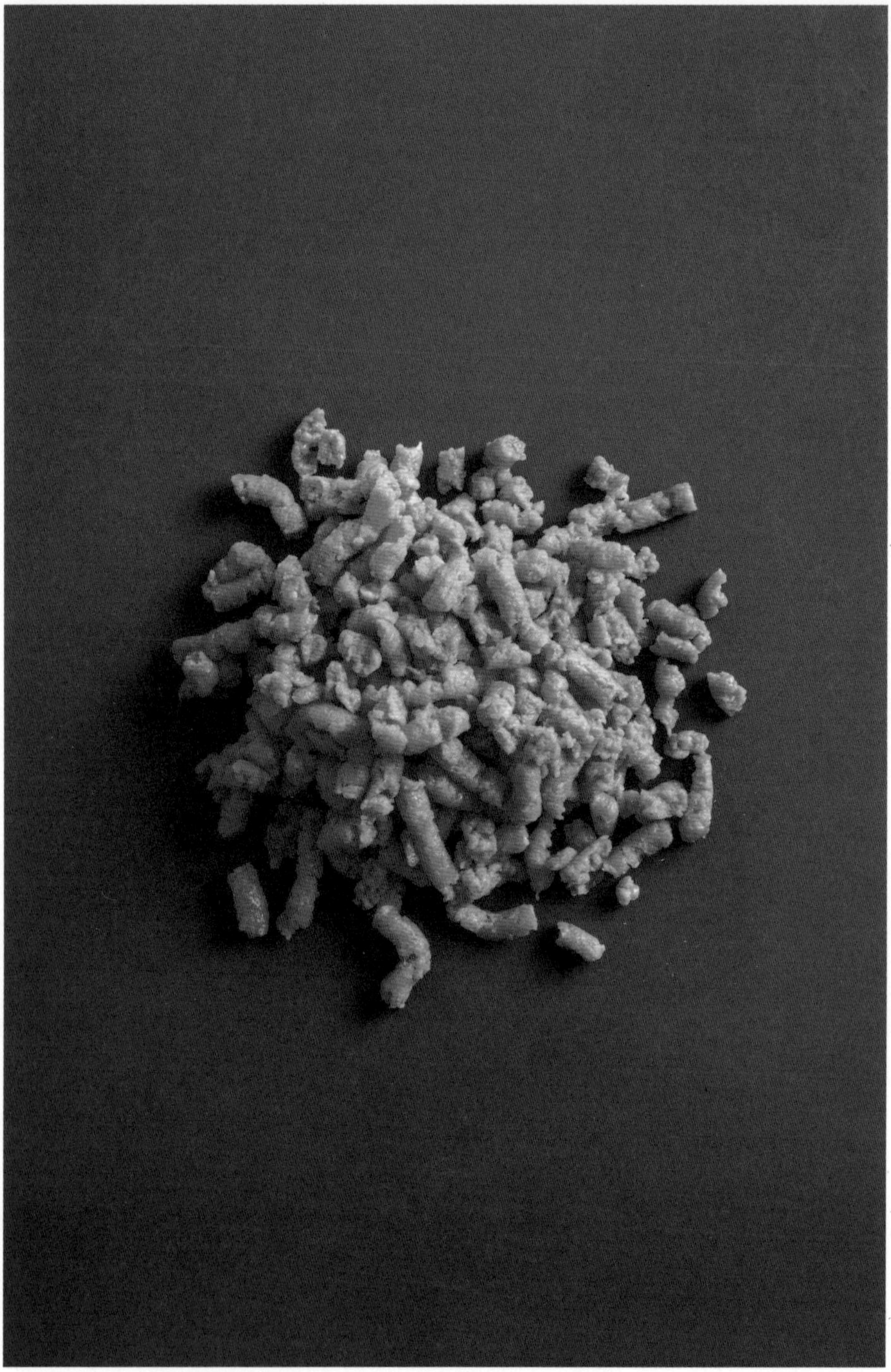

传统上，鱼露是一种用腐烂的鱼制成的酱汁，但在 NOMA 餐厅，我们的起点是牛肉碎。

牛肉鱼露

约1.5升量

原料：

1000克瘦牛肉，绞碎

225克珍珠大麦曲（见第231页）

800克水

240克无碘盐

NOMA餐厅的菜单上曾有一道牛肋排，肋排周围配有许多牛肉碎，牛肉鱼露大概就是在那个时候真正开始走红的。任何一种发酵产品，原料都必须新鲜、干净，避免变质或发霉。涉及肉类或海鲜的发酵时尤其如此，即便你打算将肉碎废物利用，也要保证质量。如果吃起来不够新鲜，那一定无法用于发酵。这份食谱中使用的肉碎，你可以自己绞，也可以请肉店帮忙，但务必现用现绞，开始制作鱼露的当天将新鲜的肉绞成肉碎即可。

最后，这份食谱可以使用米曲霉接种的曲（我们在餐厅使用的就是这种曲），但酱油那一章提及的酱油曲霉（第332页）更适用于鱼露的发酵，简直是量身定做。相较于其他菌株，酱油曲霉能够制造出更高水平的蛋白酶，从而更加有效地分解牛肉，产生更加高级的谷氨酸和鲜味。

设备说明

我们的鱼露要在60℃的环境下进行发酵，所以需要一个发酵室（详见第42页“建造发酵室”），大容量的电饭锅或慢炖锅也可以（如果你是一个想还原真实历史的人，可参考第378页的“传统鱼露”，了解如何在室温下发酵鱼露）。如果不在这样的高温环境下进行发酵，找一个食品级的容器即可。我们在NOMA

牛肉鱼露，第 1 天

第 7 天

第 30 天

餐厅大批量生产鱼露的时候，使用的是30升的酿酒桶。但针对本书的这份食谱，你只需要一个3升的容器，玻璃罐和传统的陶瓷发酵罐都可以。

详细操作说明

将牛肉碎、曲、水和盐放入你选用的发酵容器中。用手持搅拌器或用手（戴好手套）将混合物搅拌均匀，将容器内部擦拭干净，往表面铺一层保鲜膜，确保其接触到液体和容器的内部侧面，形成一个密封的屏障。盖上盖子。如果是螺旋盖子，不要完全拧紧；如果是弹簧盖子，稍微敞开一个缝隙，好让内部产生的气体散逸出去。

将混合物放入发酵室，温度设置成60℃。如果你用的是电饭锅或慢炖锅，可以取一个寿司卷席或金属网架置于锅的底部，作为缓冲，上面放置发酵容器；将锅设置为“保温”模式（如果你的电饭锅或慢炖锅容量接近发酵混合物的总量，也可以不使用发酵容器，直接在锅里发酵鱼露）。

让混合物发酵10周。发酵过程中，液体和固体会逐渐分离，肉碎会像筏子一样漂浮在上方，液体则在底部。虽然盐和热量能阻止有害微生物入侵牛肉，但牛肉中的脂肪会变成游离脂肪酸，产生霉臭味儿，闻起来像是腐败了。作为应对措施，你可以在发酵的第1周多次取下盖子和保鲜膜，用干净的汤勺或长柄勺尽可能地撇除脂肪，并对鱼露进行搅拌，再盖上保鲜膜和盖子。此后，撇去脂肪并搅拌的步骤只需每周进行一次。10周后，牛肉鱼露应该会变成深褐色，带有烤坚果的香气和浓郁的肉香。

用细孔筛过滤鱼露，尽可能多地挤压出液体，但不要滤出残渣。随后，用衬有纱布的筛子再过滤一遍。固体残渣可以留下来放进味噌里，或用作调味品。

第 75 天

如果液体上浮有脂肪，用长柄勺或汤勺撇去。将最终得到的液体装入瓶子或带有盖子的容器。这种鱼露非常容易保存，可冷藏至少1个月。你也可以将其冷冻，保存的时间更久，而且不会对味道有任何影响，但要注意一点，由于含盐量高，鱼露可能无法彻底冷冻成固体。

1. 刚刚绞碎的瘦牛肉、水、曲和盐。

2. 将所有原料放入发酵容器中，用手或手持搅拌器搅拌均匀。

3. 用保鲜膜将混合物覆盖，盖上盖子，放在60℃下发酵。

4. 发酵第1周，需多次将发酵物上的油脂撇去并进行搅拌，随后重新盖上保鲜膜和盖子。

5. 再发酵9周，每周撇一次油脂并搅拌。

6. 将鱼露过滤，装瓶，盖上盖子，冷藏或冷冻保存。

传统鱼露

本节这份详细的食谱介绍了我们在NOMA餐厅制作鱼露的方法，但这不是唯一的方法。古迦太基人和罗马人（以及现如今的许多东南亚手艺人）会在室温下发酵鱼露。他们仰赖的也是鱼内脏中的蛋白水解酶，而非曲的分解作用。接下来，我们介绍两种传统鱼露的制作方法。

在室温下制作牛肉鱼露（不使用发酵室）：将盐的使用量增加到365克（发酵物总重量的18%），防止腐坏。将发酵物放入食品级容器中，玻璃、陶瓷或塑料材质均可，往表面铺一层保鲜膜，发酵8～9个月，盖上盖子，但不要密封。经常搅拌发酵物，防止霉变。如果你发现表面有霉菌，需立即清除。发酵完的液体会呈淡红色或琥珀色，闻起来有轻微的霉味和汗味，但尝起来非常清爽，鲜味醇厚，还带着股精妙的牛肉味。本章所有的鱼露都可以使用这种方法进行调整。

不使用曲制作鱼露的话，你需要另一种蛋白酶来源。为避免大肠杆菌的污染，不要使用牛内脏。制作鱼类鱼露，可选用整条的鲭鱼、胡瓜鱼或沙丁鱼（带内脏的）。将鱼切成小块——头部、鳍、鱼骨、内脏等都要——放入食品加工机或搅拌机中搅拌。如果在60℃下发酵，就加入鱼重量12%的盐。如果是室温发酵，盐的比例为18%。这种方法更接近传统鱼露——气味更加浓烈，但美味不减。

建议食用方法

蛋黄鱼露酱

牛肉鱼露是NOMA餐厅非常受欢迎的一道菜肴——雪蟹配腌蛋黄——的重要原料。在这里分享这道菜肴的美味奥秘再合适不过了。对我们来说，蛋黄和牛肉鱼露的结合成就了最完美的酱汁，而且用途五花八门。首先，取4颗鸡蛋，将蛋黄分离到一个碗中（如果不喜欢生蛋黄，你可以先将蛋煮熟，再取蛋黄），加入15克过滤后的牛肉鱼露，搅拌均匀，酱汁就调好了。取一棵花椰菜用水煮熟，切成小朵，淋几大勺蛋黄鱼露酱，再加一点盐、欧芹碎和大量的新鲜黑胡椒调味；也可以搭配烤红薯：往烤好的红薯上放一块黄油、1茶匙蜂蜜、香葱碎以及蛋黄鱼露酱，一餐丰盛的素食就做好了；搭配烤牛排也不错：牛排和配菜装盘后，淋一些蛋黄鱼露酱即可；还可以做沙拉：取一把嫩青菜、一些外酥里嫩的油炸面包丁，用蛋黄鱼露酱调味，成就一顿丰盛的午餐；最后，盛夏时节，还可将蛋黄鱼露酱用作鲜辣爽脆的小萝卜的蘸料，再配上一杯香槟或啤酒，妙极了。

蛋黄鱼露酱意面

蛋黄鱼露酱的另一个绝妙的用途，是制作快手意面。取2大勺帕尔玛干酪碎放入蛋黄鱼露酱中，搅拌均匀。取225克你最喜欢的意面煮至筋道。趁意面还冒着热气，淋入蛋黄鱼露酱，拌匀就可以吃了。你也可以多加一些新鲜的黑胡椒碎、切碎的番茄或新鲜的罗勒碎。这是一道完美的工作日晚餐，孩子们也会喜欢的。

汉堡、肉汤，等等

做肉饼之前，往肉里加入1匙牛肉鱼露，能极大提升汉堡的味道（也可以加一些制作鱼露时剩下的固体残渣，效果也很不错）。你确实应该把鱼露当作一种肉味更浓的酱油。你曾做过的所有肉汤或高汤，都可以放一些牛肉鱼露进去，起到锦上添花的作用。炒菜和调味汁也同理。

牛肉鱼露膏

如上文所述，制作鱼露剩余的固体残渣仍然极具风味，不必扔掉。将250克牛肉鱼露残渣倒入煎锅，中火慢慢煎烤。残渣焦糖化、变酥时，会开始释放脂肪。继续煎，直至其变得和培根一样酥，但不要酥得太过。随后，趁热将残渣放入搅拌机中，高速搅拌。缓缓淋入250克中性油，步骤和制作蛋黄酱一致。混合物将会乳化成浓稠的膏状。最后，淋入柠檬汁、乳酸发酵牛肝菌汁（第83页）或黑蒜香醋（第206页），增添鲜亮的风味。做好的牛肉鱼露膏，可搭配少许新鲜山葵，用作蔬菜（生熟皆可）的调味料或蘸料。

牛肉鱼露腌蛋黄。

在这道鱼露中，野玫瑰的花香平衡了发酵后的虾产生的刺激性味道。

玫瑰鲜虾鱼露

约3升量

原料：

1000克不去头、不去壳、新鲜的小个儿北极甜虾

1000克水

500克野玫瑰花瓣

450克无碘盐

这道食谱更接近传统鱼露，没有使用曲，意味着虾的内脏和其他原料混合在一起，能达成真正意义上的自溶作用。我们使用的虾个头很小，容易与其他食材混合。为了保留玫瑰花的香气，大多数时间里，这一食谱需要在室温下进行发酵，而不是热气腾腾的发酵室。花的甜香味能够完美地平衡发酵后的虾产生的腥臭味。

开始制作之前，我们建议你先阅读“牛肉鱼露”（第373页）的详细制作说明，这一节内容可作为本章所有鱼露食谱的模板。

如果弄不到小个儿的北极甜虾，使用你所在地区的其他品种的虾也可以；但务必选用野生虾，而非养殖的。

用食品加工机或搅拌机把所有原料混合在一起，搅打成顺滑的糊状。将混合物倒入电饭锅或慢炖锅，盖上盖子，调成“保温”模式。如果你的锅没有橡胶密封圈和锁闭功能，就用保鲜膜将整个锅缠上，防止水分流失。

将混合物在锅里发酵24小时，然后转移到发酵容器中（确保容量在3升以上）。戴上手套，用手或橡胶刮刀刮净容器内侧，往发酵物表面铺上一层保鲜膜。盖上盖子，不要盖紧，至少留一处微微敞开的缝隙。在室温下发酵2～3个月，每周搅拌1次。这一发酵过程会非常臭，但这种臭意味着顺利——就像松露的味道，既恼人，又诱人。

收获时，用衬有纱布的筛子过滤鱼露。固体残渣可以留下

玫瑰鲜虾鱼露，第 1 天

第 7 天

第 75 天

来，日后用来制作调味酱料。如果你想得到更为出色的成品，可以再用细孔筛过滤一次，让鱼露的质地更加澄澈。制作咖喱时，可以用玫瑰鲜虾鱼露代替泰式虾酱，食材烹制出香气时，放一些到锅里；也可以往由米醋、酱油和辣椒油制成的辣味蘸料中淋上一点儿。

将鱼露装入瓶子，或其他有盖子的容器。这种鱼露非常容易保存，可冷藏几个月。你也可以将其冷冻，保存的时间更久，而且不会对味道有任何影响，但要注意一点，由于含盐量高，鱼露可能无法彻底冷冻成固体。

建议食用方法

海鲜酱汁

这是玫瑰鲜虾鱼露最好的食用方式，尝起来就像放足了盐的简易版贝类浓汤。你平时怎么使用鱼酱油，就怎么用玫瑰鲜虾鱼露，用在一切你想增加个性风味的菜肴中，但又不想有鱿鱼鱼露（有时闻起来像是气味强劲的干酪）那般刺鼻的味道。我们喜欢将这种鱼露配上等量的优质橄榄油，调成酱汁，搭配海鲜食用。它也适合搭配生虾、清蒸虾或烤虾。下次蒸蛤蜊或熬制蛤蜊浓汤的时候，也可以用玫瑰鲜虾鱼露代替盐，往每一份蛤蜊中加上1茶匙。

冬南瓜浓汤

初秋时节，天气转凉，正是冬季瓜类上市的时候，世界各地的餐厅和家庭厨房也开始出现冬南瓜浓汤的身影。这是一道美味的浓汤，但有些老套。放一些玫瑰鲜虾鱼露，可以让它朝着完全不同的方向发展，同时呈现出玫瑰和虾的风味层次，激发对比强烈的味觉碰撞。冬南瓜去皮、去籽，切块后没入蔬菜汤或鸡汤中慢炖。冬南瓜完全变软后，连同高汤一起倒入搅拌机，搅打成泥。搅拌机仍在工作时，放入玫瑰鲜虾鱼露，浓汤可以分成几人份，就放几茶匙；随即，你就会闻到一股无与伦比的香气。最后放入一块搅打后的法式酸奶油和一点酸橙皮，这道风味独特的冬南瓜浓汤就做成了。

北海鱿鱼能制造出一种带有浓烈芳香的美味鱼露。

鱿鱼鱼露

约2升量

原料：

1000克完整的鱿鱼，包含内脏和墨汁，但需去除鱼嘴和鱼骨

225克珍珠大麦曲（见第231页）

800克水

240克无碘盐

我们的发酵事业中，有一个主题反复出现，那就是废弃物的再利用。之前的一段时间里，我们菜单上的北海大鱿鱼只使用了嫩肉部分，内脏、触须和坚硬的尾部则被丢掉了。本节这道鱼露食谱就是用这些废弃物制作的，是NOMA餐厅最早的一批发酵物，至今仍是发酵实验室最为成功的产品之一。鱿鱼鱼露的独特之处在于既使用动物消化系统的天然酶类，也使用曲制造出的酶类去分解鱿鱼中的蛋白质，这在NOMA餐厅是独一无二的。

开始制作之前，我们建议你先阅读“牛肉鱼露”（第373页）的详细制作说明，这一节内容可作为本章所有鱼露食谱的模板。

用绞肉机、食品加工机或搅拌机将鱿鱼磨成粗糙的糊状。绞肉机是最好的选择，但如果你没有，可以先将鱿鱼切成便于处理的小块，再用食品加工机或搅拌机搅碎，随后倒入一个3升容量的食品级发酵容器中。

接下来，磨碎（或搅碎）珍珠大麦曲，放入发酵容器，加入水和盐，用干净的勺子将混合物搅拌均匀。直接用戴好手套的手或橡皮刮刀刮净容器内侧，往发酵物表面铺上一层保鲜膜。盖上盖子，不要盖紧，至少留一处微微敞开的缝隙。将发酵容器放入60℃的发酵室或调成“保温”模式的电饭锅内，发酵8～10周，每周搅拌1次。

发酵完成时，鱿鱼的肉质应该已经完全分解。发酵物质地

鱿鱼鱼露，第 1 天

第 7 天

第 75 天

黏稠，闻起来既有泥土的芬芳，又有大海的气息，咸鲜可口，紧紧抓住你的味蕾。

最后的步骤，以下两种方法任选其一：（1）将纱布衬在细孔筛中，置于碗上，倒入鱼露，过滤24小时，获取汁液；（2）将鱼露熬煮至浓稠的糊状。如果选择前者，你会得到两种不同的、可互相替代使用的产品——鱼露汁和剩余的固体残渣；如果选择后者，鉴于液体鱼露容易溶解在高汤或肉汤里，所以糊状鱼露更适合作为酱料涂抹在白灼芦笋之类的食材上食用。

将鱼露装入瓶子，或其他有盖子的容器。这种鱼露非常容易保存，可冷藏几个月。你也可以将其冷冻，保存的时间更久，而且不会对味道有任何影响，但要注意一点，由于含盐量高，鱼露可能无法彻底冷冻成固体。

建议食用方法

尼斯洋葱挞（Pissaladière）

鱿鱼鱼露以一种十分优雅的方式呈现出鱼腥味，那咸腥的风味将糖分的甜香和泥土气息结合得很好。换句话说，这种鱼露很适合放入尼斯洋葱挞（NOMA餐厅许多游历过法国的厨师们最喜欢的一道乡村菜）中食用。尼斯洋葱挞是一种类似于烤比萨的美食，挞皮上铺有焦糖洋葱，再上面则是黑橄榄和鳀鱼。洋葱煎出焦糖色之后，往锅里放一大汤匙的鱿鱼鱼露，能极大提升尼斯风格菜肴的风味。

法式开胃菜（Crudités）

鱿鱼鱼露能将生鲜蔬菜做成的开胃菜变成一道完美菜肴。将橄榄油、海盐、一小撮红辣椒碎以及少许鱿鱼鱼露拌入生鲜蔬菜（比如宝塔花菜、胡萝卜和小萝卜），做成开胃菜，既爽口又有独特的发酵风味。

往焦糖洋葱里淋入少许鱿鱼鱼露，丰富尼斯洋葱挞的味道。

我们制作烤鸡翅鱼露的目的是想看看，如果将一种已经非常
美味的肉制品进行发酵，会发生什么。

烤鸡翅鱼露

约1.5升量

原料：

2000克鸡骨

3000克鸡翅

450克珍珠大麦曲（见第231页）

480克无碘盐

烘烤会给这种鱼露带来丰富而成熟的风味，这意味着，只需要大约1个月的发酵时间，就能产生相当多的鲜味。如果我们像处理发酵牛肉或鱿鱼鱼露一样处理烤鸡翅鱼露，它就会失去微妙和复杂的风味。

开始制作之前，我们建议你先阅读“牛肉鱼露”（第373页）的详细制作说明，这一节内容可作为本章所有鱼露食谱的模板。

将鸡骨放入一口大锅，加水没过鸡骨——约3升。将水烧开，温度升高后，撇去水面上的杂质。沸腾后转至小火，慢炖3个小时。

与此同时，将烤箱调至180℃，将烤盘纸铺在烤盘上，放上鸡翅，烤制40分钟。烤的过程中翻动几次，确保鸡翅呈均匀的深褐色。

烤完后，将鸡翅从烤箱里取出晾凉。称出2000克，用劈刀将鸡翅剁成小块（如果烤多了，有剩余，可以当零食吃）。

烤鸡翅鱼露，第 1 天

第 7 天

第 30 天

用细孔筛将鸡骨汤过筛，晾凉。

用食品加工机将曲搅打成小块。将剁碎的鸡翅、曲、盐和1600克鸡汤放入3升容量的发酵容器，搅拌均匀。直接用戴好手套的手或橡皮刮刀刮净容器内侧，往发酵物表面铺上一层保鲜膜，盖上盖子。如果是螺旋盖子，不要完全拧紧；如果是普通盖子，稍微敞开一个缝隙。将发酵容器放入60℃的发酵室或调成“保温”模式的电饭锅内，发酵4周。

第一周，每天都要用干净的汤勺或长柄勺尽可能地撇去油脂并进行搅拌，随后盖上盖子。第一周以后，每周撇油脂并搅拌一次即可。

收获的时候，先用细孔筛过滤鱼露，再用衬有纱布的筛子过滤一次，随后将得到的液体静置，撇去浮在表面的所有脂肪。

将鱼露装入瓶子，或其他有盖子的容器。这种鱼露非常容易保存，可冷藏几个月。你也可以将其冷冻，保存的时间更久，而且不会对味道有任何影响，但要注意一点，由于含盐量高，鱼露可能无法彻底冷冻成固体。

建议食用方法

拉面汤

第一次品尝烤鸡翅鱼露时，几乎每一位NOMA餐厅的厨师都嘀咕了一声：“拉面。”确实，这种鱼露拥有一大碗拉面的某些特质——口感醇厚，肉味浓郁，往简单的昆布鲣鱼汤里淋上一点儿，就能骗过人们的舌头。即便你熬制了正宗的拉面汤，也可以加一点鱼露，让拉面的香味更加浓郁。

烤腰果

往腰果（或任何你喜欢的坚果）上涂上融化的黄油，在烤盘或可放入烤箱的平底锅中平铺，随后放入烤箱，160℃烤至金黄、散发香气。烤完后取出，加入几汤匙烤鸡翅鱼露，混合均匀。鱼露不要放太多，否则烤盘里会有汁液淤积。放入的所有鱼露都应该被腰果吸收进去，水分经由腰果的热量蒸发掉。如果水分过多，腰果会变得软塌塌，这可不妙。冷却后的腰果仍然酥脆，外壳咸鲜。

将烤鸡翅鱼露淋在烤坚果上混合均匀，成就一款难以形容的美味零食。

蚱蜢鱼露延续了 NOMA 餐厅多年来烹制昆虫的传统。

蚱蜢鱼露

约2升量

原料：

600克蚱蜢或蟋蟀（活的或死的都可以）

400克蜡螟幼虫

225克珍珠大麦曲（第231页）

800克水

240克无碘盐

蚱蜢鱼露是本书目前为止最神奇的发酵产品，这不仅仅是因为它能立即消除你在烹饪或食用昆虫方面的一切心理障碍，还因为在研发食谱的过程中我们简直不敢相信，因为事实证明，这种鱼露太棒了，几乎成了餐厅的支柱。

蚱蜢可以在宠物商店或可食用昆虫商店买到。原料里的蜡螟幼虫可能更难买，如果买不到，可以忽略，增加蚱蜢的用量来代替即可；这样做好的成品不会那么醇厚多脂，但味道没差（如果买不到蚱蜢，可以用蟋蟀代替）。

开始制作之前，我们建议你先阅读“牛肉鱼露”（第373页）的详细制作说明，这一节内容可作为本章所有鱼露食谱的模板。

将蚱蜢和蜡螟幼虫搅打成糊状，倒入碗中。用食品加工机将曲搅打成小块。将昆虫糊、曲、水和盐混合，搅拌均匀，随后倒入3升容量的发酵容器中。直接用戴好手套的手或橡皮刮刀刮净容器内侧，往发酵物表面铺上一层保鲜膜，盖上盖子，如果是螺旋盖子，不要完全拧紧；如果是弹簧盖子，稍微敞开一个缝隙。

蚱蜢鱼露，第 1 天

第 7 天

将发酵容器放入60℃的发酵室或调成“保温”模式的电饭锅内，发酵10周，每周搅拌一次。如果发酵物尝起来有坚果香、烧烤香以及浓郁的鲜味，就可以收获了。

收获时，将鱼露调成细腻的糊状，用细孔筛过滤。随后，将液体装入瓶子，或其他有盖子的容器。这种鱼露非常容易保存，可冷藏1个月。你也可以将其冷冻，保存的时间更久，而且不会对味道有任何影响。

建议食用方法

蚱蜢黄油

切110克黄油放在室温下融化，然后与黄油重量20%的蚱蜢鱼露混合搅拌，蚱蜢黄油就做好了，将其倒入密封容器，放入冰箱冷藏。蚱蜢黄油可以使用在一切需要普通黄油的场合：烤蔬菜、肉或鱼的浇汁甚至烤薄煎饼。说到薄煎饼……请看下文。

美味薄煎饼

去掉你最喜欢的薄煎饼食谱中的糖浆，用蚱蜢黄油代替。薄煎饼烤完后，刷上一些蚱蜢黄油，然后将其折叠起来，往中间塞一些红洋葱碎、一团法式酸奶油、一勺上等鱼子酱或鱼子（就鱼子而言，最重要的是品质，而非种类。新鲜、优质的圆鳍鱼子、三文鱼子或鳟鱼子都比一般的鱼子酱好得多），最后再撒上些香葱碎，绝对令人馋涎欲滴。

第 75 天

蜂花粉是一种极其复杂的食材，其浓郁的香气源自蜜蜂蜂巢附近的花朵。

蜂花粉鱼露

约1.5升量

原料：

1000克新鲜或冷冻的蜂花粉

200克珍珠大麦曲（见第231页）

300～600克水

60克无碘盐

这一节，我们仍然关注被低估的食用昆虫界。从化学的角度来讲，蜂花粉的成分极为复杂，寄生着几十种真菌和细菌，味道非常甜，蛋白质含量有时能超过50%。然而，不同的蜂花粉成分和味道可能会天差地别，这取决于蜜蜂采花粉的花。蜂花粉比你想象中更容易获得，它常作为营养补充剂售卖，可以通过保健食品供应商订购（购买来源见第448页）。

开始制作之前，我们建议你先阅读“牛肉鱼露”（第373页）的详细制作说明，这一节内容可作为本章所有鱼露食谱的模板。

如果你买到的蜂花粉是脱水的，要先将700克蜂花粉与300克水放入搅拌机中搅打成糊状，以达到与新鲜蜂花粉一致的含水量。

将蜂花粉（或者说蜂花粉糊）、曲、水和盐倒入搅拌机，搅打至顺滑的糊状，再将混合物转移至3升容量的发酵容器中。直接用戴好手套的手或橡皮刮刀刮净容器内侧，往发酵物表面铺上一层保鲜膜，盖上盖子，拧紧；或多铺几层保鲜膜。

蜂花粉鱼露，第 1 天

第 7 天

第 21 天

将混合物放入60℃的发酵室，发酵3周，每周搅拌一次。蜂花粉的高糖分意味着这种鱼露较其他鱼露会更快地褐变，焦糖化速度也会加快，所以不需要在高温下发酵太久。

收获时，将鱼露调成细腻的糊状，用细孔筛过滤。随后，将液体装入瓶子，或其他有盖子的容器。这种鱼露非常容易保存，可冷藏1个月。你也可以将其冷冻，保存的时间更久，而且不会对味道有任何影响。

建议食用方法

蜂花粉油

第一次尝试蜂花粉鱼露在发酵厨房中的应用时，一项小小的研究让我们了解到，蜂花粉是可溶于脂肪的。这一宝贵的知识带来了一次相当有趣的实验。将250克蜂花粉鱼露和500克中性植物油——菜籽油和葡萄籽油都不错——同时放入搅拌机中，搅打6分钟，随后将混合物转移到一个容器中，放入冰箱冷藏一夜，充分浸渍。转天，当固体在容器底部沉淀下来之后，将油缓缓倒入衬有纱布的筛子里。残留在容器底部的沉淀物也很美味，可以留下来作其他用途。深芥末色的油充满花香，有一种微妙的力量感，停留在舌尖上的时间越长，香味就越发浓郁。蜂花粉油很适合代替橄榄油为鞑靼牛肉调味，也可与蛋黄混合进行乳化，做成一种非同寻常但十分出色的蛋黄酱。烤好的蔬菜——比如芹菜根或红薯——从烤箱里拿出来之后简单地淋上些蜂花粉油，也能增色不少。

蜂花粉烩饭

蜂花粉鱼露味道柔和，可能是我们在NOMA餐厅制作的唯一一种可以舀来直接食用的鱼露。前阵子，米其林三星主厨、意大利鲁巴诺Le Calandre餐厅的马西米利亚诺·阿拉莫作为客席厨师来访NOMA餐厅，他用蜂花粉鱼露代替奶酪，做了意大利烩饭，我们的客人赞不绝口。你也可以在家里用洋葱、白葡萄酒和鸡汤做一道经典的烩饭，然后给每一份饭淋上大约2汤匙蜂花粉鱼露，为这道美味带来截然不同但又有些亲切的风味。

烤番茄

每年夏末，番茄熟透的时节，摘一篮子果香四溢的樱桃番茄——金太阳是很棒的一个品种。平底锅倒入橄榄油，烧热后，把番茄放进去煎一小会儿，然后把平底锅放入烤箱最上层，置于烘烤机下方。番茄会烤得冒泡、爆开、焦糖化，汁液在锅底聚集、变得浓稠时，就可以取出了，这大约需要10分钟。从烤箱中取出平底锅，放上几枝柠檬百里香，再淋上一勺蜂花粉鱼露。将混合物快速搅拌均匀，然后取出柠檬百里香、撒上紫叶罗勒碎即可。可搭配烤面包食用，如果放进油煎鸡油菌蔬菜沙拉里，即能成就一道热气腾腾的夏季沙拉。

酵母鱼露

约2.5升量

原料：

300克新鲜面包酵母

725克营养酵母

250克黄豌豆味噌（见第289页）

225克珍珠大麦曲（见第231页）

1000克水

200克无碘盐

本章的其他鱼露使用的都是动物蛋白，但动物并非唯一富含蛋白质的生物体。我们最常用作发酵剂的酵母菌也能够发酵成美味的素食鱼露。新鲜的面包酵母可以在杂货店的冷藏区或网店买到，有时叫作“压缩酵母”或“蛋糕酵母”。如果你没有这份食谱中需要的黄豌豆味噌，可以用商店买来的其他味噌代替；但要选择味道清淡的类型，比如“妈妈”味噌（Okasan）或白味噌。

开始制作之前，我们建议你先阅读“牛肉鱼露”（第373页）的详细制作说明，这一节内容可作为本章所有鱼露食谱的模板。

在烤盘上铺上烤盘纸，将面包酵母弄碎，铺在烤盘上，放入烤箱，以160℃烤1小时，直至酵母变为深棕色，且散发出坚果香和肉香。取出酵母，放在一边冷却。

烤制过程中，面包酵母会丧失大量水分；称出75克面包酵母，与其他所有原料一同放入搅拌机，搅打约45秒，直至形成均匀顺滑的糊状。将混合物放入3升容量的发酵容器中。直接用戴好手套的手或橡皮刮刀刮净容器内侧，往发酵物表面铺上一层保鲜膜。

酵母鱼露，第 1 天

第 7 天

第 30 天

盖上盖子，拧紧；或多铺几层保鲜膜。将混合物放入60℃的发酵室或调成“保温”模式的电饭锅内，发酵4周，每周搅拌一次。发酵完成后，鱼露会散发出醇厚浓郁的肉香，酸鲜可口，呈华丽的、充满光泽的深棕色。

收获时，将鱼露调成细腻的糊状，用衬有纱布的细孔筛过滤。随后，将质地浓稠的鱼露装入广口瓶，或其他有盖子的容器。这种鱼露非常容易保存，可冷藏几个月。你也可以将其冷冻，保存的时间更久，而且不会对味道有任何影响。

建议食用方法

烟熏鹰嘴豆泥

NOMA餐厅在哥本哈根克里斯钦社区郊外的第二代项目处于施工状态时，我们在市中心的运河旁边举办了一系列临时的快闪餐厅晚宴。来自黎巴嫩的厨师塔里克·阿拉米丁做了这道不可思议的鹰嘴豆泥，让酒吧里的客人当零食吃。首先，将鹰嘴豆和干草（符合标准的木屑也可以）一起冷熏1个小时左右。接下来的制作流程就十分简单了：将500克烟熏鹰嘴豆和75克芝麻酱、75克酵母鱼露以及1瓣大蒜、少许橄榄油放入搅拌机，搅打5分钟，让鹰嘴豆泥获得极为顺滑的质地。最后，取一颗柠檬，取柠檬皮和柠檬汁用来调味。

9

黑化果蔬

—Black Fruits and Vegetables—

黑化水果和蔬菜成为西式烹饪的一部分，迄今只有20年左右的时间。在NOMA餐厅，我们第一次尝到了黑蒜——一种典型的黑化蔬菜——但直至近几年，我们才开始尝试制作其他黑化水果、蔬菜以及坚果。

此处需澄清一点，黑化并非发酵。大致来说，这是一个酶促过程，虽然所有发酵过程都源自酶的作用，但并非所有酶促过程都是发酵过程。尽管如此，我们觉得仍然应该把黑化写进这本书里，因为它具备与微生物发酵相同的变革性的魔力，借此制造出来的产品在我们的食品储藏室也有着与发酵产品同等的地位。

黑化的真实过程值得一看。蔬菜会渐渐拥有熟透水果般的质地和风味，尖锐的味道会变得圆融醇厚，坚硬的质地最终也会成为油泥状，具备了延展性，比如黑蒜。和很多发酵品一样，黑蒜的品质也有所不同：有的种类尝起来就像生蒜，不怎么好吃；但最好的黑蒜会像美味的软糖，香甜、柔韧，味道丰富。

想要制作黑蒜，你仅仅需要把一头蒜放进一个密封容器里，在60℃的恒定温度下放置6～8周即可。这就是整个制作过程——至少宽泛点儿来说是这样的。

之所以称其为“黑化过程”而非“发酵过程”，是因为温度。我们在发酵过程中利用的真菌和细菌无法在60℃下存活。所以，没有了微生物的活动，就只剩下化学过程了。

或许，描述黑化的最简单的方式就是“十分缓慢和彻底的褐变反应”。本书的许多读者可能都了解美拉德反应——牛排的酥皮、洋葱的褐色表面、烤吐司、咖啡等无数经典美食，都是美拉德效应的功劳。美拉德反应是黑化水果和蔬菜的多种褐变形式中的一种。

黑化过程也有焦糖化的功劳，也就是糖的热解作用。有机化合物在没有氧的情况下受热，继而分解，亦即热解作用。焦

对页图注：

半熟蛋和黑蒜，NOMA 餐厅，2012 年

半熟蛋缀以旱金莲叶置于碗内，搭配由黑蒜、发酵蜜、豌豆和曲搅打成的黑蒜糊。

糖化过程会产生一系列挥发性的味道和香气，以及让我们联想到美食的令人愉悦的各种颜色。

习惯上，美拉德反应、热解作用和焦糖化往往发生在短时间内的高温作用下，通常是170℃或更高。但如果你有耐心，高温并非这些反应发生的必要条件。黑化作用的关键在于把这个过程延长至几个星期。这样做是可行的，因为一个物体的温度实际上是数十亿个以不同速度运动的分子的平均温度。在60℃环境下的一瓣大蒜中，99.9999%的分子移动得可能都很慢，无法引发热解作用或美拉德反应。但偶尔，有十亿分之一的分子可能会移动得很快，足以引发其中一种高能化学反应。自此，那些孤立发生的、稀少的化学反应便串联起来了。

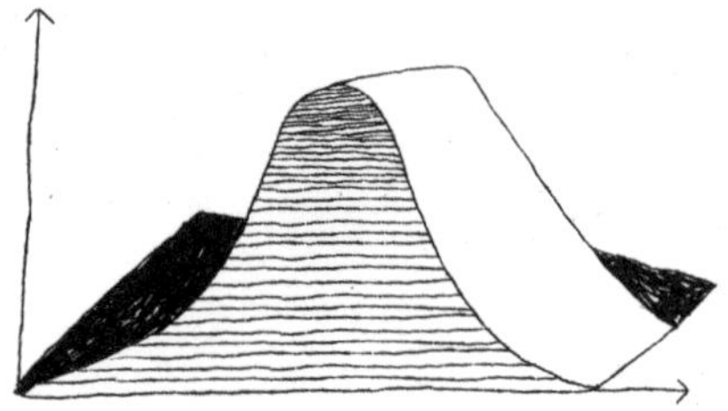

物体的温度是其中无数个以不同速度运动的分子动能的平均值。

当热解作用将大块的糖分解得更小的时候，能够释放出更多的分子，随后，这些分子可以参与进一步的反应。历经数周，这些罕见且不可逆的化学反应的产物会堆积起来，产生醇厚的甜味，就像黑蒜那样。也就是说，如果长时间处于60℃环境下，大蒜能够“熊熊燃烧”。

热解作用、焦糖化以及美拉德反应均属于非酶褐变反应。相反，酶褐变反应是随着水果和蔬菜的成熟和老化而发生的。多酚氧化酶对植物的健康生长至关重要，不过，一旦水果或蔬菜的果肉暴露在氧气中，这种酶就会开始改变植物组织中的酚类化合物，并制造黑色素，这就是水果会变成棕色的原因（酚类化合物是一大群化合物的总称，其中一些负责许多植物果肉、果皮的颜色，另一些则直接影响植物的味道和香气）。一株健康植物身上如果出现挫伤和创伤处，就会产生有助于防止感染的黑色素，因为黑色素具有抗菌特性。在黑化的过程中，黑色素会让水果或蔬菜的颜色进一步加深。

水果的黑化过程中，酶促反应和非酶促反应都会发生。目前还不清楚是谁首次将这些不同的工艺融合到食物中令食物变黑，但大多数迹象都表明，这与韩国有名的发酵文化有关。几个世纪前，韩国人会在炎热的夏季将整头的大蒜放入陶罐中陈化。至于黑化水果和黑化蔬菜的现代历史，依然要追溯到2004年的韩国。现代黑蒜的普及要归功于一个名叫斯科特 · 金的人，他发明了一种简单的方法，利用能够控制温度和湿度的陈化室制作黑蒜。在NOMA餐厅，我们使用完全相同的方法，建造了一个能够维持一连串缓慢化学反应的环境，能在几周或几个月的时间里让普通的食材脱胎换骨。

氧化还原反应

在“醋”那一章（第157页），我们提及了现代化学之父安托万 · 拉瓦锡，发现氧气是一种能够导致燃烧的反应物的人正是他。但实际上，他并不是第一个发表关于氧分子分离的研究的人。英国化学家约瑟夫 · 普利斯特里是拉瓦锡的合作者，这项发现应该归功于他。普利斯特里对一种金属化合物——氧化汞，当时被称作“红石灰（red calx）”——进行了加热，他发现，随着烧瓶中空气的燃烧，红石灰本身的重量也减少了。普利斯特里目睹的正是一种还原反应（reducing reaction，该词即源自红石灰重量的减少）。一旦受热，氧化汞（HgO）就会分解成两种组成它的元素，释放出氧气，令周围的空气具有易燃性。

在分子的层面来看，则是一次交换：当汞和氧初次结合形成氧化汞时，两个汞原子各向氧“交出”一个电子。化合物分解时，这个过程就反过来了——电子回到原来的主人那里，气态氧则被释放到空气中。最初科学家们认为，这种反应只与氧有关，也因此，直到今天，从分子或原子中剥离电子的现象就被称为“氧化”（oxidation）。在普利斯特里的实验中，汞不断被氧化，同时对氧进行还原。类似这样的化学反应就被称作氧化还原反应，其中有很多都涉及氧气，也有许多其他元素和化合

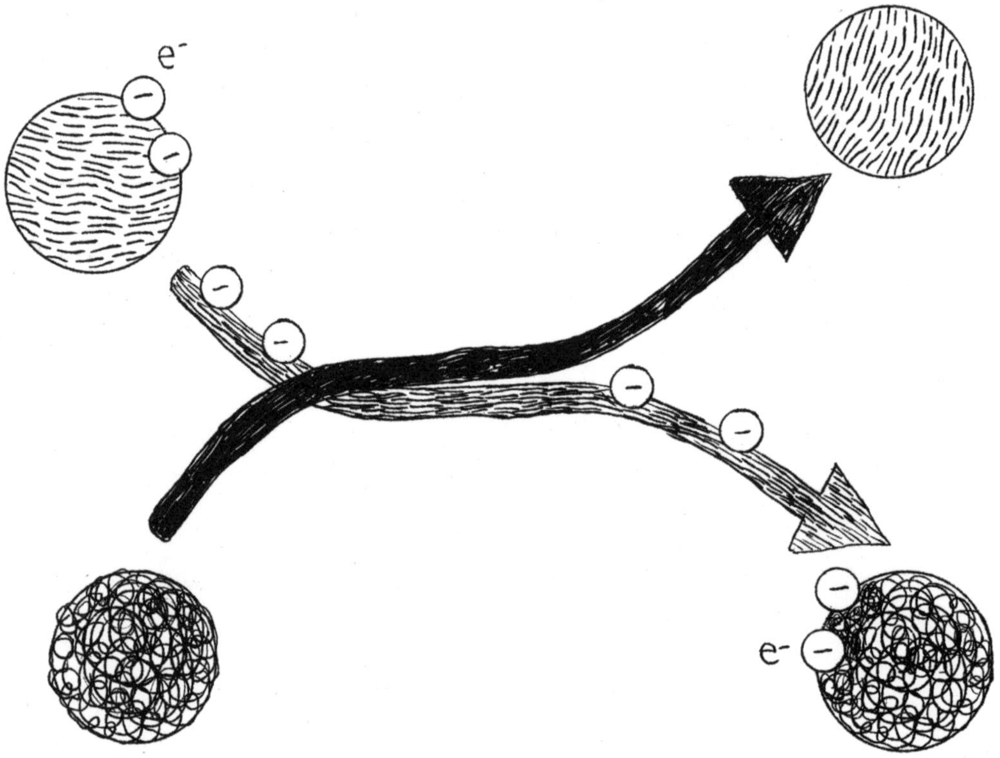
e-
e-

物参与其中。不过有一点需要注意，即氧化还原反应都是双向的。也就是说，如果没有同时发生的还原作用，就不会有氧化作用，反之亦然。只要有某物被氧化，就一定有另一物被还原。

美拉德反应就是一种氧化还原反应，在高温烹饪食物时最常见。美拉德反应得名于20世纪初的一位年轻法国医生路易·卡米尔·美拉德，他在巴黎大学发现了这一化学反应过程。

法国医生路易·卡米尔·美拉德是第一个揭开褐变反应秘密的人。美拉德反应就是一种氧化还原反应，在糖（存在于淀粉中）和氨基酸（存在于蛋白质中）发生还原作用时发生。

正如前文所述，除了氧气之外，还有许多其他化学元素和化合物能够参与氧化还原反应。其中就包括氨基酸。食物受热时，糖类（果糖、葡萄糖或淀粉中的糖）会和氨基酸（游离氨基酸或蛋白质肽链上的氨基酸）一同参与氧化还原反应。这些反应会产生高度不稳定的中间产物，后者再以不同的方式进一步分解，产生风味化合物，正是这些化合物，决定了褐变食物的美妙味道和颜色。面包的外皮、扇贝焦糊的表面、棕色黄油等，都是美拉德反应的产物（碱性环境虽不会对风味产生作用，但会加速反应，所以人们会在烘烤椒盐脆饼干之前先将饼皮放入稀碱液中浸泡）。不同种类的氨基酸会带来不同的风味。人工调味品厂商正是通过选择特定种类的氨基酸进行氧化还原反应去制作调味品的。

大多数美拉德反应发生在115℃以上的温度下，此时的动能充分，反应物得以相互作用。水非常善于吸收热能，所以不管你供给了多少热能，在大部分水沸腾之前，含水混合物一般都不会超过水的沸点100℃。因此，在含水环境下，通常需要很长时间才会发生美拉德反应（除了这种热效应，水还能抑制美拉德反应的某些产物的形成）。但正如本章的前文和味噌一章（第269页）所述，只要有足够的时间，即便在低温和潮湿环境中，美拉德反应也能够发生。

你可能需要深入理解许多化学反应，但烹饪本身就是化学过程。每次烧烤、烤蛋糕或熏制火腿，都在进行多重的化学反

梨子配烤海带冰激凌，NOMA 餐厅，2018 年

黑梨搅打成糊状，烘干，制成果泥干，随后模塑成贻贝壳的造型，内里填满混合了甘草汁的海带冰激凌。

应。让食物褐变（以及黑化）当然也都与化学反应相关。美拉德反应只是黑化过程中起作用的化学过程之一。一如既往，我们鼓励你了解和掌握科学知识，这能帮助你不断调整和精进。

开始你自己的黑化实验

事实上，我们仍在NOMA餐厅学习如何充分利用黑化水果和蔬菜。面对各式黑化产品，目前我们只是触及表面而已。但迄今为止取得的成功，也让我们深受鼓舞。比如，黑苹果就是一款非常棒的产品，尤其是做了脱水处理之后。黑化过程中苹果渗出的汁液也很美味，可以直接喝，也可以将其发酵成黑苹果酒。NOMA餐厅有一道菜肴，突出了黑化水果和新鲜水果之间的风味对比，是用上一年制作的黑苹果酱腌渍新鲜的苹果，我们曾将其作为头盘宴飨食客。

除了水果和蔬菜，我们目前尚不清楚是否还有其他食材能得益于黑化作用，而这正是探索的美妙之处。这是一个尚未经历大量研究的领域。在这个领域，给予我们最大鼓舞的人是哥本哈根阿玛施餐厅的马特·奥兰多。他做了许多关于黑化的实验，能够追随他的脚步继续前进，令我们深受鼓舞——在这个领域，他遥遥领先。

当然，世界上仍有许多食材没有经历过黑化处理，你可以大展身手。在发酵实验室，我们用很多水果和蔬菜做过实验，从甘蓝（效果不太好）到玉米（一般般）再到梨子（效果非常好！）。反复的尝试让我们得到了一系列参数，这些参数似乎能够告诉我们某种特定的水果或蔬菜是否值得进行黑化实验、成为有价值的黑化产品。大蒜就是一种完美的可黑化蔬菜，为我们提供了许多有益的参数。为什么大蒜特别适合黑化？应该在其他想要进行黑化的食材中寻找哪些特质？下文中列出的各项因素会对此做出解释。

含水量和保水能力

水分在蔬菜和水果的酶促褐变过程中扮演了重要的角色——这解释了为什么脱水是一种十分有效的储存手段。如果原料过于干燥，黑化作用是不会发生的。大蒜并不是一种水分特别多的食材，但它的保水能力很好。多层的蒜皮成为一个强大的防御体系，能够防止水分的快速流失，虽然大蒜永远不会完全干燥，但它的干燥程度足以促进美拉德反应的发生。

含有大量水分的水果蔬菜也能黑化，但你会面临其他的挑战：大多数情况下，苹果或梨子薄薄的表皮容易脱落，导致果肉碎裂分解，在美妙有趣的风味产生之前，果体早就土崩瓦解了。不过，这个问题可以得到缓解，你会在“黑苹果”（第425页）一节中读到，但大蒜这种食材天生就有合适的含水量，还能防止水分流失，这是保证最终产品优质、味道丰富且形状完好的不二法门。

含糖量

如果曾用刀背拍过大蒜，你会熟悉蒜泥的那种黏糊状态。之所以会这样，是因为大蒜和许多葱属植物一样，含有大量的糖分，但由于口感辛辣，你可能不会把大蒜往“甜”上联想。在黑化过程中，大蒜丰富的糖分是促成缓慢的美拉德反应和焦糖化不可或缺的要素。含糖量低的食材——比如球茎甘蓝，我们原本以为它很适合做成黑化蔬菜——经热处理后，味道十分糟糕。如果没有美拉德反应产生的和谐的主调香味，黑化作用就会因热解产生浓重辛辣的味道，也无法产生能调和辛辣味的甜味。

刺激性味道

每一种诞生自黑化室的食材味道都不一样，有时候是一件好事，但有时候长时间的高温会抑制或破坏精妙的挥发性香气。历经2个月的热浴之后，生大蒜的辛辣感会发生变化，但依然有辨识度；婆罗门参则不同，一旦黑化，那种特别的香气就会完全消失——虽然含水量足够，外皮不薄，甜度适宜，黑化后也很好吃，但丧失了婆罗门参的个性，没有了辨识度，不及其他根茎植物。也就是说，原材料生吃时味道越浓烈，黑化后的成品就会越有趣。

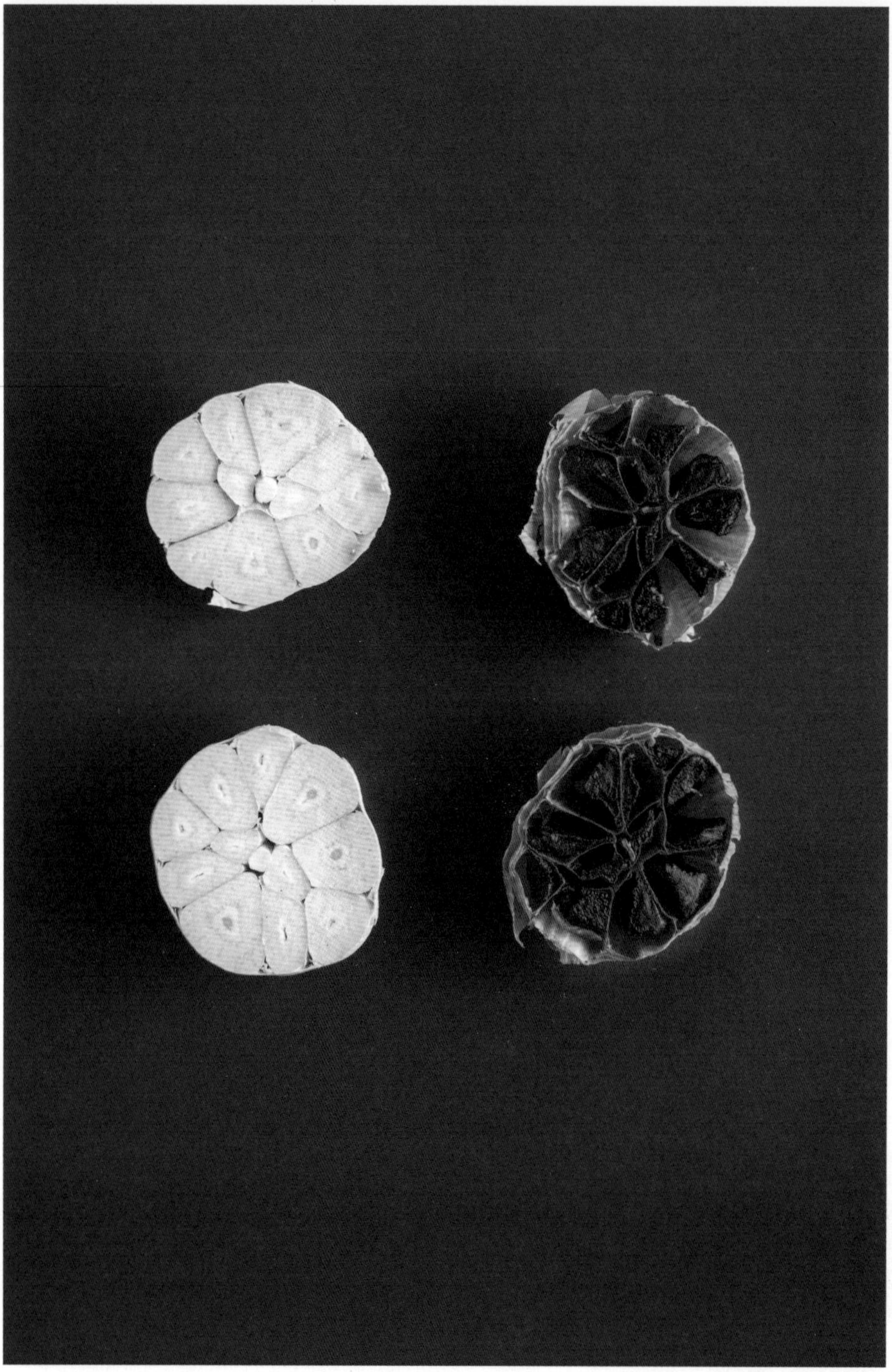

过去的几十年里，香甜、辛辣的黑蒜在西方的厨房里越来越受欢迎。

黑蒜

约10头的量

原料：

10头非常新鲜的大蒜

黑蒜是这本书里最简单的食谱之一。其黑化过程是自动进行的，虽然在这一过程中你需要进行检查，但除此之外就没有什么需要做的事情了。最大的挑战就是找到或打造一个能在60℃的稳定温度下维持数周的发酵室——这是激发氧化还原反应、美拉德效应、酶促褐变、热解作用等让水果和蔬菜黑化所需的其他反应的唯一方法。

设备说明

慢而持续的加热是令大蒜黑化的关键。如果你经营一家餐厅，可以置办一个保温柜，很好用。自制发酵室也完全可以（见第42页“建造发酵室”以及曲那一章第211页的详细说明）。不过，最简单的方法还是用电饭锅或慢炖锅。电饭锅的“保温”档，温度刚好在60℃左右。虽然并非百分之百准确，但对小批量的黑化应该足够了。不过，并非所有电饭锅都能长时间处于开启状态。要确保你的锅没有自动关闭功能，然后再开始制作。

黑蒜，第 1 天

第 7 天

详细操作说明

将你的发酵室设置为60℃的恒定温度，保持几个星期。如果使用电饭锅，有一点要注意：许多电锅里的发热元件与上方的金属锅直接接触，这会导致大蒜被烧焦。记得往金属锅里放一个小的金属网架、盘子或竹垫，以起到缓冲作用。

使用新鲜收获的夏季大蒜，这样的蒜能为黑化过程提供充足的水分，而且不会有硫磺味。一定不要使用已经开始发芽的大蒜，但要确保蒜瓣已经发育完全，因为太嫩的蒜外皮太薄了。也不要使用工业化生产的白蒜，因为这样的蒜辛辣刺激，有硫磺味，甜味很少。象蒜味道太淡，也不适合黑化。

将沾了灰尘的蒜皮剥掉，检查蒜头，确保蒜皮间没有霉菌；如果有，就接着剥蒜皮，把霉菌擦掉。接下来，你需要把大蒜包裹起来，以保持水分。工业化制造厂商使用的是可调节湿度的密闭房间。如果是小批量生产，用两大张锡箔纸把蒜头简单地包起来就可以了——锡箔纸里的蒜头务必只铺一层（如果你用发酵室黑化大蒜——和曲的制作方法一样，但温度要高得多——就把锡箔纸包着的蒜头放入一个更大的密封容器中，比如大号的易拉式袋子或有盖子的塑料容器）。你还可以将密封机调至50%的吸力，将蒜头密封在真空袋中（不要让大蒜茎刺破袋子），或者使用两个结实耐用的易拉式塑料袋，尽可能多地排出空气。

将装好的蒜放入发酵室并关好门（封好口），或放入电饭锅并盖上盖子。如果盖子带有橡胶密封圈而且能上锁就再好不过了，这样能够很好地锁住水分。如果没有，也尽量使用其他方式密封。用保鲜膜将电饭锅盖处裹上就可以，虽然不太美观。开启“保温”模式，你就什么都不用管了。

1周后，开盖检查大蒜的黑化进程。外层的蒜皮应该已经开始变成棕褐色，由于吸收了蒜瓣内部的水分，蒜皮看起来湿乎乎的。如果一切正常，大蒜没有变得太干，就继续。如果蒜头的底部开始呈现出焦痕或灼烧般的痕迹，或者变得非常干燥，那么，很不幸，你得推翻重来了。

第 30 天

想让黑蒜达到完美的风味，需要6～8周的黑化时间。如果黑化得当，蒜瓣会变成黑色，稍显萎缩，与蒜皮微微分离开来，摸起来黏黏的，能用拇指和食指轻易捏扁。味道香甜，带有泥土的气息和微微果香，有些像烤大蒜。

将整颗的蒜头放在料理台，室温下放置一天，去除残留的部分湿气。然后将蒜头包装好，放入有盖子的容器中，存入冰箱冷藏或冷冻。虽然相较于新鲜大蒜，黑蒜的湿度和pH值都要低一些，不好保存，所以需要冷藏和冷冻。冷藏可保存1周；冷冻更久一些。

第 60 天

1. 将大蒜放入真空包装袋，真空密封。

2. 也可以用两层锡箔纸将大蒜包住。

3. 可以开始黑化了。

4. 将大蒜放入电饭锅或发酵室。

5. 合上发酵室，将温度设置为60℃；或者将电饭锅密封，设置为“保温”模式。

6. 经过6～8周时间，大蒜能完成黑化。

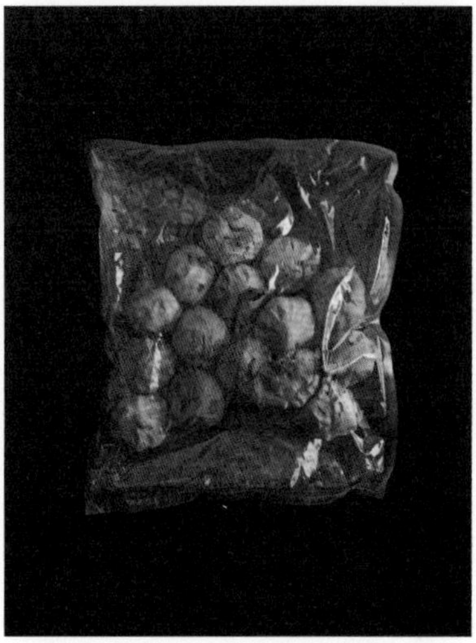

建议食用方法

黑蒜冰激凌

黑蒜可以用在一份菜单的任何部分，从开胃菜到甜点。购买（制作）优质的香草或巧克力冰激凌，往每份冰激凌中加入一勺切碎的黑蒜。如果是巧克力冰激凌，还可以再淋上少许橄榄油，味道会进一步升华。

黑蒜皮肉汤

得到黑蒜肉之后，蒜皮不要丢掉。炖鸡汤或其他任何肉汤的时候，可以提前1小时放一些黑蒜皮进去，让汤的味道更加醇厚浓郁，充满美妙的果香。实际上，如果你已经打算往汤里放黑蒜皮，一开始就不用放其他蔬菜了，黑蒜皮自己的味道就足以给鸡汤调味。在NOMA餐厅，我们喜欢将这一方法用在员工餐里，尤其是早餐，我们会往汤里滴几滴辣椒油，有时还会搭配米饭或面条食用。

黑蒜泥

用研钵和杵将黑蒜捣碎，再添一些水或者油，直至黑蒜变成浓稠的糊状，可用作多种用途。用作开胃菜的话，与硬奶酪切片是绝佳的搭配，尝起来很像榅桲果泥（如果你觉得黑蒜泥缺少一些甜度，可以淋少许蜂蜜）。将等量的黑蒜和橄榄酱混合，可用作一块用大量橄榄油烤过的酥软面包的美味浇头。最后这个用法也很棒——用来给意面调味：将黑蒜调入香蒜沙司（每份意面放一茶匙沙司），你一定不会失望。

用研钵和杵将黑蒜捣碎，调入冰激凌中搅拌均匀，是一种出人意料的完美搭配。

优质苹果的酸味儿与黑化后产生的醇厚甜味儿形成了令人愉悦的对比。

黑苹果

10个的量

原料：

10个苹果

在湿热的环境下，苹果的果肉容易碎裂分解，如果沿用大蒜的黑化方法，就会出问题。作为应对办法，黑化苹果的过程中我们要更加小心，用脱水机除去水分。这种方法同样适用于梨、榅桲等核果类水果。黑化后的果肉美味香甜，嚼起来像太妃糖。

黑蒜的详细制作说明（第417页）可作为本章所有黑化水果和蔬菜食谱的模板。虽然方法各有差异，但我们还是建议你在操作之前，先阅读黑蒜食谱。

苹果削皮后，放入大号真空袋中，彼此之间留出缝隙。发酵室里的苹果只能平铺一层，所以如果你的发酵室太小，就取出超过一层的苹果。将真空密封机调至最大吸力，将袋子密封。也可以使用大号易拉式塑料袋，放入苹果后，将袋子缓缓放入一桶水里，在距离袋口几厘米处停下（为了抵抗水的浮力，你可能需要从下方拖拽袋子的底部），水的压力会把空气挤出来。封好口，一个虽不甚完美但已足够有效的真空环境就打造出来了。

黑苹果，第 1 天

第 7 天

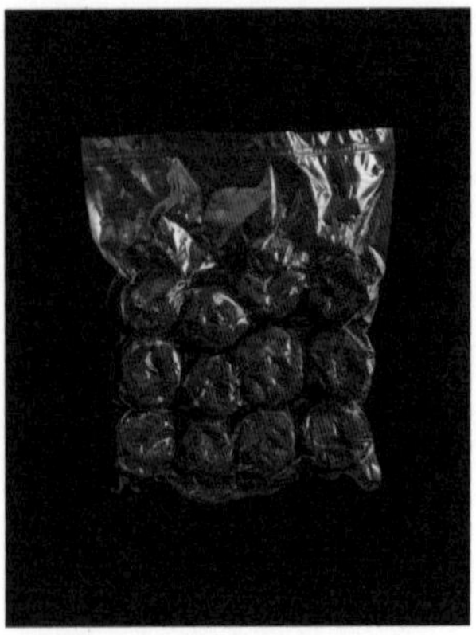

第 60 天

将苹果放入发酵室。如果用的是电饭锅或慢炖锅，记得垫一层盘子、金属网架或竹垫，避免苹果直接接触锅底。关上发酵室，将温度设置为60℃，或将电饭锅密封，设置为“保温”模式。

最初的几天里，苹果会变成浅棕色，并开始渗出汁液，汁液会聚集在袋子底部。你能采取什么措施呢？最好什么也不要做！几周后，果肉就会碎裂分解，即便是一点点的推挤，也有可能破坏苹果的结构。就这样放置8周，它们会自己黑化好。

8周后，苹果会变得非常脆弱，所以把袋子从发酵室中取出时一定要小心。用刀划开袋子，将液体滤出并保留。用勺子或抹刀将苹果拨到铺了烤盘纸的脱水机托盘或烤盘上。将脱水机调至40℃，或将烤箱调至很低的温度，给苹果脱水；经过24～36小时，苹果会达到合适的干燥程度。脱水过程中，将苹果多翻动几次，使其均匀干燥。如果苹果达到太妃糖一般的嚼劲，就做好了。可以放进有盖子的容器，在冰箱里冷藏一周，冷冻可以保存更久。

将黑苹果蘸入巧克力液中。

黑苹果在吸收白兰地的味道的同时，也给白兰地增添了一些风味。

建议食用方法

黑苹果果泥干

和杏干一样，脱水后的黑苹果质地也很像耐嚼的太妃糖。脱水后的苹果本身就是一种美味的点心。你可以把黑苹果整个放入脱水机中干燥几天，但如果想快点做好，又不介意苹果失去完整的形状，可以将果汁榨除，在不粘的垫子上把果泥平铺成3毫米厚的一层，令其干燥成果泥干。耐嚼的黑苹果（或黑苹果果泥干）是墨西哥人吃水果的一种方式，可以往上面挤一点酸橙汁或柠檬汁，再撒上少许辣椒盐。

巧克力裹黑苹果

首先，将黑苹果切成小块，去核（如果用的是小个儿苹果则不用切）。取高品质的黑巧克力（含有70%以上的可可粉）融化，将苹果块蘸进巧克力液中裹一圈，随后放在架子或烤盘纸上冷却，让外层的巧克力变得松脆，与里面质地醇厚、如奶油一般的黑苹果形成鲜明对比。

黑苹果白兰地

如果提前做好计划，这道美食可作为一件有趣的礼物送人。将整颗或对半切开的黑苹果放入玻璃罐，倒入上等的白兰地或苹果白兰地，没过黑苹果，盖上盖子，密封好，放在阴凉处保存——放得越久越好。在NOMA餐厅，我们有时会把黑化水果放进酒浴里泡上2年以上。当酒尝起来浓稠香甜，水果吃起来温软可口、酒香绵绵，就可以和香草冰激凌搭配起来享用一番了。

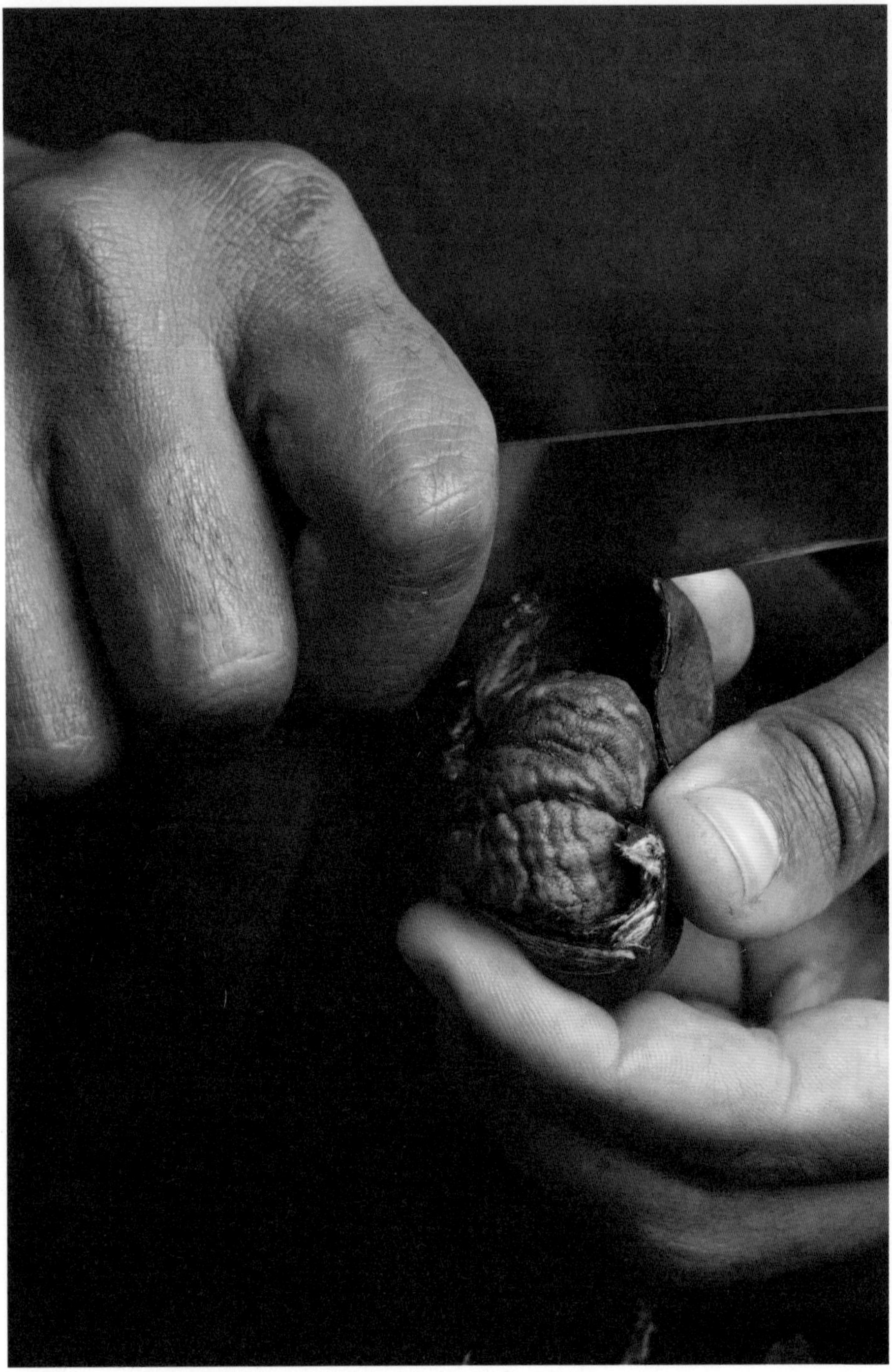

初秋时节，采一些新鲜的栗子，将其黑化。

黑栗子

1000克量

原料：

1000克带壳的新鲜栗子

新鲜香甜的栗子在初秋时节是最好吃的。栗子含水量相当高，尽管和大蒜一样，栗子也有保持水分的外壳，但仍需使用锡箔或塑料保鲜膜包裹起来，以维持更多的水分。在NOMA餐厅，我们发现没有完全黑化的栗子味道更棒。在60℃的温度下，栗子大约需要4周时间达到理想的状态。黑化后的栗子味道类似葡萄原汁，还带着些李子和水果干的味道。生栗子那种会让你联想到白垩土的味道消失了，取而代之的是令人愉悦的、口感香醇的质地，还带着点儿韧性。一旦超过4周，浓烈的焦糖味就会出现，但味道会变得有些单调。

黑蒜的详细制作说明（第417页）可作为本章所有黑化水果和蔬菜食谱的模板。我们还是建议你在操作之前，先阅读黑蒜食谱。

将栗子平铺进真空包装袋。放入发酵室的栗子只能铺一层，所以如果你的发酵室太小，超出一层的话就要取出。将真空密封机调至最大吸力，密封袋子。也可以使用大号易拉式塑料袋，放入栗子后，将袋子缓缓放入一桶水里，在距离袋口几厘米处停下（为了抵抗水的浮力，你可能需要从下方拖拽袋子的底部），水的压力会把空气挤出来。封好口，一个虽不甚完美但已足够有效的真空环境就打造出来了。

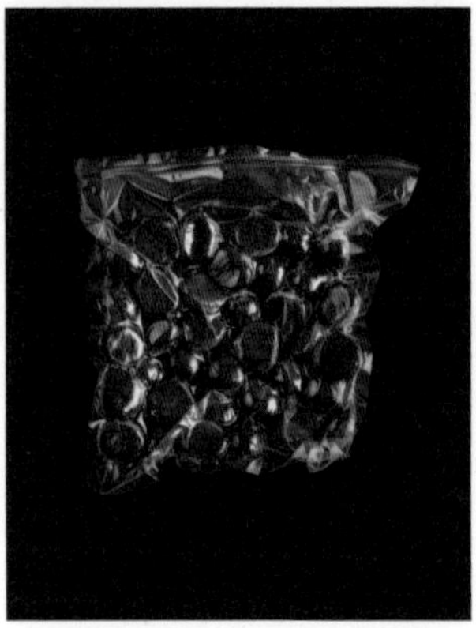

黑栗子，第 1 天

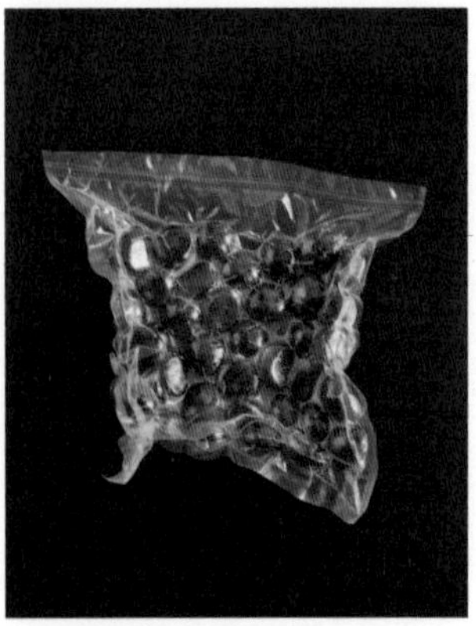

第 14 天

第 30 天

将栗子放入发酵室。如果用的是电饭锅或慢炖锅，记得垫一层盘子、金属网架或竹垫，避免栗子直接接触锅底。关上发酵室，将温度设置为60℃，或将电饭锅密封，设置为“保温”模式。

让栗子在发酵室或电饭锅里黑化4周。4周后，取一颗栗子切开尝尝，看是否需要再继续黑化一段时间。栗子达到你喜欢的黑化程度后，将其保存起来，不要去壳，使用时去壳就好。放入密封容器，存入冰箱冷藏，需在1周内食用完毕。如果想放得久一些，可以冷冻保存。

建议食用方法

意大利饺

将意大利饺的食谱稍作改动，就可以把黑栗子变成一种不可思议的馅料。首先，将350克去皮的黑栗子剁碎。在中号平底炒锅中加热100克黄油，直至开始起泡。倒入栗子碎，炒制几分钟，随后加入250克上好的鸡汤。食材上方盖一层烤盘纸，小火慢煮，直至栗子变得相当软和。这时候，把锅里的食材倒入搅拌机，搅打至丝绸一般顺滑（可能需要往里加一点水，帮助搅拌机流畅地旋转，但也取决于你的搅拌机）。用盐、肉豆蔻皮（或肉豆蔻仁）给栗子糊调味，倒在新鲜的意面皮上，包成你喜欢的意大利饺形状：帽子形（cappelletti）、长方形（agnolotti）、环形（tortellini）、正方形（ravioli）。想要给这道美食带来新的升华，意大利饺做好后，可用乳酸曲黄油沙司（见第261页）为其上一层焦糖色。

用一点鸡汤把黑栗子熬至浓稠，做成醇厚精妙的意大利饺馅料。

新鲜的榛子长时间受热，会产生烧烤味和巧克力味。

黑榛子

1000克量

原料：

1000克带壳的新鲜榛子

新鲜的榛子（hazelnuts，亦称cobnuts或filberts，叫法取决于品种或产区）最早可在7月收获，8月至9月初一定能采到。但要注意：带壳的榛子未必都是新鲜的——事实上，很可能不是新鲜的。在北半球，榛子一从树上掉下来就被人采走了，在到达消费者手中之前，通常要先窖藏一段时间。这样做能让坚果完全变干，因水分不足，所以不会黑化。直接从树上摘下来的榛子果肉白嫩，吃起来爽脆可口。新鲜和充分的熟度——不能太嫩，得成熟才可以——是制作优质黑榛子最重要的两个因素，所以你可能得找到一个热心的榛子种植者，不然只能在农贸市场上碰运气了。

黑蒜的详细制作说明（第417页）可作为本章所有黑化水果和蔬菜食谱的模板。我们还是建议你在操作之前，先阅读黑蒜食谱。

将榛子平铺进真空包装袋。放入发酵室的榛子只能铺一层，所以如果你的发酵室太小，就取出超过一层的榛子。将真空密封机调至最大吸力，密封袋子。也可以使用大号易拉式塑料袋，放入榛子后，将袋子缓缓放入一桶水里，在距离袋口几厘米处停下（为了抵抗水的浮力，你可能需要从下方拖拽袋子的底部），水的压力会把空气挤出来。封好口，一个虽不甚完美但已足够有效的真空环境就打造出来了。

不管用哪种方式，放入发酵室后，榛子的尖头可能会刺破

黑榛子，第 1 天

第 14 天

第 30 天

袋子，所以最好套两层袋子。

将榛子放入发酵室。如果用的是电饭锅，记得垫一层盘子、金属网架或竹垫，避免榛子直接接触锅底。关上发酵室，将温度设置为60℃，或将电饭锅密封，设置为“保温”模式。

让榛子在发酵室或电饭锅里黑化4～6周。在此期间，榛子的果肉会有些微收缩。可以取出一颗切开看看。黑化好的栗子，应该呈深金色，再深一些的话，就是深棕色。味道特别棒，像放了一勺Nutella牌的热巧克力。其质地不再像新鲜时那样脆生，但有一种令人愉悦的嚼劲。可以立即食用，也可以密封后放入冰箱冷冻，防止变干。干燥会极大影响黑榛子的味道。

建议食用方法

格勒诺布尔酱汁鳎鱼（Sole à la Grenobloise①）

黑榛子的味道特别像热巧克力，其醇厚的烘烤味和甜味用在烹饪里非常有趣。黑榛子是格勒诺布尔酱汁鳎鱼这类菜肴的完美搭配，效果出人意料。首先，给黑榛子去壳，粗略地切碎——需要大约30克。给鳎鱼片去皮，裹上中筋面粉，放入热好的优质橄榄油锅里煎至金黄，每一面都煎大约90秒。煎鱼的时候，取30克黄油放入一口小一些的炖锅里，加热至冒泡、变成棕色，然后放入黑榛子碎，搅拌均匀，直至散发出植物的芳香。放入30克酸豆碎、10克欧芹碎，再挤入一颗柠檬汁，转动炖锅，令里面的食材融合成酱汁。将煎出焦糖色的鳎鱼片浸入充满坚果香气的格勒诺布尔酱汁里，即可端上桌享用。

---

① 格勒诺布尔（Grenoble）为法国东南部城市；grenobloise 是一种法式酱汁，配料为棕色黄油、酸豆、欧芹、柠檬等。

黑榛果奶

坚果奶这类饮品越来越受欢迎，而黑榛子能制成一种尤为惊艳的坚果奶。给黑榛子去壳，剥出一小把的量放入容器中，倒入榛果2倍体积的水，放进冰箱冷藏室浸泡一夜。隔天，用搅拌机将榛子搅打至完全顺滑的程度，大约需要3分钟。用筛子或衬有几层纱布的漏勺过滤榛子糊，用长柄勺挤压榛果肉，尽可能多地滤出榛果奶。然后，你就可以用黑榛果奶制作热巧克力或欧洽塔[①]（用榛果奶代替水或牛奶）了。也可以往黑榛果奶中淋一些榛果油，用作烤扇贝的酱汁。

把坚果和水搅打成泥，用筛子过滤，就能得到坚果奶了。

① horchata，原产于西班牙瓦伦西亚的一种饮品，由水、砂糖、油莎草块茎制作而成。

黑化之前，先给青葱上一层蜂蜡，既能封住水分，又能带来
一种令人愉悦的蜂蜜香味。

蜂蜡黑青葱

1000克量

原料：

500克蜂蜡

1000克新鲜青葱

我们在前文提到过如何用不渗水的袋子和锡箔纸将食材黑化，但这并非唯一的方法。对于坚果这样的小体积食材，塑料袋很有用，但对于青葱这种大体积食材，用蜂蜡将其包裹住是一个很有趣的选择，还能给最终的黑化成品带去蜂蜡自己的味道。你可以找找有机食品级的蜂蜡（能在网上买到）。

理想的黑化温度（60℃）和用来裹住青葱的蜂蜡的熔点（64℃）之间的微小差距十分重要，直接决定了青葱能够完美黑化，抑或成为一团糟。对此，设置为“保温”的电饭锅可能不够精确，无法达成目的。因此，你需要一个具有更精确温度控制功能的发酵室（见第42页，“建造发酵室”）。

将蜂蜡放入一口非常小的锅里，中火加热，熔化至刚好变成液态的程度；温度不要过热，能维持液体状态即可。锅里的蜡液越深越好，便于青葱完全浸入，所以，锅的直径越小越好，锅壁越高越好。

青葱去皮，保持根部完整，没有损伤。确保青葱是湿润多汁的，而且表面没有肉眼可见的霉菌。一次取一颗青葱，用扦子或镊子刺进根部，迅速裹一圈蜡液，然后取出，让多余的蜡液滴回锅里。

黑青葱，第 1 天

第 7 天

第 60 天

将裹了蜡液的青葱置于空气流通处，直至蜡完全凝结，变成不透明的；这不需要太久，因为蜂蜡的熔点是64℃。随后，再将青葱迅速放入锅里裹一层蜡液，这样重复5次。也就是说，你需要给青葱裹上5层蜡。

第5层蜡干透之后，将扦子取下，让青葱的根部蘸一下蜡液，封住扦子扎出的孔洞，这时候，青葱就完全被蜡封住了。最后，将根部的蜡晾干，就可以把青葱摆进托盘了。

将一托盘裹了蜂蜡的青葱小心放入发酵室，放置8～10周。确保发酵室温度的精准性和稳定性十分重要，这时候，我们在入门章节中提及的加热垫和温度控制器终于有了用武之地（见第42页，“建造发酵室”）。如果你使用了这样的装置，请尽量将热源远离青葱，防止热源温度过高，达到蜂蜡的熔点，将其熔化。

举个例子，如果你将废弃的冷冻柜做成了发酵室，那就将加热设备移到一边，把青葱托盘放在另一边，不要离冷冻柜底部太近。温度控制器能将冷冻柜里的温差稳定在1℃以内，让蜂蜡保持固态。为了达到更好的效果，还可以在里面放置一个小风扇，让空气更好地流通循环。

收获的时候，将青葱冷却至室温，用刀子把蜂蜡划开。黑化好的青葱吃起来很像铺在烤鸡下面的那种整颗烤青葱。如果短期内吃不完，无须去掉蜂蜡壳，只要放进冰箱冷藏或冷冻均可，随用随取。

建议食用方法

洋葱汤

把黑青葱想象成你能想到的焦糖化程度最深的洋葱，这将帮助你进行更有创意的烹饪。提及焦洋葱时，你最先想到的是什么？一定是洋葱汤。用一把锋利的刀将250克黑青葱切成薄片，放入浓郁的牛肉高汤里一起炖，再淋上点儿强化酒。肉汤出锅前，用盐和黑胡椒调味，随后装碗，在肉汤上方盖几片硬皮面包，再多撒上些瑞士干酪碎，用喷枪融化奶酪，直至变成棕色，能够拉丝。如果你的朋友和家人惊叹于这道汤的美味，告诉他们，你两个半月前就开始做了。

黑青葱切成薄片放进汤里炖（也可以用在任何你会用到焦糖洋葱的菜肴里）。

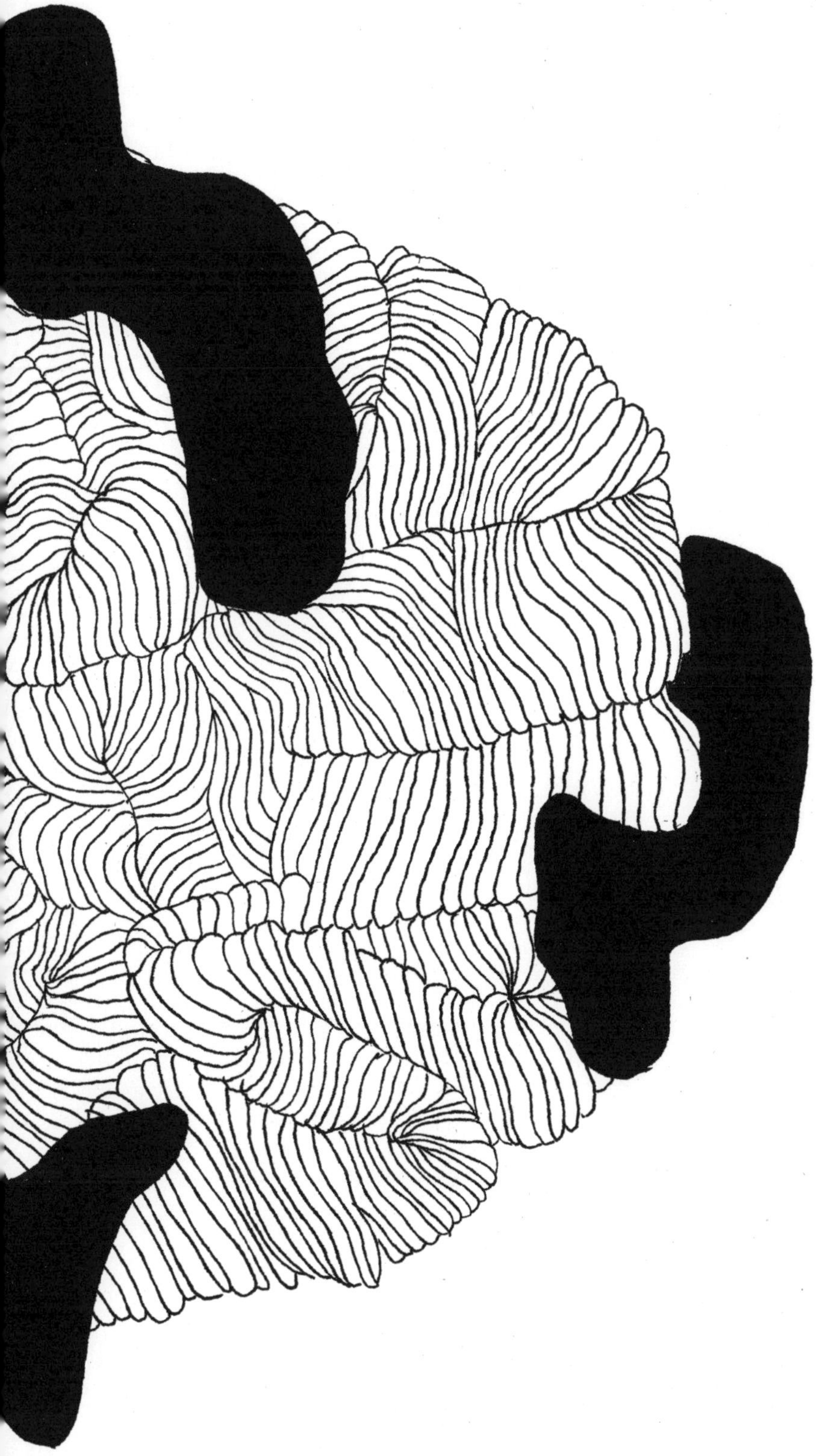

设备
Equipment

发酵有许多种不同的方法，因此并没有一套所谓“万能”的设备。有些发酵者极为仰赖他们祖母留下来的传家宝陶瓷罐，另一些人用泡菜坛子勉强凑合。我们不会提出具体的建议设备，以免让你觉得，如果没有我们发酵实验室里那些设备，你就不能进行发酵项目了。但我们还是列出了一些基本的信息供你参考，去当地发酵商店或浏览网店的时候，你就知道该买哪些设备了。

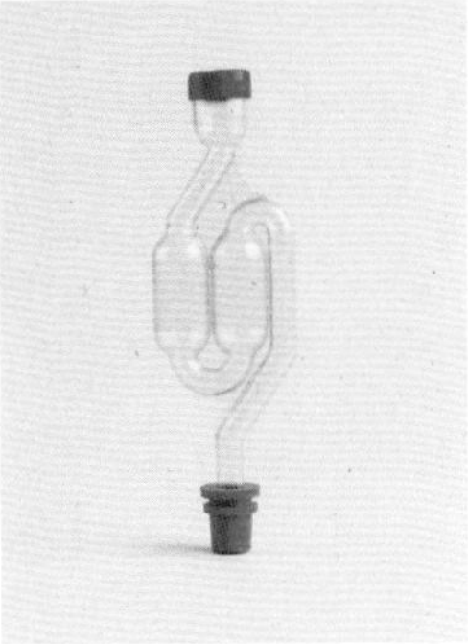

气闸

这是一个不可或缺的酿酒工具，乳酸发酵时也很有用。气闸由一个橡胶塞和插入其中的灌满水的 S 形排气管组成。外界的气体无法通过气闸进入，但发酵容器内部的微生物会产生气体，气压不断增大，最终得以通过排气管排出。

气泵和气石

给醋通风，为其中的好氧细菌提供氧气的常用设备。宠物店和家庭自酿商店都能买到气泵，大多数都配有石质通气装置（气石），但如果你发现随着时间的推移，气石越来越难用，也可以试试金属材质的通气装置。

陶瓷罐

陶瓷罐是经过检验的优质发酵容器。陶瓷不透明，光线无法进入（见第 72 页侧边栏），从而防止了破坏微生物细胞的紫外线。许多陶瓷罐的顶部都有一圈小凹槽，能让盖子完美嵌入。凹槽里灌满水的时候，其作用相当于气闸。

苹果榨汁机

通常用来挤压棉布袋装着的发酵水果糊，由此榨取汁液；也可用于榨取酱油或乳酸发酵水果和蔬菜的汁液。

脱水机

这种设备能散发暖风，吹过盛有食物的托盘，让食物慢慢变得干燥。脱水机适用于许多发酵食品，从乳酸发酵的水果到黑化蔬菜。

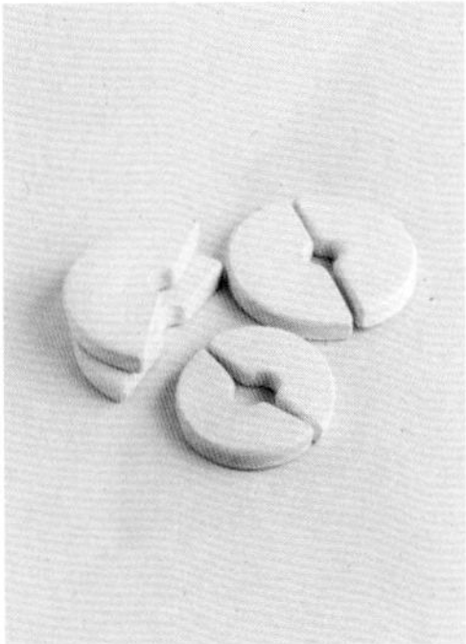

发酵压制重物

通常用在发酵容器里，材质多为玻璃或陶瓷，用于将发酵原料压到水线以下，避免其与空气接触。制作味噌时，这种工具特别有用，也可用于质地较坚硬的食材的乳酸发酵。

玻璃罐（各种形状和尺寸）

玻璃这种材质是惰性的，能够直观地跟踪发酵进展（见第 72 页侧边栏），是康普茶和乳酸发酵极好的培养容器。卡扣式盖子或螺纹旋盖都可以。

磨谷机

流行于日本，通过将谷粒与机器研磨表面来回摩擦，去除稻米的外壳（最外层），让曲更容易生根繁衍。磨谷机也可用于不常见的谷物，比如双粒小麦或柯尼尼小麦。

加湿器

小型加湿器是培养曲的必需设备，有很多类型，外观不一。有些通过超声板工作，产生极细的雾，还有一些则通过蒸发作用将水分散布到空气中。两种都可以，但一般来说，体积小一些的更好。

榨汁机

榨汁机是榨取果蔬汁、制作醋和康普茶不可或缺的设备，有多种外观和型号。

雪松木桶（kioke）

喇叭形，上宽下窄的敞口容器，起源于日本，用来发酵日本米酒、味噌和酱油，材质通常为雪松木，这给发酵带来了一种独特的风味。由于顶部为敞口，可以对混合物进行搅拌，或放置重物。

筛曲器

你可以找一个糖霜 / 糖粉筛瓶来代替：简单的金属圆筒，配有金属丝网盖。筛曲器能帮助你将曲霉孢子散布在蒸熟的大米或大麦上。

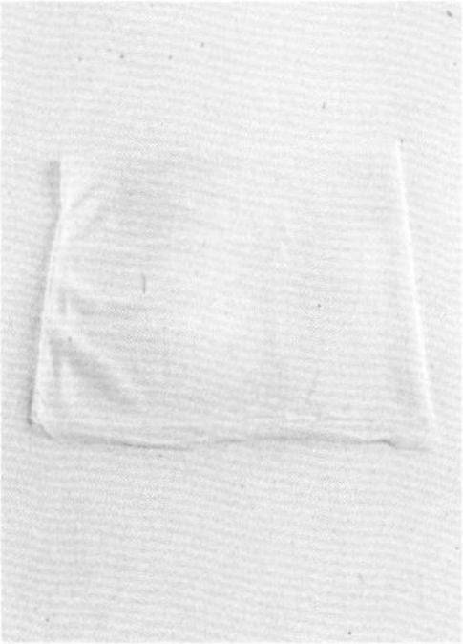

棉布或纱布

用于过滤糊状食材，对肉汤和高汤进行冰澄。由乙烯基或棉花制成，可以彻底清洗、重复使用。

尼龙滤网

也叫渔网，是一种金属丝环或塑料环内装有细尼龙网的工具，用于过滤液体和筛面粉。使用衬有纱布的细孔筛子也是为了达到同样的目的。

带排孔的钢制托盘

一个带排孔的不锈钢托盘，可以让曲在卫生的有氧环境下生长。

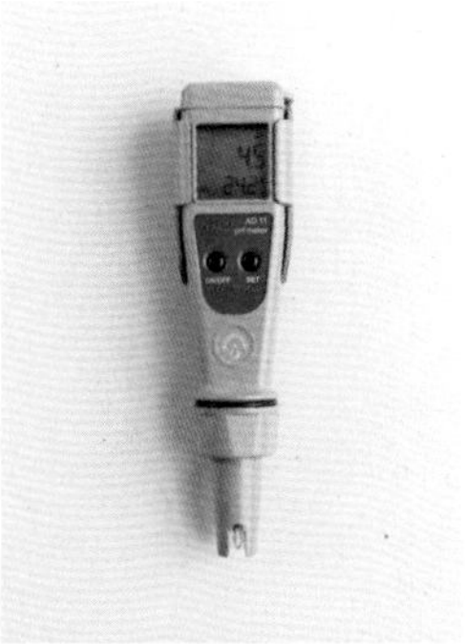

pH 测试仪

一种手持式工具，能提供液体精确的 pH 值。

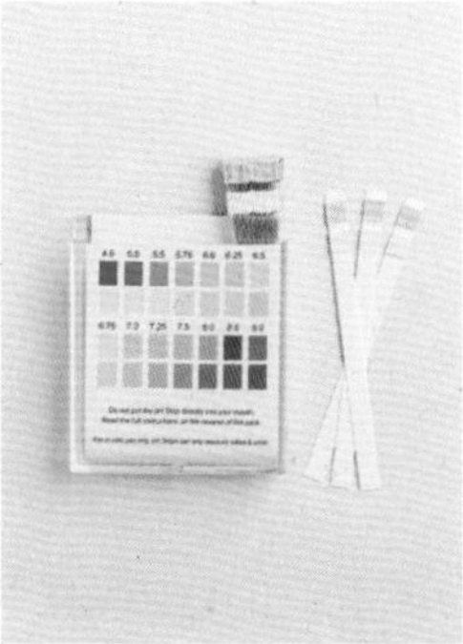

pH 试纸

这些纸条具有化学活性，会根据溶液的 pH 值改变自身颜色。将纸条浸入液体中，然后将颜色与参考标准进行比对。

塑料桶

食品级塑料桶是大批量发酵的理想容器，比如康普茶、味噌、鱼露、醋和酒（如果酿酒，需配备气闸）。有一点要注意，塑料确实会吸收原料的味道，所以最好不要将同一个桶用于不同的发酵工艺。

锅和蒸笼

一个简单的三件套（锅、盖子、可以放入锅里的带排孔的蒸笼），用于蒸制谷物。

折射仪

一种非必备但非常方便的工具，可以通过测量光的折射率来确定液体的含糖量（水中溶解的糖越多，折射率就越大）。

电饭锅

设置成“保温模式”的大号电饭锅可用作发酵室，适合需要高温环境的发酵食品，比如鱼露、黑化水果和黑化蔬菜。但有一点要注意，务必找一个没有自动关闭功能的电饭锅。

局部供热装置或加热垫

这两种设备都可以用作绝缘良好的发酵室的加热装置（加热垫——常用于种子发芽箱或爬行动物饲养箱——更适合较小的空间）。许多加热器虽然都配备了手动变阻器，但最好还是与温度控制器结合使用。

泡沫塑料冷藏箱

防水、隔热、便宜、易清洗。泡沫塑料冷藏箱是理想的发酵室。更多详细介绍请参阅第 47 页。

卡扣瓶

非常适合储存液体发酵的成品，比如醋和康普茶，因为密封性很好，还可以用来储存碳酸康普茶：装瓶，在冰箱里冷藏 1～2 周即可饮用。

温度控制器

一种用于调节发酵室温度的电子设备，能够有效地发挥恒温器般的作用，可以通过内部程序控制你选择的热源设备。有一些机型还可以在温度过高时切换到冷却功能。

真空封口机和真空袋

在乳酸发酵过程中和所有发酵品完成后的包装、储存环节中，台式真空封口机非常有用。透明的真空袋能让你清晰地监测整个发酵过程，而且很容易打开放气并重新封口。

木桶

木桶可以赋予发酵品独特的风味，而且能让其中的液体进行非常缓慢的蒸发。最常见的木桶陈化发酵物要数酒和醋，但鱼露和酱油（shoyu）也受益于其中。

木质曲托盘

通常由未经加工的雪松木板制成，是在大米或大麦上种植米曲霉的传统容器。如果一切顺利，制作完一批曲之后，是无须清洗托盘的，因为真菌已经寄生在托盘里了。

购买来源
Sources

有机农贸市场或杂货店是你获取这本书中所需原料的最佳来源。对于某些特定的发酵项目，在库存充足的家庭自酿商店或发酵商店也能找到几乎所有你需要的东西。除此之外，有些东西在网上是找不到的。下面是一些我们用来采购特殊产品的渠道。

蜂花粉
bee-pollen.co.uk
911honey.com
rawliving.eu

啤酒酵母
hopt-shop.dk
themaltmiller.co.uk
yeastman.com

脱脂或低脂榛子粉
bobsredmill.com
oelmanufaktur-rilli.de
paleo-paradies.de

蚱蜢和蜡螟幼虫
delibugs.nl
speedyworm.com
topinsect.net

真菌孢子
akita-konno.co.jp
americanbrewmaster.com
gemcultures.com
organic-cultures.com

康普茶SCOBY
culturesforhealth.com
fairment.de
happykombucha.co.uk
hjemmeriet.com
kombuchakamp.com

致谢
Acknowledgments

这本书的创作之路十分曲折，经历了数次修改。对此，两位作者要感谢许多人，他们要么针对书的内容给予我们帮助，要么帮我们获得了写作的时间，他们中有：托马斯·弗雷贝尔、梅特·布林克·索伯格、本杰明·保罗·英、高桥顺一、杰森·怀特、马特·奥兰多、保拉·特克斯勒、埃文·宋、杰森·卢卡斯、劳拉·莱和安德烈亚·莱、莉齐·艾里森、阿拉琳·博蒙特、保罗·迪阿维诺、迭戈·古提雷兹、菲尔·希克曼、艾利克斯·派特里西安、阿德里亚诺·布鲁泽塞、安妮·凯瑟琳·普雷泽尔、普里扬卡·帕特尔、菲奥娜·斯特劳斯、阿莱西奥·马尔卡托，还有整个NOMA餐厅大家庭、阿特利尔·迪亚科瓦设计公司的每一个人以及工匠书业的整个团队。

我们还想感谢那些给予我们启发的作家们，是他们的优秀作品引领我们更加深入地钻研发酵实践、发酵历史以及发酵科学。他们中有：威廉·舒特莱夫和青柳昭子，哈罗德·麦吉和桑德尔·卡茨。

最后，尤其要感谢了不起的编辑团队，是他们一字一句地修整，将这本书变成一部读起来和写起来一样令人享受的作品。他们中有：克里斯·英、玛莎·霍尔姆贝里、阿丽尔·约翰逊博士以及我们的出版人莉娅·龙内。

勒内·雷泽皮＆大卫·齐尔伯

索引
Index

A

B

C

D

J

K

L